图1　文峰寺（文峰寺提供）

图 2　何园

图 3　长乐客栈

图 4　瘦西湖　二十四桥烟雨

图 5　瘦西湖

图 6　二分明月楼

图 7　大明寺门楼

图 8　小盘谷

图 9　个园

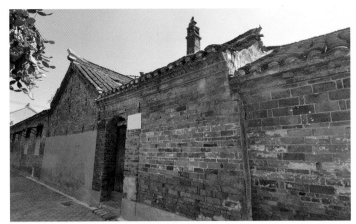

图 10 宝应民居

图 11 高邮民居

图 12 冬荣园

图 13 仪征民居

图 14 逸圃

图 15 朱自清故居

图 16 邗江民居 1

图 17 江都民居 2

图 18　岭南会馆

图 19　湖南会馆

图 20　四岸公馆

图 21　个园照壁

图 22　彩衣街

图 23　汪氏小苑福祠

图 24　个园福祠

图 25　卢氏盐商福祠

图 26　传统民居天井

图 27　汪氏小苑砖细大门

图 28　卢氏盐商二层

图 29　个园封檐板、挂眉

图 30　古建筑轩廊

图 31　东圈门十八号院落

图 32　个园　宜雨轩

图 33　何园二层

图 34　个园　屏风

图 35　花罩

图 36　个园透风漏月轩

图 37　汉学堂

图 38　何园浮梅轩

图 39　何园花厅

图 40　逸圃

图 41　卧室

图 42　大门砖细

图 43　大门砖细

图 44　漏窗砖细

图 45　墙头砖细

图 46　照壁砖细

图 47　翘角砖细

图 48　山花板砖细

图 49　脊砖细

图 50　地面铺装

图 51　个园

图 52　何园

图 53　街南书屋

图 54　瘦西湖

图 55　汪氏小苑

图 56　片石山房

图 57　盆景

中国民居营建技术丛书

梁宝富　编著

扬州民居营建技术

中国建筑工业出版社

图书在版编目（CIP）数据

扬州民居营建技术/梁宝富编著. —北京：中国建筑工业出版社，2015.8
（中国民居营建技术丛书）
ISBN 978-7-112-18325-8

Ⅰ.①扬… Ⅱ.①梁… Ⅲ.①民居－建筑艺术－扬州市 Ⅳ.①TU241.5

中国版本图书馆CIP数据核字（2015）第175685号

责任编辑：唐　旭　李东禧　吴　绫
责任校对：姜小莲　赵　颖

中国民居营建技术丛书
扬州民居营建技术
梁宝富　编著
＊
中国建筑工业出版社出版、发行（北京西郊百万庄）
各地新华书店、建筑书店经销
北京嘉泰利德公司制版
北京中科印刷有限公司印刷
＊
开本：880×1230毫米　1/16　印张：20$\frac{1}{4}$　插页：4　字数：463千字
2015年8月第一版　2015年8月第一次印刷
定价：78.00元
ISBN 978-7-112-18325-8
　　　　　（27589）

"中国民居营建技术丛书" 编辑委员会

序

　　2011 年党中央十七届六中全会《关于深化文化体制改革，推动社会主义文化大发展大繁荣若干重大问题的决定》文件，指出在对待历史文化遗产方面，强调要"建设优秀传统文化传承体系"，"优秀传统文化凝聚着中华民族自强不息的精神追求和历久弥新的精神财富，是发展社会主义先进文化的深厚基础，是建设中华民族共有精神家园的重要支撑"。

　　在建筑方面，我国拥有大量的极为丰富的优秀传统建筑文化遗产，其中，中国传统建筑的实践经验、创作理论、工艺技术和艺术精华值得我们总结、传承、发扬和借鉴运用。

　　我国优秀的传统建筑文化体系，可分为官式和民间两大体系，也可分为全国综合体系和各地区各民族横向组成体系，内容极其丰富。民间建筑中，民居建筑是最基础的、涉及广大老百姓的、最大量的、也是最丰富的一个建筑文化体系，其中，民居建筑的工艺技术、艺术精华是其中体系之一。

　　我国古代建筑遗产丰富，著名的和有价值的都已列入我国各级重点文物保护单位。广大的民间民居建筑和村镇，其优秀的、富有传统文化特色的实例，近十年来也逐步被重视并成为国家各级文物保护单位和优秀的历史文化名镇名村。

　　作为有建筑实体的物质文化遗产已得到重视，而作为非物质文化遗产，且是传统建筑组成的重要基础——民居营建技术还没有得到应有的重视。官方的古建筑营造技术，自宋、清以来还有古书记载，而民间的营造技术，主要靠匠人口传身教，史书更无记载。加上新中国成立 60 年以来，匠人年迈多病，不少老匠人已过世，他们的技术工艺由于后继乏人而濒于失传。为此，抢救民间民居建筑营建技术这项非物质文化遗产，已是刻不容缓和至关重要的一项任务。

　　古代建筑匠人大多是农民出身，农忙下田，农闲打工，时间长了，技艺成熟了，成为专职匠人。他们通常都在一定的地区打工，由于语言（方言）相通，地区的习俗和传统设计、施工惯例即行规相同，因而在一定地区内，建筑匠人就形成技术业务上，但没有组织形式的一种"组织"，称为"帮"。我们现在就要设法挖掘各地"帮"的营建技术，它具有一定的地方性、基层性、代表性，是民间建筑营建技术的重要组成内容。

　　历史上的三次大迁移，匠人随宗族南迁，分别到了南方各州，长期以来，匠人在州的范围内干活，比较固定，帮系营建技术也比较成熟。我们组织编写的"中国民居营建技术丛书"就是以"州"（地区）为单位，以州为单位组织编写的优点是：①由于在一定地区，其建筑材料、程序、组织、技术、工艺相通；②方言一致，地区内各地帮组织之间，因行规类同，易于互帮交流。因此，以州为单位组织编写是比较妥善恰当的。

我们按编写条件的成熟，先组织以五本书为试点，分别为南方汉族的五个州——江苏的苏州、扬州，浙江的婺州（现浙江金华市，唐宋时期曾为东阳府），福建的福州、泉州。

本丛书的主要内容和技术特点，除匠作工艺技术外，增加了民居民间建筑的择向选址和单体建筑的传统设计法，即总结民居民间建筑的规划、设计和施工三者的传统经验。

陆元鼎

2013 年 10 月

前　言

　　中国的传统建筑是我国古代文化的重要组成部分，是世界上别具一格的一门建筑学科。随着建筑文化遗产保护和全社会重视程度的不断提升，以传统建筑的保护、修复、传承与创新为主要内容的古建筑事业日趋繁重。但是随着时间的推移，从事古建筑的老工匠越来越少，传统的营造系统已经大多消失，技术力量感到明显不足。这与当前保护和传承的需求很不相称，深忧流传多年的民间绝艺有逐渐失传之势。因此，华南理工大学陆元鼎教授组织编写"中国民居营建技术丛书"，目的在于抢救性总结地域的形制特征和营造技术，归纳前人的实践经验，传承传统技术精华，对于继承我国优秀的文化遗产，保护和修复中国古代建筑的地域特征，具有重要的实用价值和深远意义。

　　1976年唐山发生大地震，几秒钟内，大地被撕裂，全城建筑变成了废墟。各类建筑物经受了一次考验，而有不少古代木结构建筑仍傲然挺立，验证了中国古代建筑具有"墙倒，柱立，屋不塌"的特征。它们具有"晃而不散，摇而不倒"的榫卯结构，好似一个大弹簧的层层叠叠的斗栱体系，以及侧脚和生起技术的巧妙运用，使木骨架由四周向中间产生挤压力，整个构架保持绝对的稳定，不易产生歪斜现象。这些技术措施的存在，对整个结构体系起到安全稳固的作用。

　　扬州是一个历史悠久的古城，是国家首批公布的历史文化名城之一。远在周敬王三十四年（公元前486年），吴王夫差开邗沟、筑邗城。早在南北朝时期（420~589年），宋人徐湛之在平山堂建有风亭、月观、吹台、琴室等。在建筑技术方面，从今日发掘的汉王陵等地下宫殿看，可以见证当时地上建筑物的宏伟和工艺水平的高超。由于扬州位于南北之间，帝王南巡，大兴土木，派出北方匠师，与扬州原有的匠师在技术上有了交流，加之明代中叶后徽商的到来，又带来徽州的建筑匠师融合，徽州的建筑手法也融入扬州建筑艺术之中，大大地推进了扬州建筑技术与艺术的发展，构成了独特的建筑成就和风格，在我国的建筑史中具有重要的研究价值。

　　本书的写作力求以工匠的语言表述，全文由八章及两个附录而组成：第一章简要介绍扬州的历史沿革和建筑技术发展；第二章对扬州民居进行概述；第三章介绍大木作和小木作；第四章介绍瓦作；第五章介绍石构件加工；第六章介绍传统油漆的做法；第七章介绍砖雕、木雕、石刻艺术；第八章介绍造园艺术和做法；附录1重点介绍各区、县的民居构造特征；附录2简要介绍乡土建筑的情况以及常用的建筑方言和《扬州画舫录》中的工段营造录。

　　本书的主要读者对象是从事园林古建的工匠、工程技术人员以及文物保护、城市规划建设管理部门的工作人员。因此，在编写过程中，着重于总结扬州地域性的风格和工匠的实际操作经验，以图文并茂的方式介绍了有关扬州传统建筑的构造。在文字叙述方面，力求简明切实，通俗易懂，并以大量的施工过程照片，反映其构造节点的处理，对工程设计人员画建筑节点详图会有一定的帮助。关于过去沿用的地方术语，大都是古代工匠在生产实践中所创造的词汇，生命力很强，目前工匠仍在广泛地使用，具有很重要的价值，故在专门章节中予以注释说明。

　　本书的编写过程历经六年，除重点发挥老工匠的骨干作用外，还采用了座谈访问的方式，广泛征求意见，集思广益。本书是主要由江苏江都古典园林建设有限公司、扬州古宸古典建筑有限公司、扬州意匠轩园林古建筑营造有限公司等三个单位的工匠、管理人员提供了大量的匠术经验，并在扬州城乡建设局的大力支持下，以项目课题作为支撑，写成的一部应用性的技术用书。希望对于扬州传统技艺的传承与创新，以及对从事扬州地区传统建筑的修缮和保护的工匠们，在提高业务水平上能够有所帮助。然而，由于编者的学识和经验有限，尽管尽心尽力，但内容难免有不妥之处，一定存在一些遗漏、错误的问题，有待于进一步完善，敬请广大专家、学者批评指正。

梁宝富

2015 年 7 月 10 日

目　录

第一章 扬州历史沿革与建筑发展概述

第一节 扬州的概况

扬州位于长江和京杭大运河交汇处，江苏省中部，襟江带海，承南启北，自古有楚尾吴头，江淮名邑之称，是国务院首批公布的24座历史文化名城之一（图1-1-1）。现辖区域在北纬32°15′~33°25′、东经119°01′~119°54′之间。东部与盐城市、泰州市毗邻；南部濒临长江，与镇江市隔江相望；西南部与南京市相连；西部与安徽省滁州市交界；西北部与淮安市接壤（图1-1-2）。扬州城区位于长江与京杭大运河交汇处，北纬32°24′、东经119°26′。全市东西最大距离85km，南北最大距离125km，总面积6591.21km²（其中市区面积2350.74km²（其中主城区面积128.0km²）、县（市）面积4240.47km²（其中建成区面积93.6km²）。陆地面积4856.2km²，占73.7%；水域面积1735.0km²，占26.3%（图1-1-3）。

图 1-1-1
扬州风景图

图 1-1-2 江苏省地图（示意图）　　　图 1-1-3 扬州市地图（示意图）

一、地形地貌

扬州市境内地形西高东低，以仪征市境内丘陵山区为最高，从西向东呈扇形逐渐倾斜，高邮市、宝应县与泰州兴化市交界一带最低，为浅水湖荡地区。境内最高峰为仪征市大铜山，海拔149.5m；最低点位于高邮市、宝应县与泰州兴化市交界一带，平均海拔2m（图1-1-4）。

扬州市区北部和仪征市北部为丘陵，京杭大运河以东、通扬运河以北为里下河地区，沿江和沿湖一带为平原。境内有大铜山、小铜山、捺山等，主要湖泊有白马湖、宝应湖、高邮湖、邵伯湖等。境内有长江岸线80.5km，沿岸有仪征、江都、邗江、广陵等一市三区；京杭大运河纵穿腹地，由北向南沟通白马湖、宝应湖、高邮湖、邵伯湖，汇入长江，全长143.3km，沿岸有邗江、广陵、江都、高邮、宝应等一市一县三区，除长江和京杭大运河以外，主要河流还有东西向的宝射河、大潼河、北澄子河、通扬运河、新通扬运河（图1-1-5）。

二、气候条件

扬州市属于亚热带季风性湿润气候向温带季风气候的过渡区。气候主要特点是四季分明，日照充足，雨量丰沛，盛行风向随季节有明显变化（图1-1-6~图1-1-9）。冬季盛行干冷的偏北风，以东北风和西北风居多；夏季多为从海洋吹来的湿热的东南到东风，以东南风居多；春季多东南风；秋季多东北风。冬季偏长，4个多月；夏季次之，约3个月；春秋季较短，各2个多月。

（一）气温

近年来，全市年平均气温大约为扬州城区15.8℃、江都区15.5℃、宝应县15.5℃、高邮市15.6℃、仪征市16.0℃，与常年相比，偏高0.3~0.8℃。各月平均气温比常年同期偏高的月份有1月、4月、5月、6月、7月、8月和10月，偏低的月份有2月、11月、12月，基本持平的月份有3月和9月。

图1-1-4　扬州地形地貌图

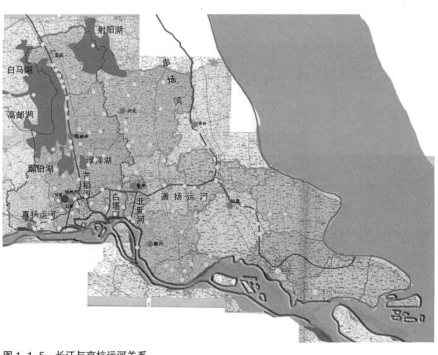

图1-1-5　长江与京杭运河关系

图 1-1-6　扬州春景图

图 1-1-7　扬州夏景图

图 1-1-8　扬州秋景图

图 1-1-9　扬州冬景图

全市年极端最高气温 38.2℃（7 月 29 日，扬州城区）、极端最低气温 -7.2℃（1 月 23 日，宝应县），全年 35℃ 及以上的高温日数为 11 天（宝应县）至 18 天（江都区）。扬州城区 35℃ 及以上高温日数为 16 天，初霜期比常年迟 17 天（常年为 11 月 7 日），终霜期比常年早 18 天（常年为 3 月 31 日）。

（二）降水

近年来，全市年降水量扬州城区大约为 864mm、江都区 940mm、宝应县 1067mm、高邮市 934mm、仪征市 981mm，与常年相比，除宝应县偏多一成外，其余偏少一成至两成。全市各地各月降水量比常年偏少的月份有 1 月、4 月、5 月、6 月、10 月，偏多的月份有 3 月、7 月、8 月、12 月，区域分布不均、有多有少的月份有 2 月、8 月、9 月、11 月。

（三）日照

2012 年，全市年日照时数扬州城区 1721h、江都区 1746h、宝应县 1868h、高邮市 2017h、仪征市 1825h，与常年相比，偏少一成左右。全市日照时数较常年偏少的月份有 2 月、3 月、6 月、8 月、12 月，偏多的月份有 4 月，其余各月基本接近常年。

（四）气象灾害

扬州市灾害性天气主要有暴雨、雷电、强对流天气（雷雨大风、雷暴等）、台风、寒潮、大雾及霾、烟等。

三、土地资源

全市土地总面积 6591.21km²，其中耕地面积 3304.93km²、园地面积 43.07km²、林地面积 24.80km²、草地面积 7.67km²、城镇村及工矿用地面积 1031.27km²、交通运输用地面积 278.47km²、水域及水利设施用地面积 1832.33km²、其他土地面积 68.67km²。水资源：扬州市境内有一级河 2 条、二级河 7 条、三级河 2 条、四级河 4 条，总长 593.6km，多年平均径流总量 16.9 亿 m³。矿产资源：扬州市已发现矿产资源 15 种，其中已探明储量的矿产资源 12 种。石油、天然气储量居全省前列，邗江、江都、高邮一带有丰富的油、气资源，邵伯湖滨地区和里下河洼地素有"水乡油田"的美誉。砖瓦黏土、石英砂、玄武岩、砾（卵）石、矿泉水、地热等矿产资源较丰富。仪征、邗江丘陵山区有黄沙储量 2 亿～3 亿 t、石料储量 1.2 亿 t、卵石储量约 3 亿 t。全市玄武岩远景储量约 2.5 亿 t。扬州市城区北部及仪征、高邮等地下矿泉水资源丰富，品质优良，符合国家饮用天然矿泉水标准。水产资源：全市水面广阔，资源丰富，江河湖荡中盛产鱼、虾、蟹、蚌、龟、鳖、珍珠、荷藕、芦苇等（图 1-1-10、图 1-1-11）。

四、经济文化

扬州地处南北走向的运河与东西走向的长江之交汇点上，自古作为交通枢纽和商贸重镇，擅舟楫之便，得人文之胜；扬州风光明媚，物产富饶，文教昌盛，人杰地灵，历史文化积淀十分丰厚。主要体现在别具一格的园林胜迹，琳琅满目的工艺珍品，脍炙人口的美味佳肴，争奇斗艳的服饰，修整挺健的民居等丰富多彩的物化形态上；表现在千姿百态的扬州戏曲、博大精深的扬州学派、蜚声中外的扬州画派等门类齐全的人文形态上；更表现在其文化的活跃、文化氛围、经济的繁荣，造就了令人难忘的扬州（图 1-1-12、图 1-1-13）。

图 1-1-10　邵伯湖湿地生态

图 1-1-11　宝应湖湿地生态

图 1-1-12　扬州八怪

图 1-1-13　扬州清曲

第二节 扬州历史沿革和建筑发展

一、两汉及三国时期

　　扬州是一个历史悠久的城市，扬州的名称最早见于《尚书·禹贡》："淮海维扬州"，《左传》鲁衰公九年载"秋，吴城邗，沟通江淮"，这是史籍关于扬州城最早的记载，已有 2500 年文字可考的历史。春秋战国时期，周敬王三十四年（公元前 486 年），吴王夫差在今扬州市区西北部筑邗江城，并开凿邗沟，连湖泊，东北通射阳湖，西北入淮，南接长江。这是扬州建城的开始和"邗沟"的由来。后越灭吴，地属越；楚灭越，地归楚。公元前 319 年，楚在邗城旧址上建城，名广陵。秦统一中国后，设广陵县，不久隶属九江郡。汉代，今扬州称广陵、江都，长期是王侯的封地。吴王刘濞"即山铸钱、煮海为盐"，开盐河（通扬运河）（图 1-2-1），促进了经济的发展，从而为扬州文化艺术的发展创造了条件。为了改善和巩固民族关系，汉元封六年（公元前 105 年）汉武帝把江都王刘建的女儿刘细君嫁到乌孙国，比王昭君嫁到匈奴还早 80 多年。东汉末年，张婴率领的农民起义军在广陵一带转战 10 余年后，虽被广陵太守张纲劝降，但不久，许多起义的农民又响应并参加了黄巾起义。

　　在建筑方面，直到南北朝时期的宋代，诗人鲍照在《芜城赋》中描述前五百余载前的扬州盛况"藻扃黼帐，歌堂舞阁之基；璇渊碧树，弋林钓渚之馆"，"吴王钓台在雷陂，高二丈"。雍子年间，嘉庆重修《扬州府志》则引《寰宇征记》云，雷陂"有大雷、小雷之宫，吴王濞游此，尝筑钓台"。从《汉书》中江都王的章台宫、吴王宫苑都说明了扬州当时建筑的规模，从发掘的汉王陵地下宫殿（图 1-2-2、图 1-2-3），可以见证当时地上建筑的宏伟和技艺高超。三国时期，魏吴之间战争不断，广陵为江淮一带的军事重地。

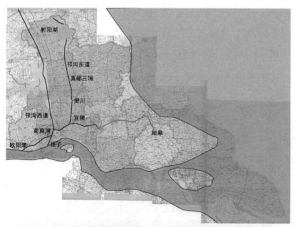

图 1-2-1　通扬运河

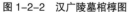

图 1-2-2　汉广陵墓棺椁图

图 1-2-3　汉广陵墓

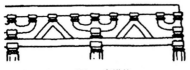

1. 云冈 21 窟塔杜

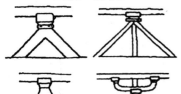

2. 石窟中反映的人字栱

图 1-2-4　南北朝斗栱

图 1-2-6　隋文帝像

二、南北朝及隋唐时期

南北朝时期（公元 420~589 年）（图 1-2-4），史料《宋书》列传第三十一《徐湛之传》中载"广陵旧城有高楼，徐湛之更加修整，南望钟山，城北有陂泽，水物丰盛。湛之更起风亭、月观、吹台、琴室。果竹繁茂，花药成行，召集文士，尽游玩之适，一时之盛也"。北宋初乐史所著的地理总志《太平寰宇记·淮南道》中说"风亭、月观、吹台、琴室"在蜀冈"宫城东北角池侧"。说明太子詹事宋人徐湛之在蜀冈建有颇具规模的建筑群；由于广陵屡经战乱，数次变为"芜城"，但由于劳动人民数百年的辛勤开发，经济地位在恢复中不断提高。山东青州、兖州一带的移民南迁广陵一带，促进了扬州的经济发展。北周改广陵为吴州。其间，大明元年（公元 457 年）建大明寺（图 1-2-5），明代正德时南京吏部右侍郎罗玘，在《重修大明寺碑记》中云："距扬郡城西下五七里许，有寺曰大明，盖自南北朝宋孝武时所建也。孝武纪年以大明，而此寺适创于其时，故名。宋主奢欲无度，土木被锦绣，故创建极华美。"大明寺后又名西寺、栖灵寺、法净寺。文帝开皇九年（公元 581 年），北周宣帝后父杨坚称帝，取代北周，建立隋朝。公元 589 年后，陈灭，建立了统一南北的隋政权，史称隋文帝（图 1-2-6）。隋改吴州为扬州，置总管府。至此，完成了历史上的扬州和今天的扬州在名称区划、地理位置上的基本统一。仁寿元年（公元 601 年），文帝六十寿辰时，诏令海外清净处，立塔三十座，以供奉佛骨舍利。扬州为其中之一，即于大明寺内建栖灵塔，寺枕于蜀冈之上，塔有巍巍九级（图 1-2-7），耸峙云霄间，成为江淮第一胜景。入唐后，诗人李白有《秋日登扬州栖灵塔》，"宝塔凌苍苍，登攀览四荒。顶高元气合，标出海云长。万象分空界，三天接画梁。水摇金刹影，日动火珠光。鸟拂琼檐度，霞连绣栱张。目随征路断，心逐去帆扬。"可见栖灵塔的雄伟高大。仁寿四年（公元 604 年），杨广即位，史称炀帝，次年改元大业，开大运河连接黄河、淮河、长江，扬州成为水运枢纽，不仅便利交通、灌溉，而且对促进黄河、淮河、长江三大流域的经济、文化的发展和交流起到重要作用，扬州位于江淮的中心，很快使扬州空前繁荣起来，由于隋炀帝巡幸扬州，并视为陪都，所以在扬州大兴土木，建造了各类宫殿（图 1-2-8）。

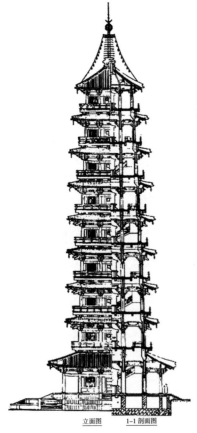

立面图　　1-1 剖面图

图 1-2-7　栖灵塔墨线图（潘德华绘）

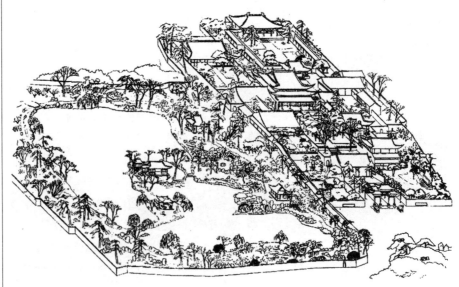

图 1-2-5　大明寺鸟瞰图（路秉杰绘）

图 1-2-8　隋遗址碑

图 1-2-9　隋炀帝陵墓

公元 605 年至公元 616 年，命令长史王弘大修江都宫，隋宫除江都宫外，还有在大内之西的西宫，在湾头镇前漕河处的北宫，位于扬子桥（津）附近的临江宫，另在扬州"长阜苑内，依林傍涧，竦高跨阜，隋城形"，又陆续建造了归雁宫、回流宫、九里宫、松林宫、枫林宫、大雷宫、小雷宫、春草宫、九华宫、光汾宫等十处宫苑。隋炀帝在扬州建造宫殿，不但有大批工匠，还有著名的设计师，《古今诗话》记载："隋炀帝时，浙人项昇进新宫图，帝爱之，令扬州依图营建，幸之，曰：'依真仙游，此亦自当迷'，乃名迷楼"。因此在建筑技术方面，由于皇室派来的北方匠师与江南匠师在技术上得到了融合，推动了扬州建筑风貌的形成。从唐代诗人权德舆《广陵诗》中的"广陵实佳丽，隋季此为京。八方称辐辏，五达如砥平。大旆映空色，笳箫发连营。层台出重霄，金碧摩颢清。交驰流水毂，迥接浮云軿。青楼旭日映，绿野春风晴。"可知当时的扬州工匠的技艺。隋炀帝三下江都（今扬州），于公元 618 年，被部下宇文化及所杀，葬于扬州城西北五里吴公台下（图 1-2-9），后迁葬于雷塘。公元 619 年，农民起义军李子通建都扬州，国号吴。公元 626 年，复称扬州，治所自此在今扬州。

三、唐代时期

唐代的扬州，农业、商业和手工业相当发达，出现了大量的工场和手工作坊。不仅在江淮之间"富甲天下"，而且是中国东南第一大都会，是一座富庶繁华、景色美丽的城市，略次于西京长安，东京洛阳，而超过了成都。时有"扬一益二"之称（益州即今成都）（图 1-2-10、图 1-2-11）。扬州是南北粮、草、盐、钱、铁的运输中心和海内外交通的重要港口，曾为都督府、大都督府、淮南道采访使和淮南节度使治所，领淮南、江北诸州。在以长安为中心的水陆交通网中，扬州始终起着枢纽和骨干作用。作为对外交通的重要港口，扬州专设司舶使，经管对外贸易和友好往来。唐代扬州和大食（阿拉伯）交往频繁。侨居扬州的大食人数以千计。波斯、大食、婆罗门、昆仑、新罗、日本、高丽等国人成为侨居扬州的客商。日本遣唐使来扬州（图 1-2-12），邀高僧鉴真东渡日本（图 1-2-13），促进了中日两国的政治、经济、科学和文化的交流（图 1-2-14）。扬州人李善在吸收前人成果的基础上，重新注释《文选》，旁征博引，为后人

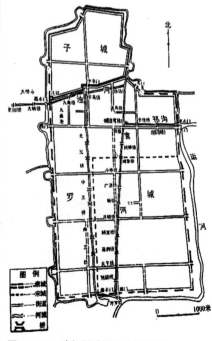

图 1-2-10　唐扬州城及 24 桥分布图

图 1-2-11　手绘唐扬州城（扬州名城研究院提供）

图 1-2-12　鉴真受日本邀请欢迎图

图 1-2-13　鉴真像

图 1-2-14　唐招提寺

图 1-2-15　唐朝运河

保存了大量已经散失的重要文献资料。其子李邕，不仅文章、诗歌很有影响，也是继虞世南、褚遂良之后的大书法家之一。张若虚为"吴中四杰"之一，仅《春江花月夜》一首，就有"以孤篇压全唐"之誉。公元684年，徐敬业、骆宾王在扬州起兵反对武则天执政。

在园林古建筑方面，唐德宗兴元元年（公元784年）杜亚为淮南节度使时，扬州城内侨居市民和工商户等，"多侵衢造宅，行旅为之拥塞"（《唐书·杜亚传》），可以看出建筑行业的需求和发展进度，当时的扬州城市景象，在唐人诗文中多有描述（图1-2-15）。如陈羽吟道"霜落寒空月上楼，月中歌吹满扬州"；张祜则有"十里长街市井连，明月桥上望神仙"；高彦林在《唐阙史》中写得更加翔实，"扬州，盛地也。每重城向夕，倡楼之上，常有绛纱灯万数，辉罗耀烈空中，九里十三步街中，珠翠填咽，邈若仙境。"关于建筑方面，再具体一点，于诗文中，则可见禅智寺、山光寺（杜牧）、庆云阁、法云寺（张祜）、白塔寺（顾祝）、月观（赵碫）、玉钩亭（窦巩）、扬子津亭（吴张）、郡西亭（卢段）、扬子江楼（孙逊）、望晴楼、彭城阁（李益）、迎仙楼、廷和阁（罗隐）、楞伽台（李群玉）等，都描述了当时扬州建筑的状况（图1-2-16）。杜牧的"春风十里扬州路"、韦应物的"华馆十里连"、姚合的"园林多是宅"都是反映出楼台林林总总、殿堂星罗棋布、居宅鳞次栉比的建筑群体的壮观和园林风光之秀丽，它们所描绘的，还是美丽园林城市大致的轮廓。据《太平广记》，文中的重城分别是子城和罗城，蜀冈上为子城，蜀冈下为"罗城"，也称"大城"。扬州唐代宅园知名者有常化南郭幽居，还有官府衙厅、官舍、水馆、水阁等（图1-2-17~图1-2-19）。私宅还有常代南郭幽居，李白《之广陵宿常二南郭幽居》中有说；《经故秘书崔监扬州南塘旧居》诗中有崔秘监宅；《太平广记》卷之四二中有周济川别墅记载；《太平广记》卷一四五中有王慎辞别墅记载；《扬州崔行军水亭，泛舟望月，宴集赋诗并序》中有崔行军水亭记载；《新唐书》卷一七五有窦常白沙别业记载；《全唐诗》卷五三五有工播瓜州别业记载；《新唐书》列传之九十四，有李相园潘宅记载；其他史料中还有淳于棼宅，庆

图1-2-16　石塔

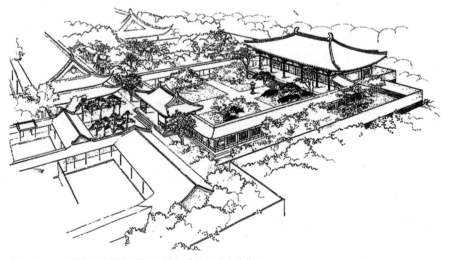

图1-2-17　鉴真纪念堂鸟瞰图（引自《梁思成文集》）

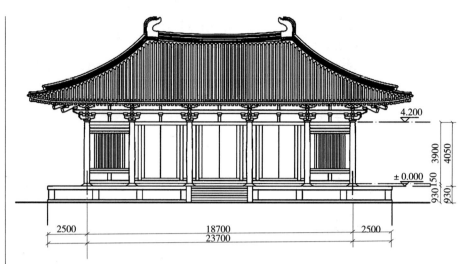

图 1-2-18 鉴真纪念堂立面图（引自《梁思成文集》）

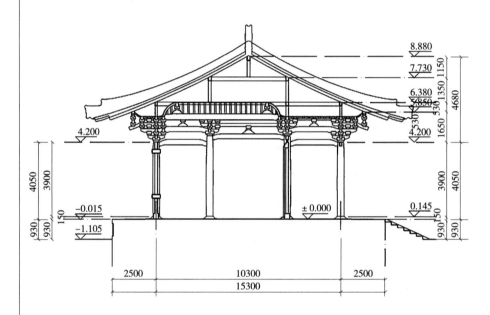

图 1-2-19 鉴真纪念堂剖面图（引自《梁思成文集》）

中宅园，席化园，郝氏林亭，樱桃园，周氏园，安宜园，张南史宅，李瑞公后亭，万贞家园，王邀宅，颜太师犹子宅等（图1-2-20）。反映私家园林的描述，唐代诗人方千有《旅次扬州寓居郝氏林亭》诗，诗云："举目纵然非我有，思量似在故山时。鹤盘远势投孤屿，蝉曳残声过别枝。凉月照窗欹枕倦，澄泉绕石泛觞迟。青云未得平行去，梦到江南身旅羁。"这首对园林描绘细腻的诗歌，显示出扬州唐代的园林布局与结构变化（图1-2-21）。据《太平广记》载："扬州青园桥东，有数里樱桃园，为裴甚宅。园北有车门，人引以入，行数百步方及大门，接阁重复，花木鲜秀，似非人境，烟翠葱茏，景色妍媚，不可形状……坐于堂中，窗户栋梁，饰似异宝，屏帐皆画鹤"。可见用料讲究，精工细作，充分反映了唐代的建筑技术水平之高。

唐末五代，军阀混战，扬州遭到严重破坏。杨行密在扬州建立政权，史称"杨吴"，有短时间的经济恢复。不久，又陷入战争的破坏之中。

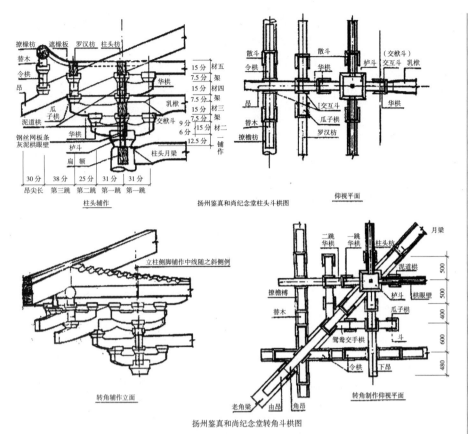

图 1-2-20　鉴真纪念堂斗栱（引自《梁思成文集》）

图 1-2-21　唐槐　　　　图 1-2-22　宋城遗址扬州西门

四、宋代时期

公元 960 年，北宋建立。农业、手工业迅速发展，商业进一步繁荣，扬州再度成为中国东南部的经济、文化中心，与都城开封相差无几。商业税收年约 8 万贯，在全国居第三位（图 1-2-22）。1127 年，高宗赵构在金人进逼、迁都过程中，以扬州为"行在"一年，更促进了扬州的繁荣。1275 ～ 1276 年，李庭芝、姜才率军队与扬州人民一起向元军开展了不屈的斗争，不幸殉难，扬州城只剩数千人。100 多年间，扬州一直是抗金、抗元的战场。韩世忠、刘琦、岳飞等南宋名将在这一地区进行了艰苦的斗争。战争使经济和社会遭到严重破坏，但在局势相对稳定的情况下，扬州的经济又不断恢复发展。在文化上，欧

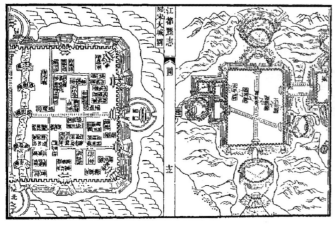

图 1-2-23 扬州宋城图

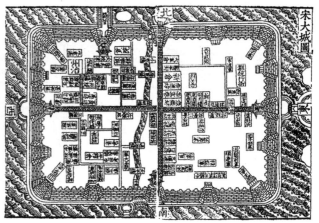

图 1-2-24 宋扬州大城图

图 1-2-25 平山堂

图 1-2-26 谷林堂

图 1-2-27 无双亭

阳修、苏轼、秦观、姜夔、王令等在扬州留下大量传世名作。在建筑方面,司马光《送杨秘丞秉通判扬州》诗中描述扬州"万商落日船交尾,一市春风酒并垆"。欧阳修在诗中所曰"十里楼台歌吹繁,扬州无复似当年"。今见明《嘉靖维扬志》载宋三城图,即可知蜀冈上唐城遗址尚存宝祐城,蜀冈南坡下平地有夹城,夹城南为大城(图1-2-23、图1-2-24)。《嘉靖维扬志》有宋大城图,对主要的衙署、学校、寺院、坊巷都做了标志,大体可见当时城市建筑物的布局。宋大城有南北向河道,即汶河,由南水关至北水关,将城区分为东西两半;宋大城东门至西门大道,又将城区划成南北两片。据图上标志,西北一片有州治、通判厅、节推厅、司户厅、察推厅、司法厅、参议厅、钤辖厅、司理院、州院、贡院、维扬馆、坊宾馆等衙署和附属公房,另有水军寨、炮子寨、亲兵寨、强勇军、火攻军等军事营房,还有高士坊、宜民坊、耀德坊等坊巷。西南一片有州学、教授厅、城隍庙、华大王庙等学校、寺院,有省仓、平籴仓、屯田仓、防城库、椿管库等仓库,还有宣灵坊、辅德坊、延庆坊、密儒坊等坊巷。东北一片有都统行衙、章武殿、明月楼、庆丰楼等衙署、殿堂、楼馆,还有状元坊、安大坊、怀远坊、众乐坊、崇德坊、新街、寿宁街、崇真巷等坊巷。东南一片有武锋军、强勇军、精锐军、雄边军、游击前军、马寨、先锋马军诸部寨等军用建筑,还有庆延坊、仁丰坊、熙和坊、美俗坊、信善坊、崇道坊、盐务巷、文楼巷、太平巷、马监巷等街巷。通过对宋大城图的介绍,可见宋朝扬州城市布局有了新的变化和调整。同时欧阳修建平山堂(图1-2-25),可谓"两点全焦随眼到,六朝粉本荡胸开"。欧阳修弟子苏轼在平山堂后建谷林堂而名传于世(图1-2-26),宋时有记载的名建筑有:郡园、平山堂、谷林堂、茶园、

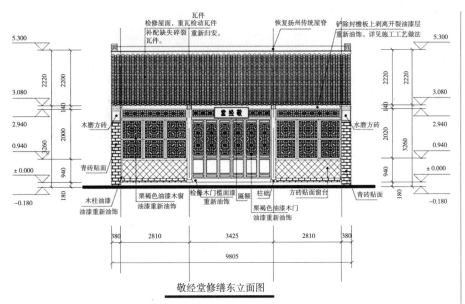

敬经堂修缮东立面图

图 1-2-28　仙鹤寺

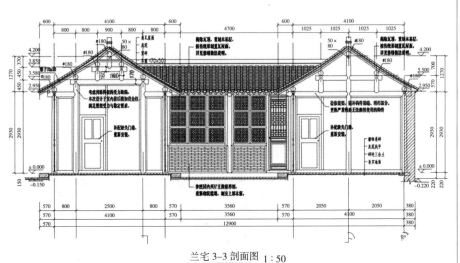

兰宅 3-3 剖面图　1：50

图 1-2-29　普哈丁园

图 1-2-30　普哈丁园望月亭

时令堂、春野亭、摘星楼、水晶楼、等边楼、骑鹤楼、皆春楼、镇淮楼、云山阁、万花园、波光寺、竹西亭、无双亭（图 1-2-27）、玉立亭、四望亭、四柏亭、临江亭、迎波亭、真州东风、水山三亭、丽孝园、同乐园、斗野亭、文游台、众乐园、申申亭、王瑶别墅、朱化园、接山亭、铁佛寺、龙兴寺、建隆寺、后土祠、蕃观、仙鹤寺（图 1-2-28）、普哈丁墓园（图 1-2-29、图 1-2-30）。

五、元明时期

元、明两代，扬州经济发展加快。来扬州经商、传教、从政、定居的外籍人日渐增多，其中仍以波斯人和阿拉伯人为最。元时，几次整治运河扬州段，基本形成了今天的走向，恢复了曾一度中断的漕运，扬州又迅速繁华起来。马可波罗《东方闻见录》中对扬州有这样的描述："抵扬州，城甚广大，所属二十七城，皆良城也（图 1-2-31）。此扬州城频强盛，大汗十二男爵之一人驻此城中，盖此城，曾被选为十二行省治所之一也。"（图 1-2-32）元人诗文中针对"骑鹤楼,瞻云楼,

图 1-2-31 马可波罗像

图 1-2-32 马可波罗纪念馆

图 1-2-33 虹桥修缮

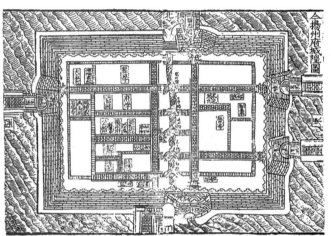

图 1-2-34 明扬州城隍图

竹西楼,雁行楼,皆春楼,嘉会楼"等名楼,留下的"楼前景物逐时新,楼上
笙歌日日春"、"燕子街将春色去,画阑宽处树旌旗"、"春风阆苑三千客,明月
扬州第一楼",为扬州名楼大赞诗篇。这些亭、楼大都是单一的建筑,只有镇南
王宫,在城西北六里大仪乡。世祖二十一年封子脱欢镇南王于扬州,宫中或有
苑囿池泉之景,嘉庆《江都县志》有记载。在园林住宅方面,有记载的,如李
斗在《扬州画舫录·虹桥录(上)》卷十中说:"虹桥修禊(图 1-2-33),元崔
伯亨花园,今洪氏别墅也"。有记载的建筑有平野轩、崔伯亨园等。元代扬州建
筑,总体而言,无法与盛唐、两宋时期相比,民间建筑零落,官府也未大兴土木,
这与当时的战乱频繁有关联,同时与蒙古族习俗相关,影响着建筑业的发展。

明初,扬州再度成为兵家必争之地,屡遭兵火,但是很快经济得到了复苏。
商品经济的发展,孕育了资本主义生产关系的萌芽。扬州的商业主要是两淮盐
业的专卖和南北货贸易。盐税收入几乎与粮赋相等。商业扩大到旧城以外。手
工业作坊生产的漆器、玉器、铜器、竹木器具和刺绣品、化妆品都达到了相当
高的水平。为防止倭寇再次入侵,1556 年,扬州又建"新城"(图 1-2-34)。
明何城《扬州府新建筑外城记》载:"扬州介两都之间,四方舟车商贾之所萃,

图 1-2-35 文昌阁

图 1-2-36 四方寺

图 1-2-37 文峰塔

图 1-2-38 四望亭

生齿聚繁数倍于往昔。又运司余盐银独当天下赋税之半,而商人实居旧城之外,无藩篱之限,非捍卫计也"。扬州外城(即新城),"言言屹屹,楼堞蔽云,囊括万家,襟带漕河,以为固甚,盛举也。"说明出现了、旧两城的布局,随着城区的扩张,建筑业有了新的契机,新的建筑物层出不穷,工艺水平也有提高。在建筑方面,由于交通的便利,扬州的商业以徽商经营为主,同时吸引了更多的徽州工匠加入,使徽商的建筑艺术融入扬州建筑之中。修建的公共建筑有:巡抚都察院、资政书院、范公祠、江淮胜概楼、文昌阁、偕乐园、大观楼、文峰塔、四望亭(图1-2-35~图1-2-38),宅园有:梅花岭、藏书万卷楼、菊轩、王给事宅、竹西草堂(图1-2-39)、康山草堂(图1-2-40)、李春芳宅、阎氏园、冯化园、员化园、五亩之宅、二亩之园、王氏园、嘉树园、影园(图1-2-41)、慈云园、迁隐园、小东园以及张伯鲸之灌木山庄、杜禹洲的水月居等。

图 1-2-39　竹西草堂

图 1-2-40　康山草堂

影园鸟瞰图，引自吴肇钊著《夺天工》

图 1-2-41　影园

图 1-2-42　史可法纪念馆

图 1-2-43　计成像

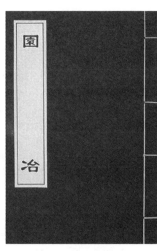

图 1-2-44　《园冶》封面

图 1-2-45　门窗构造 1

图 1-2-46　门窗构造 2

其中，影园是计成所著《园冶》后的一次实践，升华了扬州造园艺术。在文化上出现了睢景臣等一批杂剧、小说家。在农民起义中，张士诚领导的农民起义军坚持了 16 年。明朝灭亡后，为阻止清兵南进，南明督师史可法率军坚守孤城，宁死不降，表现了坚贞不屈的民族气节（图 1-2-42）。城陷后，清军屠城 10 日，死者数以万计。明代中后期，扬州园林发展走向成熟的三个标志：园中叠石兴起；名园开始出现；计成于扬州著成《园冶》（图 1-2-43~ 图 1-2-48）。

《园冶》共三卷，其中包括"兴造论"与"园说"两部分，前者为总论，

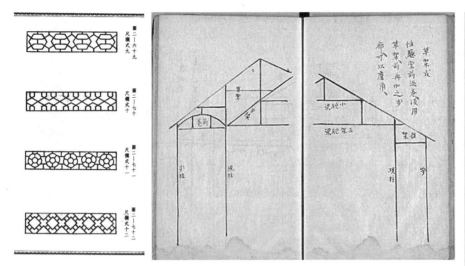

图 1-2-47　门窗构造 3　　　图 1-2-48　梁架大样

后者论述造园及相关步骤。"园说"之后，又分相地、立基、屋宇、装折、门窗、墙垣、铺地、掇山、选石、借景等十个部分。

卷一包括兴造论、园说以及相地、立基、屋宇、装折等部分，可以看做是本书的总纲。卷二描述装折的重要部分——栏杆。卷三由门窗、墙垣、铺地、掇山、选石、借景六篇组成。最后的借景篇为全书的总结。作者认为借景乃"林园之最要者也，如远借、邻借、仰借、俯借，应时而借。然物情所逗，目寄心期，似意在笔先，庶几描写之尽哉。"这段话可以看做是这本书的点睛之笔。

《园冶》一书的精髓，可归纳为"虽由人作，宛自天开"，"巧于因借，精在体宜"两句话。它是一部在世界园林史上有重要影响的著作。计成在书中除了阐述对园林艺术的精辟独到的见解外，并附有园林建筑插图 235 幅。在行文上，《园冶》采用以"骈四俪六"为其特征的骈体文，语言精当华美，在文学史上享有一定的地位。

六、清代时期

清初，扬州很快从明末战争创伤中恢复了过来，盐、漕两运的逐步兴盛，使城市建设也有了较快的发展。扬州城仍沿袭上代新、旧城格局，城四周，各城门外街出现拓展，在新城中形成了多个商业区，并在不断扩大，各地在扬州经商的商人为了加强交流，而建立了各地会馆（图 1-2-49、图 1-2-50），

图 1-2-49　岭南会所

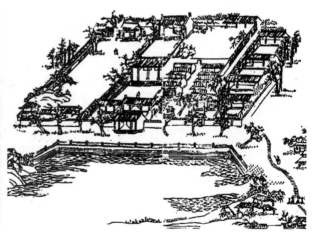

图 1-2-50　梅花书院图

图 1-2-51 片石山房

图 1-2-52 街南书屋

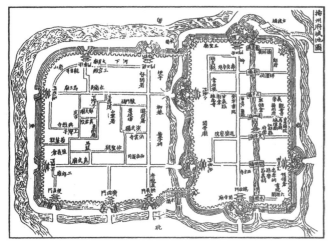

图 1-2-53 清扬州府城池图

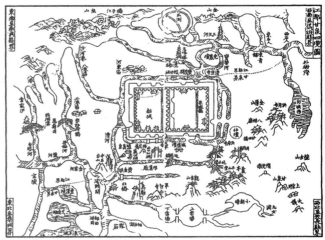

图 1-2-54 江都甘泉四境图

使扬州的经济出现了空前的繁华。康熙年间有：柘园、存园、片石山房（图1-2-51）、万石园、乔化东园、筱园、白沙翠珠江村、纵棹园。雍正年间有：小玲珑山馆（图1-2-52）、贺氏东园。康熙和乾隆多次"巡幸"，使扬州出现空前的繁华，成为中国的八大城市（图1-2-53）。城市人口超过50万，是18世纪末、19世纪初世界十大城市之一。乾隆年间，本时期的公共建筑只有：白塔、莲花桥、天宁寺行宫、文华阁、史公祠和运司衙门里的题襟馆。而私家名宅如雨后春笋般不断涌现在城里城外，城南东有：九峰园、秦园、就雨庵、水南别墅、漱芳园、福禄寺园、南庄、黄园、列园、榆庄、宣庄、深庄、梅庄、念我草堂、锦春园。城里有：康山草堂、暇园、徐氏园、易园、随月读书楼、秋声馆、鄂石诗馆、春园、小方壶、棣园、别园、静修养俭之轩、容园、江园、双桐书屋、倚山园、仁秋阁、安化园、樊家园、朱草诗林、意园等。自瘦西湖至平山堂一带，更是"两堤花柳全依水，一路楼台直到山"（图1-2-54~图1-2-59）。据《扬州画舫录》卷十载"乾隆乙酉（三十年），扬州北郊建卷石洞天（图1-2-60）、西园曲水（图1-2-61）、虹桥揽胜、冶春诗社、长堤春柳（图1-2-62）、荷浦薰风（图1-2-63）、碧玉交流、四桥烟雨、春台祝寿（图1-2-64）、

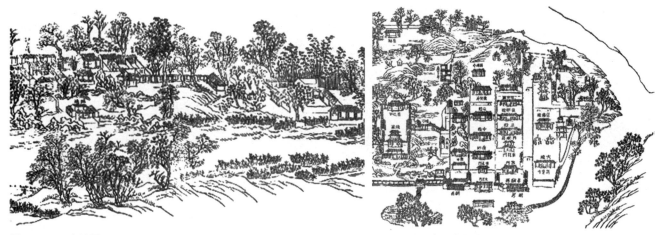

图 1-2-55　九峰园

图 1-2-56　高旻寺行宫

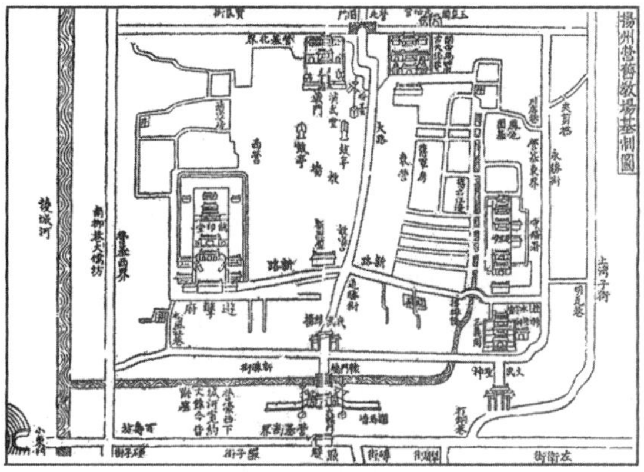

图 1-2-57　扬州营旧校场机制图

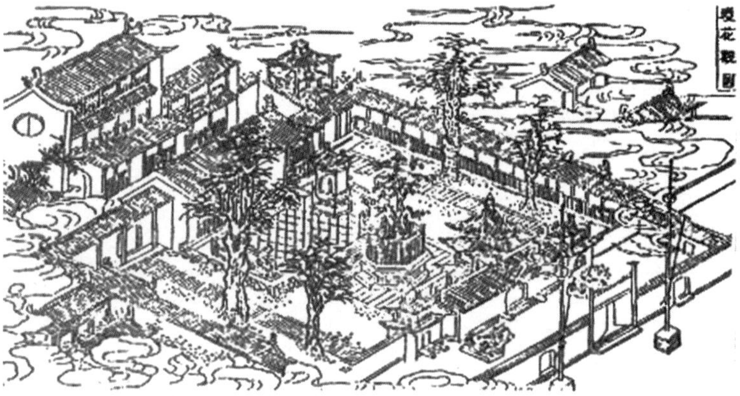

图 1-2-58　琼花苑图

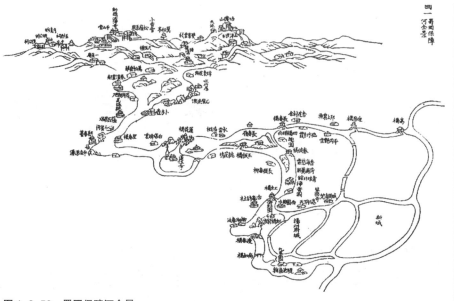

图 1-2-59　蜀冈保障河全景

白塔晴云、石壁留踪（图 1-2-65）、蜀冈晚照、双峰云栈、万松叠翠（图 1-2-66）、花屿双泉、山亭野眺、临水红霞、绿稻香来、竹楼小市、平冈艳雪（图 1-2-67）二十景。乙酉后，湖上复增绿杨城郭、香海慈云、梅岭春深、水云胜概四景。"合称二十四景的湖上宅园，并著称于世，所以李斗的《扬州画舫录》卷六中引

图 1-2-60　卷石洞天

图 1-2-61　西园曲水

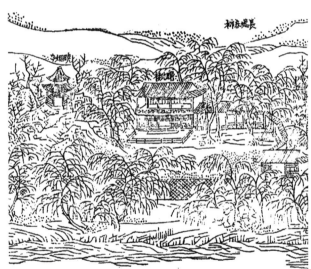

图 1-2-62　长堤春柳

图 1-2-63　河浦薰风

图 1-2-64　春台祝寿

图 1-2-65　石壁留踪

平冈艳雪

图 1-2-66　万松叠翠　　　　　　　　　　　　图 1-2-67　平冈艳雪

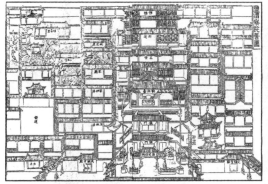

图 1-2-68　两淮盐槽察署图　　　图 1-2-69　天宁寺行宫　　　图 1-2-70　吸洋烟

刘大观言"杭州以湖山胜,苏州以市肆胜,扬州以园林胜,三者鼎峙,不可轩轾,洵至论也。"当时的扬州,居交通要冲,富盐渔之利,盐税与清政府的财政收入关系极大。各地商人增多,纷纷在扬州建起了会馆,各有营业范围和地方特色。同时兴起的还有会票——信用汇兑(图 1-2-68~ 图 1-2-70)。在文化上,一些盐商广结文士,爱好藏书,修建府学、县学,恢复名胜古迹,兴建园林,对扬州的文化发展有一定的贡献。这期间出现了以金农、李鳝、高翔、郑燮、罗聘等"扬州八怪"为代表的扬州画派,以阮元、焦循、汪中、任大椿和王念孙、王引之父子为代表的"扬州学派"(图 1-2-71)。扬州戏剧历史悠久,至清代大盛。1790 年,为庆祝乾隆皇帝 80 寿辰,以宝应高朗亭为班主的三庆班进京演出,与其他剧种一起,对京剧的形成和发展产生重要影响(图 1-2-72)。扬州的雕版印刷和扬州的评话、清曲、扬剧、木偶剧和棋、琴均在清代达到了相当高的水平,形成自己的特色,促进了扬州成为当时中国文化中心的形成并奠定了文化中心的基础(图 1-2-73)。

　　嘉庆年间,由于禁盐施行,盐商大多贫败,再经咸丰年间兵火,湖上宅园到了《画舫录》中人半死,倚虹园外柳如烟"、"楼台荒废难留客,花木飘零不禁樵"的地步。城中的旧园有如休园、康山草堂、双桐书屋、鄂不禁馆、静修俭养之轩、容园、小玲珑山馆等。城内尚存少量宅园、火观、青溪旧屋、个园、二分明月楼、朴园、思园、伊园、玉兰山馆、张园、棣园、寄啸山庄、小

图 1-2-71　文选楼图

图 1-2-72　盐商家班

图 1-2-73　西洋图

图 1-2-74　天宁牌坊

图 1-2-75　文昌阁

图 1-2-76　朱自清故居

盘谷，宣统三年城内外皆无新筑名宅园（图 1-2-74）。

民国初年，随着国内的交通方式变化，扬州失去了交通优势，经济衰弱。民国时期，有萃园、平园、楼石草堂、息园、匏庐、樊园、汪氏小苑、胡氏园、劝业堂、逸园、八咏园、憩园、可园、徐园、凫庄、然园等，都在民国二十八年（1937 年）抗日战争之前（图 1-2-75）。至此宅园真正成为扬州建筑与园林的特征（图 1-2-76）。

陈从周先生在《扬州园林》一书中记述"扬州位于我国南北之间，在建筑上有其特殊的成就与风格，是研究我国传统建筑的一个重要地区"。

第二章　扬州民居概述

清道光年间，钱泳著《履园丛话》卷十二载"造屋之工，当以扬州为第一。如作文之有变换，无雷同，虽数间之筑，必使门窗轩豁，曲折得宜……盖厅堂要整齐，如台阁气象；书斋密室要参差，如园亭布置，兼而有之，方称妙手。"这是对扬州民居的形制和技艺的一段描述。现有扬州古城保护区，有新旧二城平行而组合（图2-0-1），以小秦淮河为新旧两城的分界，汶河贯穿旧城南北，新城东沿运河，典型的扬州民居分布比较集中在城区，大中型民居多在新城，以盐商建造居住为多（图2-0-2、图2-0-3）。而小型民居多在旧城（图2-0-4、图2-0-5），以士大夫及平民为主。城区民居的布置以顺街巷方向为出入口，

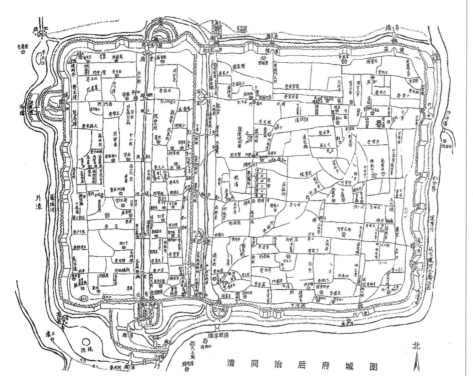

清同治后府城图　北

图2-0-1　清同治后府城图

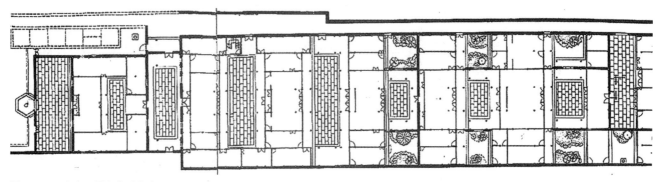

图2-0-2　大户民居之卢氏盐商平面图

图 2-0-3 大户民居之卢氏盐商剖面图

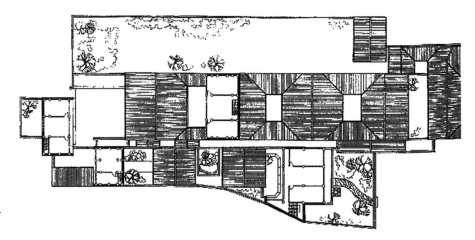

图 2-0-4 中户民居之大武城巷贾宅平
面图

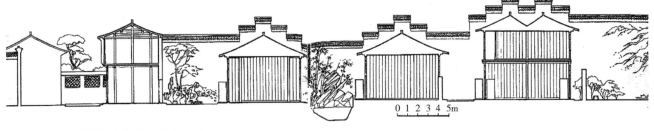

图 2-0-5 中户民居之大武城巷贾宅剖面图

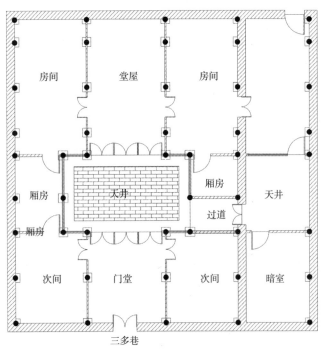

图 2-0-6 小户民居之五少堂故居平面图

朝向以坐北朝南，或东南向，或西南向，建筑外立面与街巷交汇的墙角作抹角处理，以充分利用空间，便于人行，民居与街巷的内外空间以高墙相隔，入口均利用一个总门，整体外观比较整齐。色调以灰色为主，院内内部组合灵活，因地制宜。平面以三间为主，也有明三暗四、明三暗五的做法。在装修方面十分讲究，现存楠木厅、柏木厅十几处（图 2-0-6、图 2-0-7）。

扬州历代的能工巧匠，以高超技艺，形成了独特的建筑风格，其建筑风格是介于北方"官式"建筑与江浙"民间"建筑之间的一个载体（图 2-0-8），形成"南秀北雄"的特色，是我国研究传统园林与建筑的一个重要地区（图 2-0-9、图 2-0-10）。

扬州城西北山丘地区有黏土，除烧制砖瓦外，其他建筑材料如石材、木材均从苏南、浙江、安徽、江西等地利用盐船回载，在富商的住宅中，还出现了如楠木、大理石、宣石等珍贵的建筑材料。

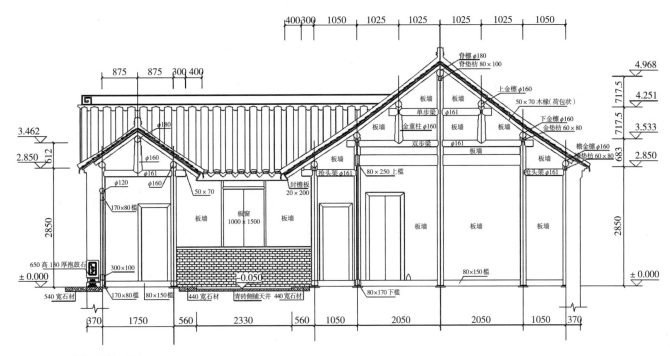

图 2-0-7　小户民居剖面图

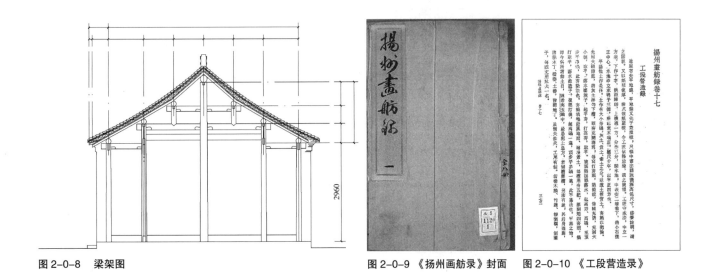

图 2-0-8　梁架图　　　　　　　图 2-0-9　《扬州画舫录》封面　图 2-0-10　《工段营造录》

第一节　扬州民居的平面布局

　　扬州民居是以日常居住为主要功能的建筑，其空间分为室内空间和室外空间，室内空间又分生活空间和公共空间。生活空间主要是卧室、书房、藏库等，公共空间主要是厅堂、厨房等。室外空间主要为天井和园林（图 2-1-1、图 2-1-2）。

平面类型和单元组合

（一）基本形制

　　扬州民居的平面一般为长方形，最基本的为三间，一堂两室，进深 5 架、7 架，正间为堂屋，边间为居室，房屋朝向坐北朝南，农民为了充分利用室内空间，有的在房间上加披屋，用于堆放柴草等杂物（图 2-1-3）。

图 2-1-1 民居正立面 　　　　　　　　　　　　　　　　图 2-1-2 民居侧立面

图 2-1-3 面宽与进深 　　　　　　　　　　　　　　　　图 2-1-4 三间两厢

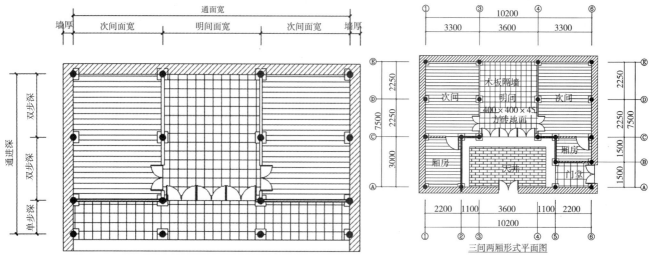

（二）三间两厢

这是中、大型住宅的基本单元，亦称三合院，中间正间为堂屋，两边间为房间，是扬州民居的最基本布局。典型平面为正屋三间、厢房左右各一间，并设正门，入内首先就是天井，平面近正方形，正常东侧（称上手）为厢房，西侧作为书房或卧室（图2-1-4）。扬州城里房屋的方位大体随街巷的走势，方便出入交通。一般民房在后檐墙上设太师壁，太师壁前正中挂字、画、对联、神像，壁下设条几（老柜），条几两端放瓶、镜、烛台，大、中型住宅一般在明间步架后堂挂设太师壁，太师壁后为楼梯或通往后进的过道，讲究的正间前设轩廊。农村还有三间一厢制。

（三）对合式

在三间两厢的基础上，前面再加一道与正屋平行、长度一致的房屋，通常进深较正屋小，3~5架，扬州人称之为倒座，又称这类房屋为四合院，四周高墙围合，屋面排水方向，汇聚天井，亦称"四水归堂"，前、后进的室内地坪前低后高，大多第一进的正间为门厅，有的门厅后侧设屏门，为障视线，城区有的门厅随街巷而设，不设在中间，设在边间或厢房及围墙处。因此，习惯均正屋为上房，对应倒座为下房（图2-1-5）。

（四）明三暗四式

房屋实际上是四间，从平面布局上直观看为三间，然后在边间的一端加一间，

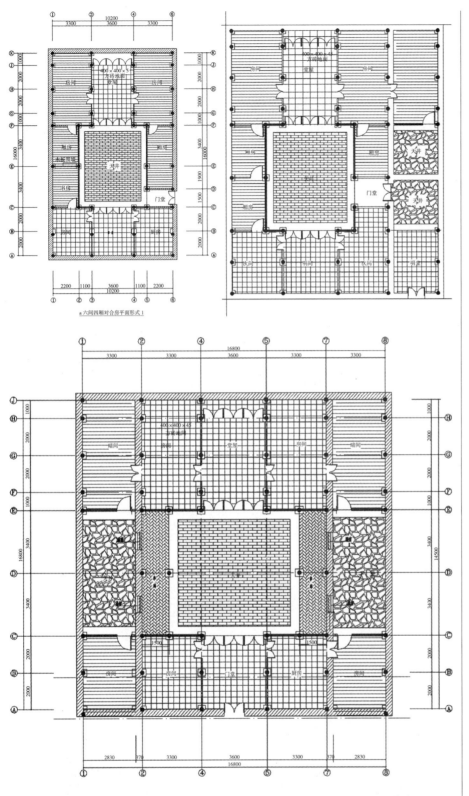

图 2-1-5　三间两厢对合房（左）
图 2-1-6　明三暗四（右）

a 六间四厢对合房平面形式 1

图 2-1-7　明三暗五

称为"套房"，通常作为闺房、书房之用，为达到通风、采光的效果。套房的屋内设一小天井或小花园，根据地形的情况，还有倒后二进明三暗四的做法（图 2-1-6）。

（五）明三暗五式

房间实际上是五间，从平面布局上直观看上去是三间，天井或正方形，有"一颗印"之意，两边间各加一间套房，形成明三暗五等各种形状，总之主人随地形而确定其平面布局（图 2-1-7）。

第二节　扬州民居的布局特点

　　扬州的民居分为大、中、小三种类型，根据本人的理解，三间两厢、倒后二进式等为小型民居，中型民居为三进二路，三进以上、二路以上的组合民居为大型民居。民居的规模形成往往是同姓同宗一个大家族所居住，因父子、兄弟血缘关系而组合成一路，串联或进而成为整体建筑群。从现存较完整的实例看，家族的兴衰，血缘的亲近，地形的利用与限制，是决定组合方式的重要原因（图2-2-1）。

一、左右组合

　　以横向左右拼接为建筑群体，称"路"，有"一路"、"二路"，扬州目前还有"五路"（图2-2-2~图2-2-6）。

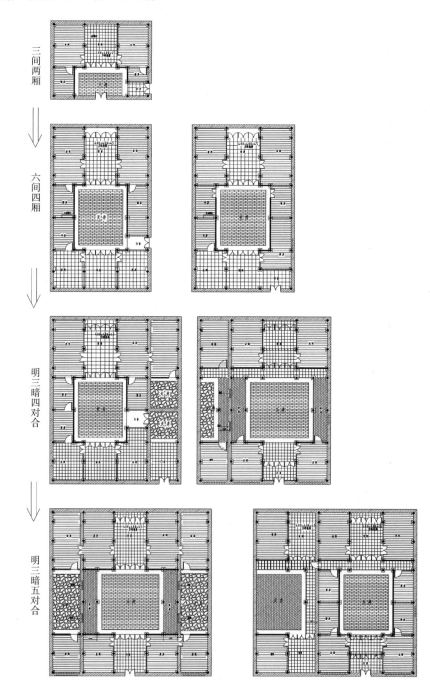

三间两厢

六间四厢

明三暗四对合

明三暗五对合

图2-2-1　组合及演变

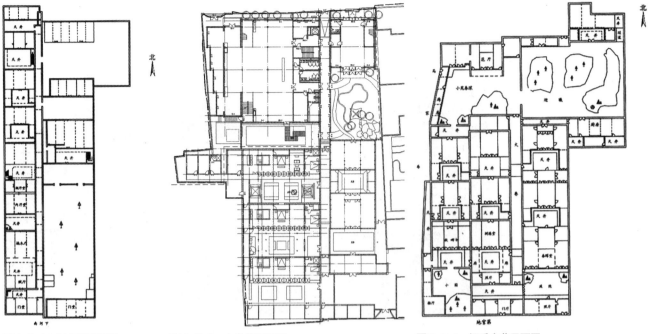

图 2-2-2 汪鲁门平面图　　图 2-2-3 小盘谷平面图　　图 2-2-4 汪氏小苑平面图

图 2-2-5 汪氏小苑火巷

图 2-2-6 汪氏小苑天井

二、前后组合

即以一个单元沿中轴线向后排序，即一进、二进、三进……每加一进只需增设一横向的天井。目前扬州最大住宅有九进（图 2-2-7~ 图 2-2-11）。

图 2-2-7 刘庄平面图　　图 2-2-8 丁家湾平面图

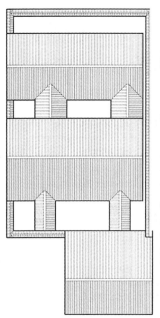

图 2-2-9　屋顶俯视图（左）

图 2-2-10　卢氏盐商住宅侧立面（右）

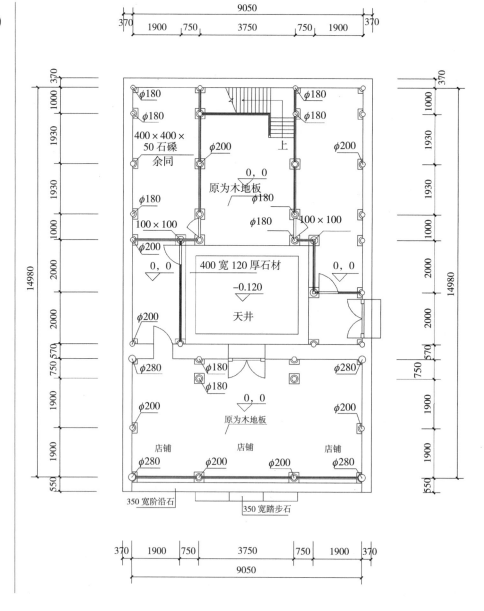

图 2-2-11　老商会平面图

三、前店后宅

主要外形是前面沿街开店，店堂后为住宅的院落，简称前店后宅（图
2-2-12、图2-2-13）。

总之，扬州民居的组合，主要是亲近家族体系分而不断，从单元平面布局
来看均能方便在前后、左右之间联结，形成了成片组合，上祖、兄弟、叔伯、
同宗之间的居住通过天井空间、火巷空间的两侧门相互联通，平面布局工整，
讲究轴线平行、中轴对称（图2-2-14、图2-2-15）。

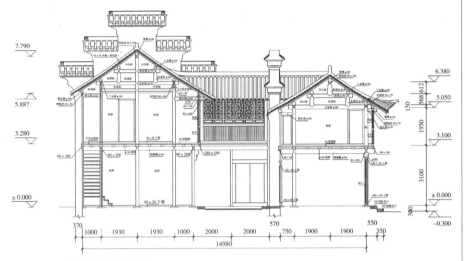

图2-2-13 驮伯老商铺剖面图

图2-2-12 老商铺侧立面

图2-2-14 屋顶俯视图

图2-2-15 逸圃巷子图

第三节 建筑的尺度与比例

扬州民居一般采用院落式，面阔三间的矩形平面，还有明三暗四、明三暗
五等形式，以工整见长，风格上介于南北方两地之间（图2-3-1、图2-3-2）。

一、开间和进深

扬州民居开间和进深尺寸的确定主要依据使用的要求，但实际上还受宅基
地和材料、建筑等级制度的影响。一般民居的开间尺寸尾数带"六"。一般七

图 2-3-1　正立面　　　　　　　　　　　图 2-3-2　正立面

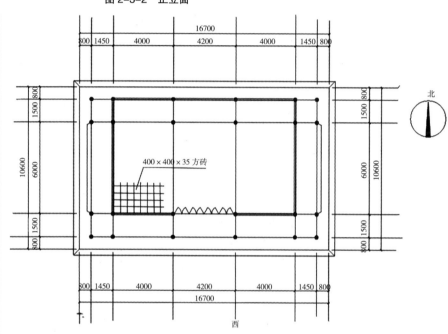

图 2-3-3　宜雨轩平面图

架梁明间一丈零六寸，边间为九尺六寸，还有一丈一尺六寸，一丈二尺六寸。明间与次间的开间尺寸以二尺为一级递进，梢间比次间短一尺。明间与进深之间的比例为 1.5~1.7 左右。进深以半尺作为界深的递进单位。相对厅的尺度较大，如个园的宜雨轩，五间达到一丈八尺六寸（图 2-3-3）。

二、檐口高度与天井比例

扬州民居的檐高一般与明间的面阔相等。檐口距地面的高度最少不能小于一丈，天井的大小与建筑物高度比例一般 1：1。若按照柱径控制檐高，柱径与柱高的比例约为 1：9，现在通常为 1：10~1：16。但在实际操作中应根据场地以及材料情况具体由匠师确定其空间尺度（图 2-3-4）。

三、提栈规则

如图 2-3-5 所示。

四、常用尺

尺是古代营造的度量的一种工具。由于朝代的不同、身份地位的不同，使用的尺度也不同。传统的营造用尺种类也很多，一般使用鲁班尺，也称营造尺。

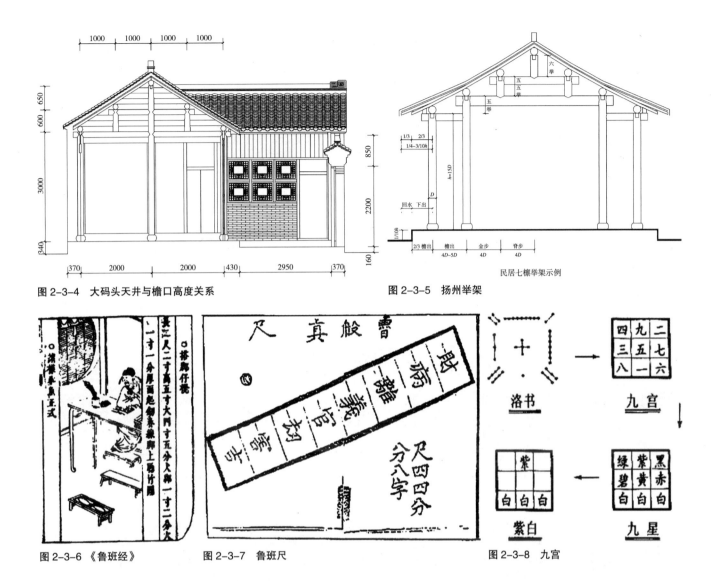

图 2-3-4　大码头天井与檐口高度关系

图 2-3-5　扬州举架

民居七檩举架示例

图 2-3-6　《鲁班经》　　　图 2-3-7　鲁班尺　　　图 2-3-8　九宫

现在以米为单位的称公尺（图 2-3-6）。

（一）鲁班尺

目前我国各地木工所用之尺并不完全统一，扬州通常是一尺等于 27.5cm，
如北京一般为一尺等于 32cm，广州一尺等于 28.33cm，沈阳一尺等于 31.37cm。
鲁班尺有直尺和曲尺，一般两尺都是联合使用的（图 2-3-7）。

（二）门尺

门尺又称"紫白尺"，门尺是与直尺配合使用的木尺，主要用于门的尺寸，
一尺等于一点四鲁班尺，等分为八份，其上标有凶吉，其门宽符合曲尺上的"官"、
"禄"、"财"、"义"等吉字尺寸。直尺和曲尺的使用，使得同等级园主人身份不同，
而产生微小的差异（图 2-3-8）。

第四节　民居的构造特征

一、建筑造型

主要以青砖黛瓦、清水原色、工整见长，院落封闭，沉静古朴。建筑色彩
主要以灰、棕为基调，白色为辅。山墙做法有硬山墙、马头墙，还有云山式和

图 2-4-1　壶园

图 2-4-2　皮市街

图 2-4-3　个园照壁

图 2-4-4　吴道台照壁

图 2-4-5　阮家祠堂照壁

图 2-4-6　蔡庄福祠

图 2-4-7　卢氏盐商福祠

图 2-4-8　个园福祠

观音兜的做法。空间组合特色元素主要有照壁、大门、福祠、天井、火巷、宅园等（图 2-4-1、图 2-4-2）。

（1）照壁，是中国传统民居特有的一种形式，设置方式有内外之分，其理解为辟邪，是扬州传统民居的重要组成。依主人地位、贫富和环境的不同，形式大体有一字形、八字形，还有借邻居的墙而作。构造形式有简单与复杂之分（图 2-4-3~ 图 2-4-5）。

（2）福祠，是扬州民居特有的构造元素，又称"土地堂"，一般位于门厅内部直对门厅，福祠的主要功能是祭拜土地神。福祠的造型参考了神龙的建筑形式，相对简约（图 2-4-6~ 图 2-4-8）。

图 2-4-9　石铺排水沟

图 2-4-10　砖铺排水沟

图 2-4-11　胡笔江故居大门

图 2-4-12　卢氏盐商大门

图 2-4-13　汪氏小苑大门

（3）天井，是最具有民居建筑特征的元素，它起到组合空间、天然采光、自然通风、给水排水、防火防盗的功能。天井的大小与建筑物高度的比例一般为 1∶1，其构造主要是四周空间屋面多为单坡斜屋面，雨水全部集中汇流入天井，还有两侧的厢房沿口点水不超堂房，称"不滴堂"。天井一般采用石铺，通过石隙设有排水暗沟，汇集排入街巷排水系统（图 2-4-9、图 2-4-10）。

（4）大门，又称门楼，其独特的造型是扬州民居的重要特色，其门楼的规模，是体现家族及其主人的地位、身份、财富的标志，习惯说是"脸面"、"门脸"，主要以砖雕装饰为主，其结构和堂壁主要有八字形、凹字形、匾墙形、方形、巨砖檐形等多种（图 2-4-11~ 图 2-4-13）。

（5）火巷，大中型民居并列三间的通道，称火巷，从功能上说，一是起防火的作用，二是起交通作用，它与多进之间都设有通门。扬州民居还有一种说法，要求佣人、杂务不得随便穿堂入室，只能从火巷进出，火巷尺度，因地而设，窄至一人可行，宽至可抬花轿而行（图 2-4-14、图 2-4-15）。

图 2-4-14　扬州琼花观井亭

图 2-4-15　卢氏盐商火巷

图 2-4-16　街道老井

图 2-4-17　私家老井

（6）水井，是民居的重要组成，大户人家都在院落打一口井。扬州老城区平均每两条巷就有五口井，20 世纪 80 年代还有 600 余口井。平均每条巷子都有一口井，井栏差不多个个都是艺术品；井栏的外面有的雕花，有的刻字，通常都是吉祥图案，还有是什么时间开井、缘由、发起人以及使用者公约等（图 2-4-16、图 2-4-17）。

（7）宅园，扬州自古借其雄厚的经济实力，优越的地理条件，即为园林兴盛之地，通过山、水、植物、灵活多样的建筑造型构成了有山有水的宅园特色，即所谓"庭园"，主要代表作品有：何园、个园等 20 余处（图 2-4-18、图 2-4-19）。

二、民居的功能布局

扬州民居的室内功能主要有正厅、内厅、花厅、餐厅、卧室、书房，还有藏室、灶间等。

（一）正厅

正厅主要用于主人迎接宾朋好友、喜庆祭祀、长幼教训等家务公共活动，位于房屋的第二进，面阔三间，构造精致，用料考究，是主人的身份地位、性格品德的体现。还有用楠木或柏木等名贵材料而建造的厅，以用材而称呼厅名。

图 2-4-18　何园美景

图 2-4-19　个园美景

图 2-4-20　个园正厅

图 2-4-21　汪氏小苑正厅

目前扬州现存还有十几处。正厅前檐柱之间装设可装卸的六扇长窗，上格下雕。后檐墙正中设实木腰门，供人们通入后进院落。外檐亦有砖雕门脸，相对门楼简单；后金柱之间装有屏门和左右两侧的飞罩（或落地花罩）组成的太师壁。正厅两侧隔墙在柱间使用木板壁与卧室隔开，在前步柱设有进入对开屏门。正厅地面采用青灰方砖铺地。

　　正厅陈设基本呈现对称布局，迎面太师壁处一般居中悬挂由名人题写的家训对联和吉祥如意的画。家族上古传承的"堂号"的匾额，以体现家庭的风格，烘托传承家风的主题，增强家业传承的文化气息的作用。两侧的木板壁上，亦有挂条屏，如"梅、兰、竹、菊"等字画。太师壁前正中陈列长条案几，案几用材名贵。条案中央摆放座钟或佛像，两边摆放陶瓷花瓶及漆器屏镜，取"终身平静"之意。案几的正中设置八仙桌一张，两边配置太师椅，沿板壁隔墙对称摆放客座椅各一对。正厅外围山面形式丰富多彩。正厅三间巷全部穿通，采用抬梁式结构。还有摆放博古架以及珍宝古玩、茶具等艺术品，以增添正厅的生机（图 2-4-20、图 2-4-21）。

　　（二）内厅

　　内厅位于正厅的后进，一般作为生活起居空间供家人自己使用，具有一定的私密性。除最后一进内厅没有门外，其余的每进内厅布局同正厅一样，也设有八仙桌和太师椅，陈设一般比较简约大方（图 2-4-22、图 2-4-23）。

图 2-4-22　汪氏小苑内厅

图 2-4-23　卢氏盐商内厅

图 2-4-24　个园宜雨轩

图 2-4-25　何园玉归堂

（三）花厅

花厅一般位于住宅庭院的中央，作为园林中的"厅堂"，临水而建称"水榭"。建筑形式丰富多彩，歇山形式最多，还有硬山顶。"花厅"作为主人游玩宴客、商务接待、琴棋书画、咏诗阅文的活动空间。建筑四周通透，视野开阔，以观赏不同的院内景色。装修艺术，陈设高雅，装修的格局与正厅有别，主要以座椅型为主。一般"花厅"中及迎面设有对称的客座椅几，两侧次间大多陈设方桌、方凳以供来客活动，以及古玩艺术品欣赏，以达到回味无穷、引人入胜的效果（图 2-4-24、图 2-4-25）。

（四）餐厅

扬州民居很少有独立的餐厅，大多数与厅堂和灶间共同使用。一般与厅堂兼用的房屋中间摆放大圆桌布置方式，灶间兼用的房屋正间摆放方桌，也有盐商大户在室内设有专门的独立餐厅以供社交请客。餐厅空间尺度等同于正厅。有的用料讲究，如个园中路第三进院落的餐厅，面阔三间，梁柱枋均采用金丝楠木制作（图 2-4-26、图 2-4-27）。

（五）卧室

卧室一般位于房屋正间的两侧次间和厢房内，其居住的方位，根据其人的身份而定。长辈的卧室在前进院落，晚辈的卧室在后进院落，未成年的子孙一般则在两侧厢房居住，女孩的卧室一般在后进房屋，外人不可进入，有相对的私密性，

图 2-4-26 个园餐厅

图 2-4-27 卢氏盐商餐厅

图 2-4-28 个园卧室

图 2-4-29 朱自清故居卧室

大户人家的同辈以每路为单位，分别而居。卧室的室内空间以板壁进行划分，顶部也用天花板，地面采用木地板或方砖，还有冬是地板，夏是方砖的混合做法。卧室的主要家具有床、柜、箱、台、椅、桌、凳等。大户人家卧室装饰用材讲究，富丽堂皇，一般人家简约大方，应该说最重要还是床，亦称"雕花大床"，有"一世做人，半生在床"之语，可见床的重要性。床具的雕刻题材丰富，最常见的有"和合二仙"、"麒麟送子"、"榴开有子"等吉祥图案，还有"金龙彩凤、魁星点状、天官赐福、喜上眉梢"等纹饰，还有施设彩绘、贴金嵌银，以表达"床"重要之意。一般床是代代相传，亦称"传家宝"、"子孙床"（图 2-4-28、图 2-4-29）。

（六）书房

书房是扬州民居的重要组成。明代造园家计成在扬州写成的《园冶》一书中对书斋的选址原则有所定述："书房之基，立于园林者，无拘内外，择偏僻处，随便通园，令游人莫知有此。"说明扬州民宅书房的重要性。在传统民居空间中，有设在正间、厢房、厅堂之中的。书房内的主要家具为书桌及画桌、座椅、书柜、台灯，字画条屏、匾额以及与文化相关的观赏品，以使书房整体氛围清雅，表达其意境高远（图 2-4-30、图 2-4-31）。

除上述外还有灶间（图 2-4-32）、库房、暗室（图 2-4-33）等生活必需的用房，暗室比较特殊。如汪氏小苑、汪鲁门都比较典型。

图 2-4-30　何园书房

图 2-4-31　个园书房

图 2-4-32　个园灶间

图 2-4-33　个园暗间

图 2-4-34　攒尖顶

图 2-4-35　硬山顶

三、建筑构造形式

（一）瓦屋面

扬州民居屋顶，一般都采用硬山顶，很少用悬山顶，庭园建筑有歇山顶和攒尖顶，皆是小瓦屋面（图 2-4-34~ 图 2-4-37），所谓硬山屋面，即一条正背、前后两个坡屋面，屋面两端头与两山墙头基本并齐，考究的在两山随屋面坡度镶筑磨砖，下有砖细磨砖披檐。扬州人对蝴蝶瓦，统称小瓦，小瓦是黏土烧制的，呈青灰色，规格有 30cm×24cm、24cm×20cm、20cm×18cm，沿口有花边滴水，与小瓦的规格相对应，铺盖构造常用"压七露三"、"压六露四"、"压五露五"

图 2-4-36　歇山顶

图 2-4-37　硬山山墙为马头墙

图 2-4-38　空心脊

图 2-4-39　实脊

图 2-4-40　戗脊

的做法，其含义表示瓦的铺设密度。民居的屋脊皆用小瓦筑脊，称为"竹脊"，屋脊的两端多作回纹式造型，在比较讲究的厅堂上，多种屋脊也多用小瓦与望砖筑成镂空花脊，也有砖细精加工做法（图 2-4-38~ 图 2-4-40）。

（二）砖墙

主要起围护作用，根据形式及功能的不同可以称为山墙（图 2-4-41）、前后檐墙（图 2-4-42、图 2-4-43）、隔间墙、马头墙（图 2-4-44）、围墙（图 2-4-45）、槛墙、照壁墙；按造型可分屏风墙、观音兜墙、云墙（图 2-4-46）；按砌筑形式，有青砖整砖墙、玉带墙、空斗墙、相思墙、乱砖墙；按灰缝组合有砖细青灰墙、青灰墙、灰泥墙、无灰墙等，砖墙与柱连接的方式主要用铁件，称"铁把锔"（图 2-4-47）。

（三）木构架

扬州民居多数以三开间为主，亦有明三暗四、明三暗五的组合，其基本特

图 2-4-41　何园山墙

图 2-4-42　汪氏小苑前檐墙

图 2-4-43　吴道台后檐墙

图 2-4-44　汪氏小苑马头墙

图 2-4-45　何园围墙

图 2-4-46　何园云墙

图 2-4-47　铁把锔

点是外侧为厚实的山墙和前后檐墙封闭，以排列有序的木构梁架分隔开间，并以木桩承重屋面的荷载，常见的木构架形式为抬梁式（图 2-4-48）和立贴式（图 2-4-49），柱根据其位置不同分檐、步、金、脊等类型，木柱下垫有石墩，称柱础，柱础下也有石礩，其作用是传递上部荷载，及时防止地面潮气浸湿柱脚。桁架常见的有三架梁、五架梁、七架梁（图 2-4-50~ 图 2-4-52），其中三架梁还细分小三架、大三架，五架梁中还细分小五架、大五架，而七架梁中还细分小七架、大七架，还有朗七架之分，相当于九架梁，尺度上柱径与柱高的比例约为

图 2-4-48　抬梁式

图 2-4-49　立贴式

图 2-4-51　五架梁

图 2-4-50　三架梁

图 2-4-52　七架梁

1：9~1：15之间。梁架的做法一是扁作,二是园作,三是在梁的两端下刻弧线。

（四）外檐木装修

主要有长窗、槛窗、支摘窗、天窗、木门、木栏杆、木挂落等（图 2-4-53~图 2-4-59）。

（五）内檐木装修

内檐木装修又称为室内木装修,简称细木装修,主要有板壁、木隔扇、罩（落地罩、飞罩）、屏门、屏风等（图 2-4-60~ 图 2-4-66）。板壁,主要起分隔房间以及护墙作用,木隔扇是厅堂在内檐进深或面阔之间作隔断,罩又称罩格,主要起分隔室内空间功能,不带门扇。屏门一般安装在门厅明间后步之间,正常不开,遇有家族有大事时才全部打开。屏风也称"太师壁",通常置于堂屋后步之间,用于陈设和装饰作用。

（六）地坪

扬州民居的地坪基层主要用灰土打夯而成,上面铺砖、石、木等（图 2-4-67、图 2-4-68）,主要有室内、室外之分,室外主要以砖、石为主,花街用卵石等

图 2-4-53　木挂落（眉）

图 2-4-54　天窗

图 2-4-55　景门的木门 1

图 2-4-56　景门的木门 2

图 2-4-57　长窗

图 2-4-58　短窗

图 2-4-59　支摘窗

图 2-4-60　木隔断

图 2-4-61　美人靠

图 2-4-62 山花及博风板

图 2-4-63 博风板及垂鱼

图 2-4-64 落地罩

图 2-4-65 屏风

图 2-4-66 屏门

图 2-4-67 室内木板铺装

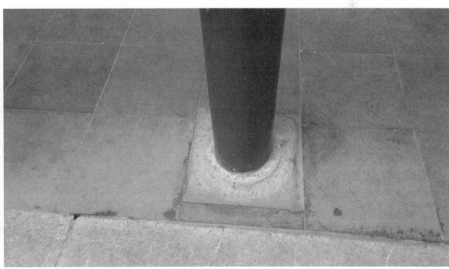

图 2-4-68 室内方砖铺装

艺术铺作，天井四周设有明沟以作收雨水用。室内地坪用方砖和木地板，有铺在垫层上，有砌条形地垄墙，还有用碗状倒置上铺方砖等。火巷主要为砖石混铺，有砖细排水沟道。

第五节 扬州民居营造工序与风俗

民居的营造是根据一个家庭的自身经济情况而定，俗话说"日求三餐，夜求一宿"，自古到今，千家万户，对房屋的建造习俗十分重视，已形成了具有地域性的建造程序和建房习俗，以祈求平安等。

一、扬州民居的营造工序

扬州民居的营造工序是先地基，后构架，再围护的建造程序，以及多专业工种之间的相互配合为导等，关键工序主要为：择地、开工、平碾、立柱、上梁、装折、支锅、入室等八个工序（图2-5-1）。

（一）择地

建房之前，根据自己的经济状况、家庭成员结构和家庭未来等条件，预定在什么地方建，建多大的规模，或分步实施，以及建造标准等。首先是选择房基地，又称宅基地，一般是在旧房基上新建或者向四周扩建，主要是以主人为主；还有是在大门的朝向。一般大门不朝正南，总要偏东一些或偏西一些，偏的角度为5°以上，一般根据玄学、路势、水口原有街坊的朝向而定角度，大门不能对坎（怕邪气），不能对人家的山墙（怕没有出路），不能对人家的烟囱

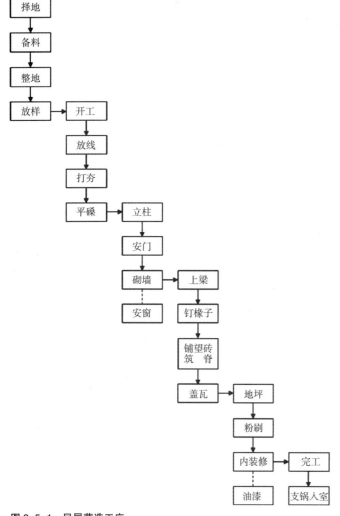

图2-5-1 民居营造工序

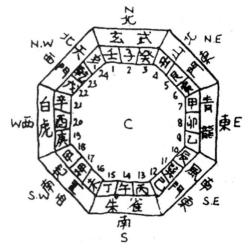

图2-5-2 建筑中的基本方位角含义

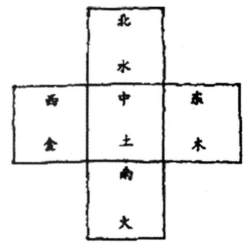

图2-5-3 方位与五行的配置

（怕有杀气），不能对大树，也不能对着大路等（图2-5-2、图2-5-3）。

（二）备料

宅基地选好后，房主要委托匠人，了解购料的规格尺寸，少数房主自行配料，一般需要的材料就近取材，主要材料有木材、砖瓦、石材、辅材等，辅材主要是石灰、纸筋、麻刀、桐油等。木材主要是杉木，房屋开工一年以前，短则半年，将木构架用料加工成半成品，存放在比较封闭的空间，开工前再加工处理。

（三）开工、放线

开工的日子需请风水先生看一下时辰，在选定的吉日良辰进行破土开工。扬州人习惯翻新房屋时，先拆围护，一般不落架，更换朽木，改善围护结构及室内外装修，对于新建的宅基地要进行整地，由木工师交丈杆尺寸，瓦工师进行定位放线，新房不能起在邻居房屋的左前方或右前方，只能比人家的房子退后一些，东家向前，西家向后，最多跟邻居的房屋并排，还讲究基地的高低，低的要垫高，室内高，室外低，允许邻居上首高，下首低。选择房地一般请人看一下风水，看在这块土地上起房，对将来的发家和子孙是否有利（图2-5-4）。

破土动工之前，由木匠将开间、进深尺寸及柱位标记向瓦匠交底，后由瓦匠在房屋的四角打下木桩以及龙门板，并在桩上裹上红纸，然后把要破土的地方打扫干净，再用一挂鞭炮在四周放一下。动工时，由户主动第一锹土，叫作"动土"，然后再由瓦匠或小工（杂工）挖墙脚，有的人家还在房屋的四角放下硬钱币，用以镇邪。接着打夯，夯后，便砌墙脚砌墙。此工序是由瓦、木匠共同完成。还有瓦匠的第一铲土取少许，用红包封好，交给户主找个稳妥的地方收藏起来。

（四）平磉

主要是地基完成后，在柱下部位砌筑与室内地面相平的厚石板，称为石磉，主要作用为传递结构荷载至基础下面，石磉上置磉鼓，磉鼓为鼓形、方形、覆盆、莲花等形状的石雕构件，用作柱子的防潮。古时候户主在磉石板下面放一些铜钱，叫太平钱。平磉的工作通常由二人来完成（图2-5-5）。还有对唱颂词，"龙凤宝地紫气扬，金磉落地福满堂。四个金磉安四方，财源茂盛达三江。我安磉棵喜盈盈，磉下安个太平钱。太平钱上四个字，富贵荣华万万年。"……这里说的"太平钱"，是指古钱币"太平通宝"，民间俗信此钱寓含"太平安宁、万事顺遂"之意。

（五）木构架加工

根据商定好的房屋尺寸，对木构件断面，梁、柱节点放足尺大样，并出柱头杆、进深杆、开间杆，按照大样图将毛坯木料加工成成品构件；后进行会榫，

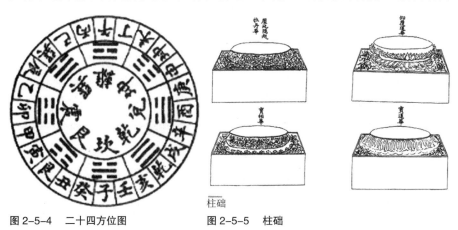

图2-5-4　二十四方位图　　　　　图2-5-5　柱础

建房子前，需要搭设竹制或木制的脚手架，并且一定要选择一个建房的吉日。

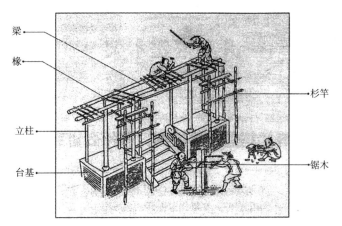

梁
椽
立柱
台基
杉竿
锯木

图 2-5-6　搭设脚手架

正七架格式

图为典型的穿斗式构架、是南方特有建筑样式、用穿枋穿透各个立柱组成屋架，各檩条两端直接搭在柱头上，各排架间以斗枋及纤子穿连拉牢，形成整体构架。

图 2-5-7　立柱

即试装，将木构件有序地组合，通过修整榫卯，套中线尺寸，校衬头等一系列的会榫工艺；再将加工好的构件编号，按时序运至现场的指定位置（图 2-5-6）民间的大杆都要妥善保管好，以防误差。

（六）立柱

先平壤，将柱础放到正确的位置和标高上，立柱是工序中的重要日子，由瓦、木匠共同完成，主人要烧香敬神以求吉祥安宁（图 2-5-7）。

（七）砌墙

先由大师傅在房屋的四角盘角，给四边墙挂线，砌山墙是有技术师傅砌筑，后檐墙砌筑由学徒工习作，前檐墙相对要复杂，一般由有经验的老师傅砌筑，技术要求高，此工序主要由瓦工完成。

（八）安门窗

一般先安好门再砌墙，待窗下墙砌好后，定门窗的位置，门窗框一般在开工前已制作好，并于约定时间送至场地，由掌作师傅完成。

（九）上梁

上梁是起房子的大事，开工前就要选一个黄道吉日。一般选择阴历逢六日为最先，还有选"三"、"十"、"九"的，最忌"四"。一般都在早上，简称上早梁，还要在下午太阳落山前进行完，称"随梁上"（图 2-5-8~ 图 2-5-11）。

上梁的前一天，岳父母或女儿姑家安排送礼物，挑选的祭品主要有：一对红蜡烛、一对金花、一挂小鞭炮、十二或十六个（数字要逢双，但不能是十四）爆竹、一对鱼、一块肉、云片糕、几斤面条、一百零六只馒头、一块挂红布（颜色红的）、红被面。木匠将房架的各排山在房基上竖好，并将竖柱校对好，将明间除主梁外梁的桁条上好。明间的中柱上要贴一副对联："竖玉柱喜逢黄道日，上金梁巧遇紫微星"等吉祥的对联，诸事办完由主人参与将明间的正梁移进正屋，用两张条凳与老爷柜平行架好。晚上，有的人家还暖梁，暖梁前工匠要洗澡，暖梁时，"半边人"（夫妇一方去世者）不能在场，即使家里人也要回避，暖梁由木匠进行，木匠点燃炮花在梁下来回烘，边烘边说喜话：木头木头，生在湖广荆州。长在山上青枝绿叶，高大笔直伴着猿猴。来了樵夫，身背斧头；上得山去，砍下木头；滚到山下，进了河沟；发了大水，顺着水流；

图 2-5-8　上梁 1

图 2-5-9　上梁 2

图 2-5-10　上梁 3

图 2-5-11　上梁 4

撬起木排，淌到扬州。主家选材造金阁，去到材场挑木头。千中挑十，十中挑一。挑了一根正梁，粗壮笔直正适合。烘完，浇酒祭木梁。抓起酒壶就开始说喜话：手提银壶亮堂堂，壶内盛的美酒浆；酒浆本是凡人造，就是当年小杜康。自从造下香美酒，喜庆吉日来帮忙。恭喜，恭喜，恭喜主家发财！万事如意，人口平安！说完，向主家拱手致贺。暖完梁，便在梁上贴一块写有"福"字或"吉星高照"的红纸。然后就不准人跨梁，更不能让人将大小便等秽物弄到梁上。

上梁只能投榫，不得用钉，否则不吉，民间有一说法"盖棺材才用钉"，投好榫，习惯称为"已请列位"。系榫用的绳子要打活结，一抽即解，不能打死结，上梁时"说上就上，人财两旺"等喜话，并要一次到位。如遇上下雨，上梁时说"雨浇梁头，子孙不愁"。上梁时，左为正，右为副，上梁师傅抛散糖、糕、馒，放鞭炮，说喜话，喊热闹，同时主人单独封红包给上梁师傅。上梁时亲戚朋友送贺礼（被面或现金），上梁结束后，主人要办上梁酒。

上梁时喜话还有："脚踩楼梯步步高，王母娘娘把手招……有位东家造华堂，请来匠人到木行，千中选木，百中选一，选中一根紫金正梁……东面插金花，西边插银花，某某人家第一家，大儿开钱庄，二儿开银楼，代代有人做诸侯，出前代，有后代，一代胜似一代……"

（十）锅灶

房屋落成后，便要选择吉祥的日子，砌筑锅灶，又称"支锅"，因为炉灶不仅用来烧菜煮饭，还要供奉灶神的牌位，所以民间十分重视砌灶。一般早上开始砌筑，晚上就要使用，正常情况下，丈母娘家要来暖锅。瓦工师傅在完工前，也要说段"喜话"："新锅支得亮堂堂，龙宫螺女下厨房。水缸常满三江水，粮仓聚有万年粮。办酒请来老杜康，烧饭请来王母娘。省柴省草饭菜香，灶（王）爷保佑幸福长。"晚上一起吃饭喝酒（图 2-5-12）。

图 2-5-12　灶王爷

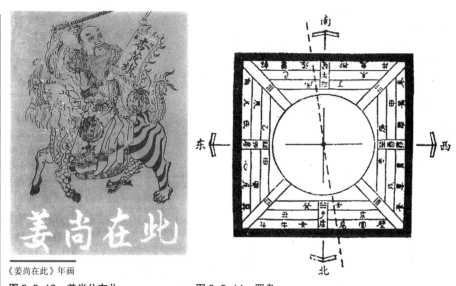

《姜尚在此》年画

图 2-5-13　姜尚公在此　　　　　图 2-5-14　罗盘

（十一）进宅

进宅都在上午，一般都是支锅、进宅同一天，主要是把家具推进新房，谓之"进宅"。未搬之前，先要搬进一盆万年青和一盆吉祥草。然后在鞭炮声中先搬进房屋里的"老爷柜"，柜上也设香案、中堂，再搬进一束芝麻秸和一束芦柴，取"芝麻开花节节高"和"招财进宝"之意，接着才开始将其他家具——搬进。建房各项仪规才算结束（图 2-5-13）。

二、扬州民居的民俗风情

（一）基本风水

扬州民居的定位主要依据以其群落，以及基址条件与周边已建成的建筑的具体情况，适度的建筑尺度，能融合到群落环境之中。建筑朝向的原则以南向为主，主要根据道路或河道方向，即地形地貌的条件，还要依照主人的生辰八字和建造当年的风水旋转的吉利方向等风水现象来确定。在实际选择中，真正正南向几乎没有，一般偏东或偏西几度，因为天南地北是子午王向，只有宫殿、寺庙建筑可以，民宅不宜。

宅地风水据《阳宅集成》卷一中所说"阳宅须教择地形，背山面水称人心；山有来龙昂秀发，水须围抱作环形；明堂宽大斯为福，水口收藏积万金；关煞二方无障碍，光明正大旺门庭"为基。还有北有玄武，南有朱雀，东有青龙，西有白虎。镇锁水口普遍采用建桥、造路、修土地庙、宗祠、建文昌或文峰塔及阁等公共建筑的方法，营造环境风水（图 2-5-14）。

建筑的形制基本原则：一是后高前低，不能两头高，中间低，还有东高西低，以阴不压阳为宜；二是宅基不宜一头大一头小（俗称棺材地），不宜宅基低，四周高；三是宅基不植松柏，堂前不种，堂后也不种；四是开门不见树、烟囱、直路；五是不宜用来源不清的旧石料砌地基；六是开工、上梁忌有哭声；七是柱料不宜用钉子钉过的旧料；八是避免"动土"、"破土"两者混淆，阳宅"动土"，阴宅"破土"；九是不许女人跨越房屋构件。

（二）门的设置

扬州民居建房讲究三要素：大门、厅堂、厨灶。其中大门又称之正门，主要供人们出入之用，亦称为"大门楼"，其方位、朝向因地而设，但原则仍遵循风水的习俗；但大门的规制可随主人的兴趣及其身份、地位、财富而定，人又称为"脸面"，以象征家庭能吉祥旺盛。

其开门的原则：扬州民居大门的朝向，一般都是东南向居多。无论房屋出入门口如何，但主要建筑仍是坐北朝南，由南向北进递进，左右两侧递增。

在门的构造上，一般会在大门框上槛内侧门龙中间上端墙间暗留一小洞，洞内藏"顺治及太平"铜钱一枚，用红布或红纸包上，然后用灰粉平，以谋吉利。门槛一般为实木而制，可以活动装拆，其规格大小应与门楼尺度相对应，有聚财不外流的含意。还有内外照壁，主要是避邪，迎门还配上福祠，供奉土地神。门枕石也有讲究，一般民宅竖长方形枕石，衙署、府第、寺庙边侧立圆形门枕石，还有配有石档、照妖镜等的。大门尺寸尾数多为"六"字，暗喻"六六大顺"吉利，乡间都习惯用门尺来定矩。

（三）厅堂规矩

厅堂有正厅、偏厅之分，正厅为礼仪议事之厅，偏厅为举家欢聚之堂。从性别上有男厅、女厅之分；从尊卑上有左为男厅，右为女厅之分；从构架制作上有圆厅、方厅之分；从使用上有男用圆厅，女用方厅之分；暗喻男子交往圆圆满满处事，女子在家规规矩矩做人。甚至厅堂中悬挂匾额、楹联，高悬门额，题字词意、点缀花木名称亦暗含家训、文雅组词以及主人兴趣之意（图2-5-15）。

正厅有用柏木，男厅用楠木，女厅用杉木的一说华丽的厅堂沿步架构建轩架，用料多选用柏木制作，柏木与"百福"之近音，寓意吉祥如意。

（四）居室布局

居室、卧室。其布局同中国民居一样一堂、二卧的形成。常见的为三间两厢。俗语有"明堂暗卧亮灶"之说前后进布局，前堂后寝，前房后楼，明三暗四，明三暗五的组合间，称为"套间"（图2-5-16）。

（五）厨灶位置

民居厨灶位置大多数设置在组群房东北。单体对合二进六间二厢或六间四厢民居，厨灶多设置在坐南朝北（称之对照房）东室，也有坐东朝西的做法。三间二厢民居，厨灶多设置在东厢房（图2-5-17）。

（六）住宅组群布局

从平面布局来说，大中型民居常见的有：横为二路、三路，多至五路并列，各路间火巷相隔又互相连通，纵为三进、五进、七进相接，沿中轴贯穿南北，两侧厢房对称设置。通常情况下，由南向北，一进比一进要高，含有"步步高升"之意。从组群整体朝向方位来说，受规制之规矩，略偏于东南向或西南向，平行相组（图2-5-18）。

（七）尺寸规则

根据现存扬州民居实例考证，组群布局规整的民居，房屋构架多以单数组合，通常为前三架梁后五架梁，前五架梁后七架梁，前七架梁后九架梁，左右为三，称之为三、五、七、九架梁。包括屋面桁条上椽子数都是为单数，这都与"阳卦奇，阴卦偶"思想相关联，单数为阳、偶数为阴的数字的意思。前后组群同样也是单数，延伸平面布局忌"六进"，民间有"六门干净"，断子绝孙之嫌（图2-5-19）。

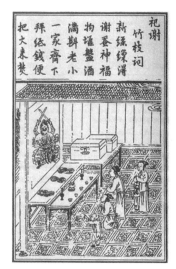

图2-5-15 室内神位

图2-5-16 藤床式

木版年画·财神

图2-5-17 财神爷

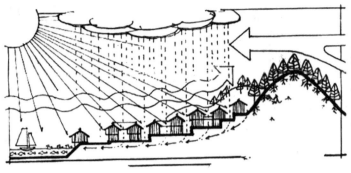

图 2-5-18 住宅组群布置

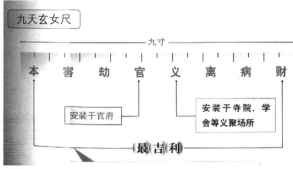

图 2-5-19 九天玄女尺

偶数不是不用，而是明不用暗用，例如：房屋面阔间口之间尺寸尾数要带"六"，通常一般民居七架梁堂屋面阔宽度为一丈零六寸、卧室面阔宽度为九尺六寸。

另外一些尾数也有说法，卧室的床的宽度尺寸尾数要带"半"字，例如：四尺半、三尺半，其意夫妻要"伴"。乡村建筑中民居建筑的猪圈的尺寸尾数要带"七"字，其意猪要能吃，吃得多，猪才能长得肥。

第六节　扬州民居营造工匠及师承系统

一、手艺工匠分类

（一）瓦匠

又称泥瓦匠。他们尊奉的祖师爷和木匠一样，是春秋时的能工巧匠鲁班。瓦匠的工具主要有：瓦刀、泥壁、抹灰尺、拌灰板、灰桶、长尺、角尺、线锤、拖缝条等。主要活是：砌墙、修盖瓦屋、支锅、砌灶、铺地砖、石路面、排水道等。替人家起房造屋和支锅时，有的还要说喜话。瓦匠做活要用小工作助手，小工的活计是帮助挑水、和灰，做瓦工的杂务。

（二）木匠

是以木材为做活材料的工匠的总称，旧时木匠又分"大木作"、"小木作"。还可细分为盖匠、练匠、大木、小木、细木、斜木、木雕、箍桶匠和车匠等，他们共同尊崇的祖师是鲁班。每年总要选择一个日子(一般是农历六月十六日)祭祀祖师爷，费用采取"抬石头聚餐"，也就是说费用按人头摊。一般以帮条相聚，联络师徒，师兄弟之间的感情与交流。

1.盖匠

盖匠是专门为人家将大木头锯成木板或木方子的，如同当今的木材加工厂的工人。他们的主要工具有：盖锯（又称大锯）、斧头、五尺、墨斗、画签等。一般是两个人一起操作，干活时，用两根短木和要锯的木头支成三角架，在要锯的木头后面放一条长板凳。锯木时，一人站在上面（即一只脚站在凳上，一只脚撑在要锯的木头上），一人在下面坐在小凳或地上，拉动大锯，按照事先画好的墨线，逐线往下锯，最后将木头一块一块地锯开。盖匠干的活，大木、小木一般亦兼干。现在，锯大木料都采用电动的带锯或盘锯，操作方法为师傅在下，徒工在上作业。

2. 练匠

练匠是专门造木船的木匠。因造船需要多次"练"，故又称练匠。所谓"练"，是指船基本成型后，将各条板缝弄大，塞麻丝、卡油灰，以达到不漏水的目的。他们所用的工具与大木差不多，只是斧头柄较长，称为甩斧。

3. 大木

大木是专为人家起房造屋和打门窗的。他们的主要工具有：斧头、锯子、墨斗、画签、刨子、凿子。给人家起新房，暖梁和上梁时，大多要说喜话。大木所做的活计，不少由小木来做。

4. 小木

小木是做室内外木装修以及民间的家俱的木匠。他们的主要工具有：粗料锯子、细料锯子、角锯，长、短刨子、花边刨、线脚刨、稽刨、墨斗、画签（后改用扁形墨铅笔），不同规格的凿子、扁凿、斧头，羊角榔头（又称钉锤），三角锉，锯拨子，钩脚钳子、狗牙铁，五尺、木尺（后来改用折尺，现在用钢卷尺）、角尺、木钻。后来又增加了扳子、老虎钳、起子、木锉及猪尾巴钻等。

木匠做活时，一般装修如果作场不在家里，可以冬找朝阳的避风处，夏找风凉的地方。比较考究者，都在主人的邻居等室内制作，以防风吹日晒。打家具主要技术靠投榫。有技术的师傅投榫很少带胶，全靠木匠手艺。榫投好了，为防将来木干榫松，还要在榫头外加楔。

5. 细木

细木的工具与小木差不多，只是多了钢丝锯、木锉。他们的特长是根据主人的需求，擅于做各式名木家具，因其做工更加细腻，故名"细木"。

6. 斜木

斜木又称司冥匠，是专门为民间做棺材的，有时也被顾主请到家中。大户人家老人还健在，即把棺材做好，称为"寿材"。他们的主要工具是：头和柄都要比一般的长的斧头，墨斗，画签，锯子，刨子和凿子。完工时，主人除给工钱外，还要给喜钱。到人家中做棺材之事，有时也请大木或小木共同参与去做。

7. 雕匠

雕匠，他们的活计是在木料或木板上雕花，雕刻形式、题材丰富，其主要工具有：锯子、挖锯、钢丝锯、斧头，刨子，羊角榔头，墨斗，画签，扁凿，斜口凿（其柄有弯、有直）、圆凿，三角锉，木锉，锯拨子，铅笔，木尺，木钻等。他们一般是由主家请上门，家具上雕架子床、太师椅、落地隔扇等，以及房屋构架的木雕件，一般与杠制作同步作业。

8. 箍桶匠

箍桶匠，又称圆木。他们干的活计主要是做或修水桶、粪桶、马桶、站桶、摇桶、小檀子、水腕子、斗、升、斛、脸盆、脚盆、澡盆、渔盆、甑子、饭焐子、锅盖及各种圆木盖等。箍桶匠的工具较多，主要有：粗料锯子、细料锯子、挖（锯条窄，便于转弯）、钩墙刀（锯）、爬头锯子，长或短刨子、擦刨（大而长，有两条腿，放在地上擦刨木板）、圆刨、边刨、里口刨子（内圆刨），不同规格的凿子如圆凿、扁凿，弯把、斜口的穿铲，斧头（成猪耳形，短柄），羊角榔头，木钻，圆铲，墨斗，画签，木尺，圆尺，铁脚钳子、老虎钳，狗牙铁，冲子，空心铁砧，三角锉、板锉、木锉、篾刀、扒箍扳子、存子、棒槌等。

箍桶匠，除在箍桶店里做活外，有的到人家里去做，有的挑着箍桶担子走街串巷、下乡串村，流动找活做。箍桶担子的一头是装着短工具的椭圆形的工具桶；一头是下为长方形木盒、上为毛竹片架子，里面放各类锯子、擦刨等长工具和做桶箍用的铜箍、铁箍（截面为半圆形）、铁皮、铅丝、竹篾（箍粪桶用）等材料。一边走一边吆喝："箍桶——啊！"箍好桶或修好桶，为防止还漏水，又用锯屑将底缝塞实，或揌上桐油灰。

9. 车匠

车匠是专管车削各种规格的圆木柱、木球体的装饰杆件的匠种。其主要工具有：锯子、斧头、木车床、车削刀等。车匠用的木车床较难移动，因此主要是在车匠店内干活。木车床，以前是用脚踩，以皮带连接，带动车轴转动，加车削刀车削。后来，改用电动机代替脚踩，带动车轴转动。现在，车匠店已很少见到。

10. 茅匠

茅匠是专门为人家盖茅（草）屋和砌土坯墙、泥笆墙的乡村工匠。他们的工具不多，只有一张梳理盖屋草的长柄梳箅、一根引导篾片的篾针和一把大剪子。盖屋时，将茅草或麦秸、稻草，自屋檐向屋顶逐层铺盖，用篾片扎牢，盖到顶后做脊，最后用大剪子将要修的地方剪齐。现在，没有人住茅草屋了，茅匠也不见了。

11. 篾匠

篾匠是帮人们制、修竹、藤用品的，所用材料有：淡竹、毛竹、黄藤、柳条、芦苇等。他们的工具不多，主要有：锯子、篾刀（竹刀）、篾针、刮刀等。在扬州，他们所做的制品有：各种竹篮、竹筐、竹箩、竹匾、筛子、竹席、簸箕、粪箕、竹床、竹椅、竹凳、竹勺、水舀子、竹升子、油、酒端子、窝摺、芦席、笆斗、油篓、藤椅、藤箱等。他们的工作方式有在竹器店干活（集中点在西门街，有十几家）和上门服务两种，也帮人家夹竹篱笆、编竹门。新中国成立前，扬州城从事竹业的有上千人。

12. 漆匠

漆匠的主要工作是漆房屋门窗、梁架和家具。他们的工具很少，就是开刀（又称腻刀，有钢和牛角制两种）、刷子和砂纸。刷漆前，先用漆、石膏粉加水调成腻子，再用开刀将腻子在被漆物的不平处填平，待腻子干了，再用砂纸磨平、磨光，最后再一遍一遍地刷漆（一般刷2~3遍）。漆国漆不用腻子，其刷漆技术要求更高。漆匠的活计，一般都是到主人家里做。

13. 铁匠

铁匠的主要工具有：铁锤、铁砧、铁钳、钢錾、炉子、风箱等。主要是做打、修铁制工具、农具等活。

铁匠主要在城、镇固定的铁匠铺，扬州旧时以得胜桥为多，除固定场所干活外，还有时挑着担子下乡串村。他们下乡时都是几个人，除挑着工具的外，还有一个人拿两件能发出较响声音的钢铁制件，一边走一边撞击两件铁器，使其发出"叮叮当，叮叮当"的响声，以此招揽生意。他们下乡干的活主要有：接犁头，淬（即加钢）锄头、镐、锛、镰刀、铲子、大锹、钮力刀、斧头，接打钉耙、铁叉、鱼叉、火叉、火钳等，也有少数打制新的。当人们听到铁件撞击声，来叫要修打时，便找一块避风之处，卸下担子，装好风箱、炉子，生火于活。无论铁匠在铁匠铺里还是在外面干活，老远就能听到"叮当，叮当"的铁锤敲击声，正常由两人共同作业，师傅用小锤，学徒工用大锤和拉风箱。

铁匠是一个比较辛苦的工种，不问严冬酷暑，都要在火和高温间干活。夏天浑身是汗水；冬天前胸热汗直淌，后心冰凉。

14. 铜匠

扬州的铜匠，兼做锡匠。他们的主要工具有：锤子、钳子、烙铁、硫酸、焊锡、各种锉。

开铜、锡匠店的，主要采用浇铸或锤打的方法，制作铜壶、水铫子、铜盆、铜碗、烫壶、铜鞋拔子、铜勺、铜锅铲、铜香炉、铜烛台、铜佛像、铜脚炉、铜手炉、铜锁、铜钥匙、铜/锡旱烟袋头/嘴、水烟壶、锡茶壶、锡温酒壶、锡香炉、锡烛台、锡烟嘴、锡盆、锡碗等。

流动的铜匠，均挑着担子走街串巷，下乡巡村，主要是为人们修旧。他们挑的担子，一头是用4根绳系着的风箱；一头是用4根毛竹片钉着的工具箱，其上端用铁丝穿着约10片铜片。走路时摇晃，使铜片相互撞击，发出"哐啷，哐啷"的响声。人们一听到这种响声，便知道是铜匠来了。卸下铜匠担子后便为人们修锁、配钥匙，用焊锡焊接或焊滴铜、锡等用具。

15. 石匠

扬州虽不产石头，但仍有石匠活要做，主要是：断磨子、洗碾子、凿石碑、加工条石、基础（桂脚）石等。

石匠的工具较少，就是呈立体正方形的锤子，尖、平口錾子。他们做活无定所，主要是被人们请回家去做。有时也帮人家或宗祠、庙宇洗石门枕或石鼓子。有人找做石匠活时，他们把家伙往褡裢里一装，背起来就走。

二、行业祖师

（一）砖瓦业祖师——昆吾（图2-6-1）

昆吾是夏代初期人，先用水和黏土做成砖瓦、陶器，然后烧结。从而使建筑房屋有了砖、瓦，以替代土墙和茅屋，使人们的居住条件得以改善。因此而成为制作砖瓦的祖师爷。

（二）窑业祖师——李老君（图2-6-2）

扬州的烧窑业，过去没有陶瓷，主要是烧砖瓦，大多分布在蜀冈上，尤以禅智寺东北的瓦窑铺为最早、最多。旧社会烧窑要敬神，而历史上被尊为窑神的有尧、舜、李老君、雷公等好几个。扬州的烧窑业一般供奉李老君。

李老君即太上老君李耳，是道教尊崇的始祖。因他首先建炉炼丹，故烧窑及冶炼业皆奉其为始祖。烧窑业供奉李老君为窑神还有一层用意，即烧窑要用土，土是太岁神所管，太岁头上动土是要招来灾祸的。在神话中，太上老君的地位要比太岁高得多，供奉太上老君为窑神，太岁神不敢怎么样，窑工取土就百无禁忌了。

图2-6-1 昆吾

图2-6-2 李老君

图 2-6-3 伏羲

（三）建房始祖——伏羲（图 2-6-3）

有巢氏时，发明了巢居。夏天，人们像鸟一样栖居在树上，以避免遭毒蛇猛兽的侵袭；冬天，人们居住在山洞里，以御寒（据《庄子·盗跖》及《韩非子·五蠹》）。到了伏羲时，开始在地面上建造房屋。虽然简陋，却让人们从此结束了栖居巢穴的时代。居住在地面上，过起了居室生活（据《拾遗记》）。因而，伏羲成了建房造屋的祖师爷。

（四）茅匠祖师——伏羲

伏羲氏发明在地面建造房屋时，是用树干做房架，用树枝或竹子做房子的椽、望，用谷秸或茅草覆盖屋面，以防雨雪。所以，伏羲也是茅匠的祖师爷。

用谷秸（麦秸或稻草）或茅草做屋面的草房，几千年以来一直是我国农村住房的主体，直到现在在偏僻的农村仍然可见。如今，盖草房子的茅匠在城镇虽已不见，但在偏远山村，茅匠仍然是盖房子的一种手艺人。

（五）木匠祖师——鲁班

鲁班，春秋末期的鲁国人，复姓公输，单名班（又作"般"）。因是鲁国人，故又称鲁班（般）。能工巧匠，尤善木作。传说曾做木马、木人，皆能动；做木鸢便能展翅飞翔。所以木匠奉其为祖师。

为了纪念和祭祀鲁班，有些地方还专门建造了纪念处，如：天津蓟县的鲁班庙、香港的鲁班古庙、甘肃武山县的鲁班峡。此外，不少地方还建有鲁班殿，又叫祖师殿。均是木匠业聚会、祭祀和议事的场所。

各地祭祀鲁班的日期不尽一致，但都认农历说话，计有：五月初七、六月十六、六月二十四、七月初七、腊月二十等。香港把六月十六日定为"鲁班节"。新中国成立前，木匠们由其公会或行会组织，每年都要举行一次聚会，祭祀鲁班，聚餐会友，商讨行业内事务（如订行规、议工价、师傅收徒弟等）。

（六）瓦匠祖师——张、鲁二班

瓦匠，又称泥水匠。因传说鲁班建造赵州桥，所以瓦匠一般尊奉鲁班为祖师爷。但是，扬州有"张班造桥鲁班修"之说，因此扬州瓦匠尊崇的祖师有张班和鲁班二人，俗称"张、鲁二班"。

瓦匠聚会祭祀祖师爷的日期、方式、内容，与木匠基本相同。

（七）石匠祖师——鲁班（图 2-6-4）

传说中，鲁班造赵州桥，在洛城石室山的石头上刻《九州图》，在东北岩海畔凿大石龟。因而，鲁班又被石匠们尊为祖师爷。

石匠聚会祭祀祖师爷的日期、方式、内容，与瓦木匠大体相同。

（八）铁匠祖师——李老君

李老君即老子李耳，春秋末期战国初期的楚国苦县（今河南鹿邑）人，著有《道德经》，后被道教奉为祖师，尊为太上老君。《西游记》等神话说他善于建炉炼丹。

扬州的铁匠于农历二月十五日，到道教宫、观中聚会，祭祀祖师李老君。

（九）铜锡匠祖师——李老君

铜匠和锡匠，因在铸造铜器或锡器用具过程中，要支炉熔铜或锡，故他们所尊奉的祖师，也是传说中首先建炉冶炼的李老君（即太上老君）。

图 2-6-4 鲁班

（十）竹匠祖师——泰山

竹匠，俗称篾匠。泰山，春秋时鲁国人。原是能工巧匠鲁班的徒弟，后来不知何故被鲁班赶走了。

泰山回到家中，想想：学木匠没有满师就被师傅赶出来了，如果再做木匠，一来手艺未精，二来师傅知道了定会责骂，三来会遭到师兄弟和别人的讥笑。因此，木匠是不能做了。做什么呢？经反复考虑，决心学习师傅做活精巧的长处和机理，改做竹匠。于是，他找来大大小小、粗粗细细、长长短短的竹子，开始做各式竹器。做好了拿到集市上去卖。

一天，鲁班出去逛集市，走到一处，看到那里摆着各式各样的竹器出售。只见那些竹器件件做工精细，精巧别致，赞叹不已，但不知出自谁人之手。经过打听，才知是被自己赶出门的泰山所做，于是感慨万分。既认识到当初不该把这样的徒弟赶出门，又觉得泰山心灵聪慧、技艺轻巧，大有前途。不禁感叹道："我真是有眼不识泰山啊！"

后世做竹（篾）匠者，便把泰山奉为自己的祖师爷。

三、师承系统

扬州的匠师培养，简称"师傅带徒弟"，师傅带徒弟的首选对象是自己的儿子；俗称为"祖传"；其次就是侄子、外甥，还有乡邻。一般都是农民出身，年龄一般在 15 岁左右（图 2-6-5）。

拜师首先要找一个"介绍人"，介绍人相对在民众中有一定的影响，但也要对学徒期间的一切行为负责，拜师的时间通常在正月。拜师要举行拜师仪式，一般都在徒弟的家里，讲究的要设香案，挂鲁班仙师像，点燃香烛后，先拜鲁班师后拜师傅。而后要摆拜师宴，参加宴席的人员除介绍人及乡邻外，主要由师傅带来，宴席后，徒弟家要给师傅送些礼物或礼金。从此则称"师父"，以示"一日为师，终身为父"的教意。

学徒期间，每年都要给师父节礼、拜年。平时师父只管吃饭，不给工资，要为师父或者师父家做些家务活，侍奉师父、师娘，如农活、做饭、洗衣、洗碗、提尿壶、倒马桶、整理工具、给师父端茶、点烟等，主要是磨炼徒弟的性子，培养勤俭的习惯、吃苦耐劳的精神和确立学徒的意志。少数师傅在带学徒期间，也给学徒一点零花钱，称作"剃头洗澡钱"、过年压岁钱等，也会有在户家上梁等时"利事"小封子（红包）。

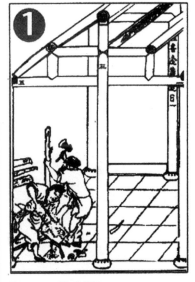

图 2-6-5　修建房屋

师承过程，还有不少习俗语，"手艺手艺，靠自己"，"不问千日工，只问谁人做"，"耳听千遍，不如手过一遍"，"山外有山，楼外有楼，学艺无止境，一步一天地"，"窍门满地跑，就怕你不找"。

学徒期间，正常情况下做完师父交代下来的工作，起早带晚要练习基本功。看《鲁班传》或风水地理方面书籍，以及直线计法，得到师父的特别教导，有慧眼者，师父择捷而教之，将最不易学的秘诀传授给他。

一般情况下，通常学徒需要三年的时间，又称"三年萝卜干饭没吃好"，满师要摆满师酒。当徒弟聪敏、灵活，学艺天赋好时，师父仍可介绍于另门的师父初作（简称初作师父），这时候的徒弟称为："二把刀"。出师后仍然要跟着初作师父服务，一般一至两年时间，才能正式出师。聪敏的人，可以另立门户，独立承接工程。当徒弟技艺高超时，师父也很尊重徒弟，又称"出师为友"，以表对徒弟的爱戴。

还有同门师兄弟，以先进山门为师，排行分为祖师爷、师伯、师叔、大师兄等。

匠作的能力划分，通常师傅（掌作或代班师傅）是能够独立承担房屋建造的组织、画图、放样。大师傅主要是执行主要技术细部的活，普通工匠主要做师傅的下手，配合工作。徒工在三年内，做粗活和简单的技术活计及做杂务。

第三章　木　作

第一节　材料及工具

一、常用材料的品种、技术及运用

（一）木材的构造

木材来自于通过若干年的生长而成的树木的树干。枝干有树皮、韧皮层、形成层、边材、心材、髓线、年轮、髓心等。原木形成断面（图3-1-1）。

木材常见的缺陷主要是节子（图3-1-2）、弯曲（图3-1-3）、裂纹和腐朽。因此，在加工中要根据需要因材而使用。

（二）常用木料

扬州地区传统建筑中最常见的木材是杉木，以江西、安徽、福建等省份为主。还有用松木、榉木、柏木、香樟、楠木、银杏木等的。

1.杉木

杉木为古代建筑中重要的用材树种，分布广，生长快，主干通直圆满，高可达30m以上，胸径2~3m，其结构均匀，强度适中，材质较软、细致，易加工，不易变形。并且杉木因材含有"杉脑"而具有香味，能抗虫耐腐，主要产地江西。广泛使用于建筑、家具、器具、造船等各方面，在扬州民居建筑中是最常

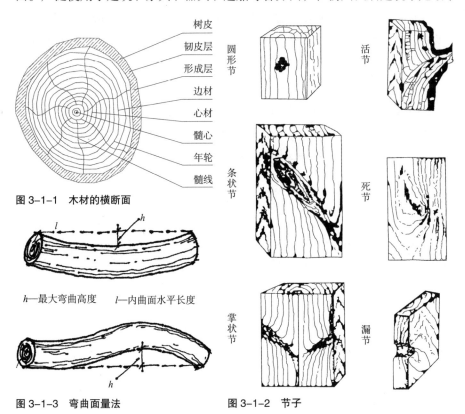

图3-1-1　木材的横断面

h—最大弯曲高度　　*l*—内曲面水平长度

图3-1-3　弯曲面量法　　　图3-1-2　节子

用的木料，适用于各类构件。

2. 松木

松木包括常绿树和落叶树，其材纹理清晰，较杉木材质硬，但由于松木防腐、防蚁、防虫性能较差，而且挠度较大，易开裂变形。此外，处理不好油囊日后还有渗油的问题，因此应用并不多。特别是木结构性构件，一般不用松木。松木常见用于轩架的弯椽与草望板，因松木直径大，便于整块划割。目前进口的花旗松、红松应用也比较广泛，特别是在大尺寸的构件上，均适用于结构和装饰。

3. 柏木

柏木树干通直，木材为有脂材，有芳香，材质优良，纹理直，结构细，耐腐，可供建筑、车船和器具使用。在扬州民居中，有"柏木厅"，以及小木作装修使用较多。

4. 楠木

楠木是一种高档的木材，其木质坚硬耐腐，寿命长，色泽淡雅匀称，纹理细腻，质地温柔，伸缩变形小，遇雨有阵阵幽香，且较易加工。我国上等的建筑多为楠木建筑，扬州民居中有"楠木厅"。楠木不腐，不蛀，有幽香，适用于各类构件及小木作制品。

5. 银杏木

扬州也是银杏树的产地，树干通直，木材优质上乘，价格贵，其木质具有光泽，纹理直，结构细，易加工，不翘裂，耐腐朽，易着漆，掘钉力小，并有特殊的药香味，抗蛀性强。在建筑中多用于高级的木装修上，由于它不易变形，木质细腻光滑又易于雕刻，常用于厅堂的装修，如地罩、匾额、柱对，及雕刻的夹堂板等。

6. 樟木

樟木树径较大，材幅宽，花纹美丽，木质细密坚韧，不易折断，也不易产生裂纹，且含浓郁的香气，可以驱虫、防蛀、防霉、杀菌，常用于形状复杂的装饰构件，也适用于带有装饰性的木结构构件。

（三）干燥的方法

木材的含水率约15%。木材常因水分增减而引起形状变异，这种变形对制成的构件质量影响较大。为了避免这种弊病，常在木材加工前利用干燥的办法除去木材中的水分。木材的干燥方法很多，常见的主要有自然干燥法和人工干燥法。

1. 自然干燥法

自然干燥法是将木材按一定方法堆积在干燥、平整的空旷场地上或棚内，利用太阳辐射热量和自然的通风，使木材中的水分逐渐蒸发掉，达到干燥的目的。堆放的方法见图3-1-4、图3-1-5。

2. 人工干燥法

人工干燥方法主要有浸水法和明火烘干法。浸水法是将木材全部浸入水中，过两三个星期后捞上锯割成材，用立架堆积法使其干燥，时间比正常干燥的情况下节约一半。明火烘干法是在木材潮湿又急需使用的情况下采用的一种干燥方法。烘时要勤翻木材，可使木材恢复平直。一般不使用急火猛烘，以免引起木材开裂、翘弯或烧焦表面。

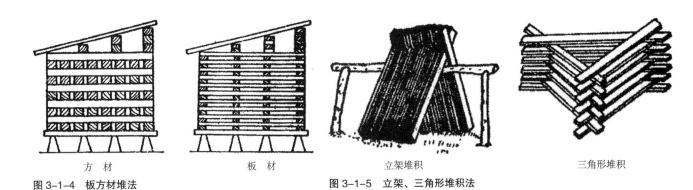

方材　　　　　　　板材　　　　　　　立架堆积　　　　　　三角形堆积

图 3-1-4　板方材堆法　　　　　　　　图 3-1-5　立架、三角形堆积法

（四）配料

配料是在匠师断料前就根据工程的图样，计算出用材量和选配的材料规格，并列出各类的长短尺寸、规格和数量，且把它写在一块板上，相当于现代人的材料单。各种材料的规格、数量均写明，断料前先进行配料，先确定大木构件用料、构件应留有足够的余量。一般规格的大木构件长度加工余量在 50mm 左右，大型木构件可在 80mm，圆形构件的直径加工余量大约在 10mm。桁条按木材的小头配置，配料顺序要先配粗、大、长构件，然后由大到小配料，下料时先审视木料，查看材料的缺陷及适用点。下料的方正、平直的偏差应符合实际使用的尺度。毛料构件应注明构件用途、名称、构件的部位。

二、常用的工具和操作

（一）锯割工具

锯割工具按照不同用途，分为框锯、刀锯、侧锯和钢丝锯等（图 3-1-6）。

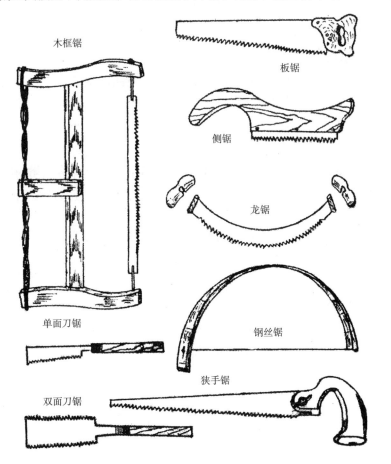

木框锯

板锯

侧锯

龙锯

单面刀锯

钢丝锯

狭手锯

双面刀锯

图 3-1-6　锯的种类

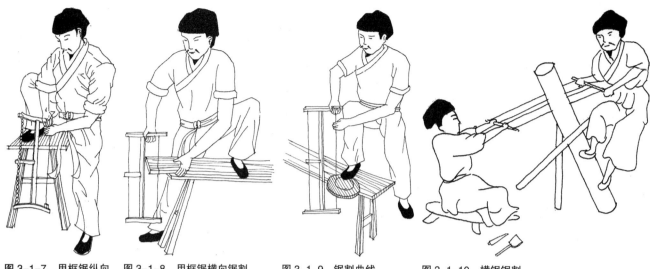

图 3-1-7　用框锯纵向　图 3-1-8　用框锯横向锯割　图 3-1-9　锯割曲线　图 3-1-10　横锯锯割
锯割

框锯按其锯条长度和齿距不同，分为粗锯、中锯、细锯。粗锯用于锯割原板，锯条长度 600~900mm，齿距 4~5mm。中锯用于横向锯割木材，适用于锯割薄板，锯条长度 500~600mm，齿距 3~4mm。细锯用于精加工，锯条长度 400~500mm，齿距 2~3mm。曲线锯又称穴锯、绕锯、弯锯，锯条较窄（约 10mm），锯条长度 600mm 左右。大锯主要用来锯断较大原木和方木，通常锯条长度 900~1800mm。

锯割工具的使用。使用框锯锯割前，根据锯割要求调整好锯条平面的倾斜角度，再拧紧翼形螺母或将绞绳用绞棍绞紧，张紧锯条使其保持平直，最后进行锯割操作（图 3-1-7~ 图 3-1-10）。

（二）锯的修磨

锯的修磨是保证锯割质量的重要措施。新买的锯条要经过拨料和修磨后才能使用。锯条经过长时间使用后，锯齿变钝，锯料减少，锯齿变得高低不平，锯身出现凹凸、弯扭等缺陷。具体内容包括拨料、平齿和锉锯（图 3-1-11）。

锯料是将锯齿交错向锯条两侧拨弯形成的，这种操作叫做拨料。拨料的方法有两种：一种是用拨料器（又称料拨子），一种是用修料的小锤砸（图 3-1-12）。

锯齿的锉磨：框锯条的锯齿拨料后，经过平齿，用钢锉把锯齿逐个锉磨锋利。钢锉通常有三种：平锉（板锉）、三角锉、菱形锉（刀锉）（图 3-1-13、图 3-1-14）。

（三）刨削工具及使用

常用的刨削工具主要是刨子。它是传统木工最基本的工具之一。刨子分为平刨、槽刨、线刨、边刨以及其他花式刨等（图 3-1-15~ 图 3-1-17）。

平推刨分为长刨、中刨、短刨和净刨。长刨的刨身长度一般为 400~500mm，用于刨削粗刨后的木料，找平、找直使加工木料达到要求，适用刨削长料。中刨也叫粗刨，刨身长度一般为 250~400mm，是一种粗加工用刨，适用于头一道粗刨。短刨分为粗、细两种。粗短刨，又名荒刨，专供刨木料粗

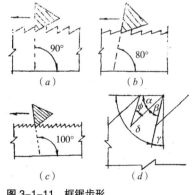

图 3-1-11　框锯齿形

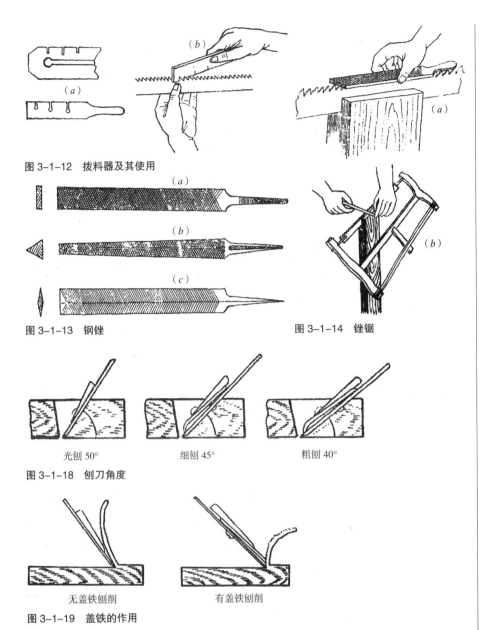

图 3-1-12　拨料器及其使用

图 3-1-13　钢锉

图 3-1-14　锉锯

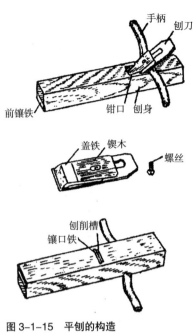

图 3-1-15　平刨的构造

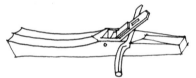

图 3-1-16　长刨

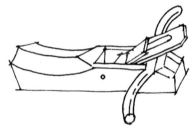

图 3-1-17　短刨

光刨 50°　　细刨 45°　　粗刨 40°

图 3-1-18　刨刀角度

无盖铁刨削　　　有盖铁刨削

图 3-1-19　盖铁的作用

糙面。细短刨，又名光刨，专供修光木材表面，使表面平整光滑。刨刀角度见图 3-1-18。盖铁的作用见图 3-1-19。

特殊刨主要有槽刨、边刨、弯刨、凹凸刨、线刨（图 3-1-20~ 图 3-1-24）。

刨削工具的使用，根据刨刀运动方向与木材纤维方向之间的关系，有三种刨削方式：纵向刨削、端向刨削和横向刨削（图 3-1-25~ 图 3-1-30）。

磨刨刀，先去盖铁再磨，要想把刨刀刃磨得锋利、平齐，须具备粗、中粗、细三种磨石。磨石要保持平整，还有磨砖（图 3-1-31、图 3-1-32）。

（四）凿子的构造和使用

凿子是打眼、挖孔、铲削的工具，分为平凿、斜凿、圆凿（图 3-1-33~ 图 3-1-35）。

（五）斧和锤

木工常用的斧有单面斧和双面斧两种。斧柄是用坚硬木料制成，长 350mm 左右，斧重 1.5~2.7kg（图 3-1-36、图 3-1-37）。

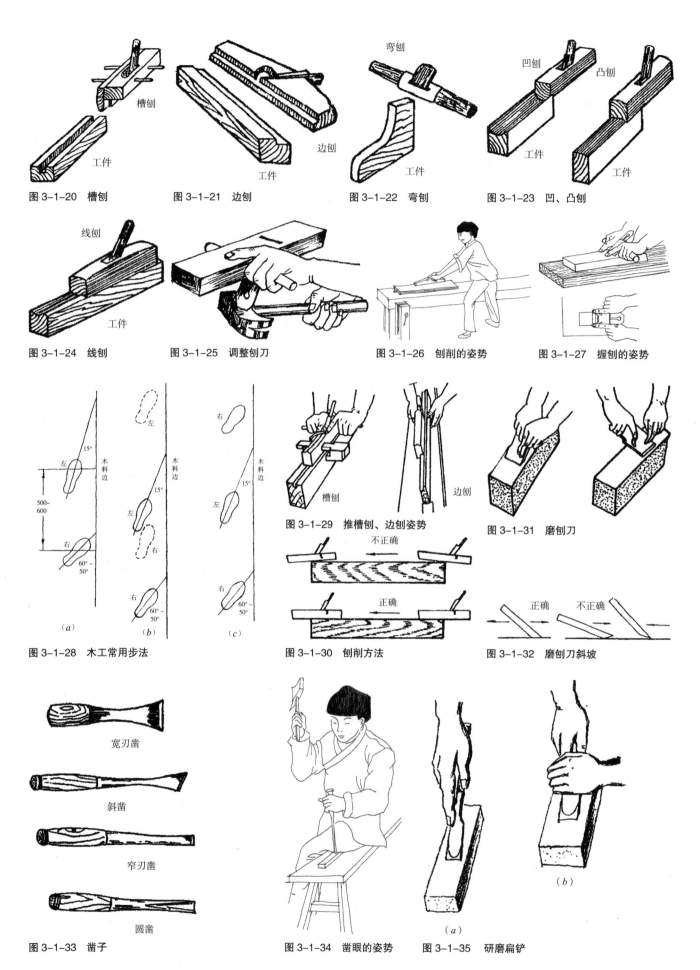

图 3-1-20 槽刨　　图 3-1-21 边刨　　图 3-1-22 弯刨　　图 3-1-23 凹、凸刨

图 3-1-24 线刨　　图 3-1-25 调整刨刀　　图 3-1-26 刨削的姿势　　图 3-1-27 握刨的姿势

图 3-1-28 木工常用步法　　图 3-1-29 推槽刨、边刨姿势　　图 3-1-31 磨刨刀

图 3-1-30 刨削方法　　图 3-1-32 磨刨刀斜坡

图 3-1-33 凿子　　图 3-1-34 凿眼的姿势　　图 3-1-35 研磨扁铲

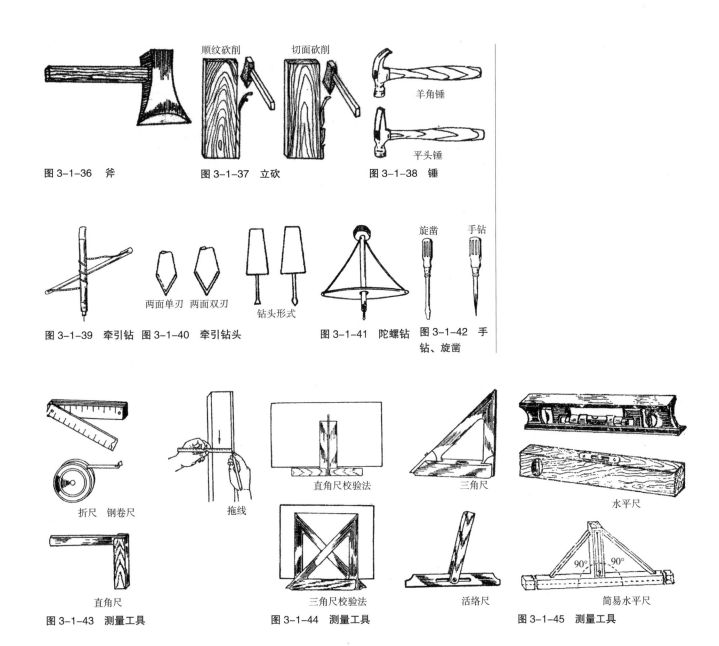

图 3-1-36 斧　　　图 3-1-37 立砍　　　图 3-1-38 锤

图 3-1-39 牵引钻　图 3-1-40 牵引钻头　　　图 3-1-41 陀螺钻　图 3-1-42 手钻、旋凿

图 3-1-43 测量工具　　　图 3-1-44 测量工具　　　图 3-1-45 测量工具

　　锤又称钉锤、榔头，是敲击工具。木工通常采用羊角锤，既可敲击，又可拔钉。锤柄用硬木制成，长 300mm 左右，锤重 0.25~0.75kg（图 3-1-38）。

　　（六）钻

　　木工常用的钻子有螺旋钻（又称陀螺钻）、牵钻（牵引钻）、手钻（手摇钻）、弓摇钻、麻花钻等（图 3-1-39~ 图 3-1-42）。

　　（七）量具及其使用

　　木工操作中常用的测量工具有直尺、折尺、钢卷尺、水平尺、线坠、直角尺和三角尺、活络尺等。测量单位制有三种：鲁班尺（1 尺 =276mm），公制单位（1 尺 =333mm），英制（1 英尺 =304.8mm）（图 3-1-43~ 图 3-1-46）。

　　（八）划线工具及使用

　　划线工具除量具外，主要的工具还有多种笔、墨斗、墨线等（图 3-1-47）。

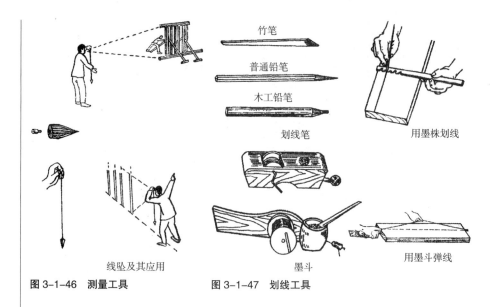

竹笔

普通铅笔

木工铅笔

划线笔

用墨株划线

线坠及其应用

墨斗

用墨斗弹线

图 3-1-46　测量工具　　　　　　　图 3-1-47　划线工具

第二节　大木作的构造

　　扬州民居主要的结构受力体系都是木构架。木构架是通过柱、桁、枋将木构件构成一个整体，形成整个建筑的结构受力体系。木构架主要有硬山式、歇山式、攒尖顶等构造形式。也有一、二层的形式，还有单、重檐之分。无论民居、寺观或园林建筑，其梁架结构基本相同（图 3-2-1~ 图 3-2-3）。

一、木工工艺的基本知识

　　（一）木构架的术语及构件名称

　　1. 大木构架

　　大木构架是由各类构件组合后，共同承载屋顶的荷载的木结构体系的统称。木构架分大式做法与小式做法。通常区分是将带有斗栱的建筑称为大式做法，不带斗栱的建筑称为小式做法（图 3-2-4、图 3-2-5）。

图 3-2-1　木构架 1

图 3-2-2　木构架 2

图 3-2-3　木构架 3

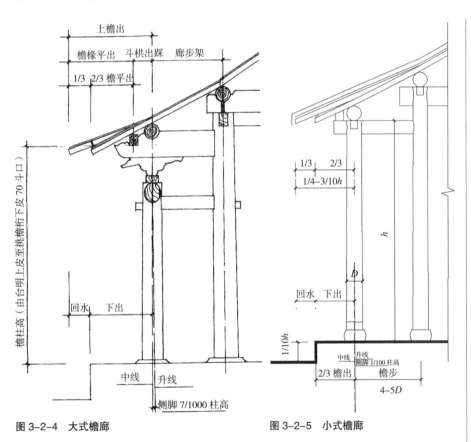

图 3-2-4　大式檐廊　　　　图 3-2-5　小式檐廊

2. 贴式屋架

通常也称"榀",是指建筑纵轴方向上梁、柱、枋所构成的木构架。一般可分为正贴、次贴、边贴等,设在厅堂两侧的为正贴,正贴旁的为次贴,建筑物两端的则称为边贴,也有称明间木构架、次间木构架、梢间木构架的（图 3-2-6、图 3-2-7）。

3. 架及进深

架通常也称"界",相邻桁条与桁条之间的距离称为"架"。通常有三架梁、五架梁、七架梁、九架梁、檐步梁、花架、脑架,前后檐之间的距离称为进深,也有分位置的不同,可称"步架"。

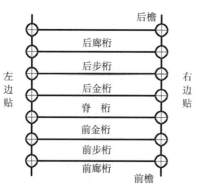

1. 所有贴式梁、川、柱，按其位置分左右再分前后来定编，做到定位正确。
2. 桁条、枋子亦分左右间再分前后再按其位置名称来编写。
3. 柱写字距底一尺。
4. 大梁、山界梁写于后，川双步梁于朝中。
5. 桁条写于中、于东，枋子同。

图 3-2-6　一开间式

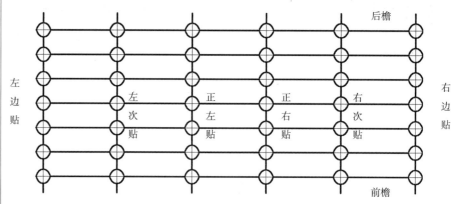

图 3-2-7　五开间式

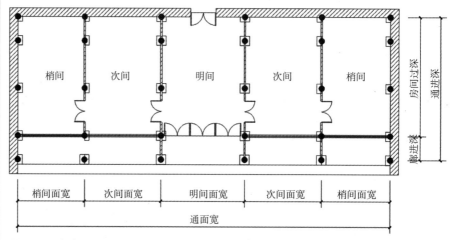

图 3-2-8　标准三间平面图

4. 间与开间

传统建筑都以"间"作为计数单位，在建筑物的平面上，由前后檐最近的四根柱子所组成的空间称为"间"，间的宽度叫开间。而整个建筑正面若干间加起来叫总开间，如四根柱就是面阔三间。开间及总开间的尺寸是以柱中心线为基准的，与墙体中心线是不统一的（图 3-2-8）。

5. 提栈

提栈的习惯表述方式通常称之为"算"，是每架桁条之间的水平宽度与高度比值，如界深与高差的比例为 1：0.5，则称之为五算。民间建筑中不少建筑之间的每个进深的提栈不同，其高差值也称举折，通常由檐桁往脊桁举折递增。扬州民居通常 0.5、0.55、0.6 算递增。

6. 侧脚

一般在建筑的四周将木柱做得向内倾斜，也有所有柱子带侧脚的情况。

7. 收分

圆柱下粗上细的做法称为收分。

8. 升起

是指建筑物的四角柱，或者屋架边贴的脊柱比一般情况高一点。

9. 起栱

是指在梁的下侧做出栱势。

（二）构件名称

1. 柱

一般有檐柱、步柱、金柱、中柱、童柱五种（图 3-2-9），其功能是承受竖向上部的荷载（图 3-2-10）。

（1）廊（檐）柱：廊（檐）柱即为前后檐的第一根柱，有前与后廊（檐）柱之分。

（2）步柱：廊柱内一界位置的柱。

（3）中柱：脊柱也称中柱，通常位于房屋建筑的正脊位置。

（4）金柱：步柱与脊柱之间的柱。

（5）童柱：位于梁类构件之上的短柱，也称之为短柱、瓜柱等。

2. 梁类构件（图 3-2-11~ 图 3-2-15）

梁是承受由上面桁条通过童柱传下来的屋面荷载，而由其本身传递到落地

图 3-2-9　柱网结构 1

图 3-2-10　柱网结构 2

图 3-2-11　梁架体系 1

图 3-2-12　梁架体系 2

图 3-2-13 梁架体系 3 　　　　　　　　　　图 3-2-14 梁架体系 4 　图 3-2-15 梁架体系 5

图 3-2-16 枋类构件 1 　　　　　　图 3-2-17 枋类构件 2 　　　　　图 3-2-18 枋类构件 3

柱上去。

（1）川（短梁）：一般川的长度为一界，多用于穿斗结构，主要连接两柱，增加整体性，其次还有廊穿，一般不承受荷载，而是起连接作用。

（2）柁梁：一般在柱的纵向上，抬梁式结构的承重梁将荷载传递至两柱的大梁。

（3）山界梁：位于山脊部位，中设脊童柱，长度为二界的梁两端由童柱支撑，将荷载传递到柁梁。

（4）月梁：屋顶部做成轩椽的梁为月梁。

3. 枋类构件（图 3-2-16～图 3-2-18）

除梁之外还有连贯两柱之间的横木在桁条之下，多为方木，故称之为枋。它既帮助传承荷载又可使构架整体性得到加强。

（1）梁垫：亦称随梁枋，主要用于大梁、桁梁底面设置枋子，随梁而置，主要帮助桁、梁支撑荷载。

（2）廊枋：是将廊屋面的荷载传递到两端的廊柱上，是传递廊架荷载的承重构件。

（3）步枋：步桁之下的枋子，步桁在两道的就要分上步枋、下步枋。

（4）轩枋：与轩椽相交的枋子。

（5）脊枋：脊梁下面的枋子为扶脊枋。

（6）斗盘枋：在枋面量斗的称斗盘枋。

4. 桁类构件（图 3-2-19～图 3-2-21）

（1）脊桁：位于建筑物最高处的桁。

（2）金桁：脊桁左右下一界之桁。

（3）步桁：金桁左右下一界之桁。

（4）廊桁（檐桁）：檐口或檐口廊柱上口之桁。

图 3-2-19 桁类构件 1

图 3-2-20 桁类构件 2

图 3-2-21 桁类构件 3

图 3-2-22 其他构件 1

图 3-2-23 其他构件 2

图 3-2-24 其他构件 3

图 3-2-25 轩 1

图 3-2-26 轩 2

图 3-2-27 轩 3

图 3-2-28 轩 4

（5）沿口枋（梓桁）：檐桁之外传递飞椽及支撑正身椽荷载之桁。

（6）椽子：椽子是用圆或方的木条密密地排列在桁条之上，平面上它与桁条相互垂直、交错钉牢于桁条上。它承受屋面的荷载。自屋脊始向檐口排序称：头定椽、花架椽、出檐椽，不出檐的叫缩脚椽，出檐椽上加挑出的檐叫飞椽，主要增加沿口挑出，连接与戗角屋面的曲线关系，老角梁与正身椽之间用椽，称之为樟网椽，飞椽称为立脚巨椽。

5. 其他构件（图 3-2-22~ 图 3-2-24）

引檐条（里口木）：用于出檐椽与飞椽之间的木条，用于阻挡望砖下滑。

瓦口板：一般用于檐口，阻挡望砖下滑并对出檐椽起连接作用。

挡望条（勒望）：固定于桁条及椽背上的木条，用以阻挡望砖下滑之木条。

戗角：一般在建筑的各向屋面坡交阳角处，斜坡出檐呈下方向的端处又呈反方向起翘的木构件。

6. 轩（图 3-2-25~ 图 3-2-28）

轩是木构架的一个部分，起室内木构架承重与装饰双重的作用。设置在前后正脊桁间，一般以弓形轩为多，其构件由轩梁、荷包梁、轩童柱、轩椽等构件组成。

图 3-2-29 斗栱 1　　　　　　　　　图 3-2-30 斗栱 2　　　　　　　　　图 3-2-31 斗栱 3

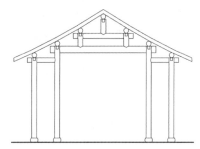

图 3-2-32 抬梁式结构

图 3-2-33 穿斗式结构

7. 斗栱（图 3-2-29~ 图 3-2-31）

斗栱习惯上又称"牌科"，在我国古代建筑中既有装饰功能，又是承载功能，还带有鲜明的国家和地方特色。不仅能作为联系屋面构架到柱梁体系的过渡，使承载着屋面的荷载通过梁枋传递到柱上，直至建筑物的基础，还在造型上起装饰建筑方面的作用，一般在等级较高的建筑中使用。

二、木构架的结构形式

（一）基本结构形式

扬州传统建筑的木构架结构形式有抬梁式和立贴式（穿斗式）两种。

1. 抬梁式结构

将屋面的荷载通过梁、短柱传递到两端的柱上，其特点是使建筑内部柱的数量减少，空间增大（图 3-2-32）。

2. 穿斗式结构

将每界的桁、梁的荷载直接传递到落地的柱上，而进深方向的柱与柱之间用水平枋等构件连接，形成整体。其特点是抗震性能好。扬州通常称为立贴式构架（图 3-2-33）。

3. 楄架（排）构造形式（图 3-2-34）

（二）常见的构架特征

扬州匠师以建筑纵轴线上的一排梁架称为排架，也称贴式，每一排根据其所在的建筑的方位而命名。根据建筑的情况，构架可分为民房构架、厅堂构架、殿堂构架。民房构架用于普通民房建筑中，多为穿斗和抬梁混合式梁架的硬山顶做法。厅堂构架和殿堂构架用于民居建筑的厅堂和祭祀、寺观等建筑中，多用抬梁式梁架，以及歇山顶构造做法。还有园林建筑中的亭采用攒顶式。穿斗结合抬梁的混合做法是在扬州地区的普遍做法。一般情况下，正贴、次贴构架以步柱落地，以大梁联系，其上作抬梁，省去多根柱子。边贴屋架则采用柱落地的穿斗式构架形式，或步柱和脊柱落地、金柱不落地的三柱落地构架形式，使整个木构架增强稳定性。扬州传统建筑的构造及用材与苏州、北京的做法都有不同之处。根据断面，可分为圆作和扁作。通常来讲，扁作等级较高，装饰华丽，多用于盐商及富商，厅堂、宗祠、寺观殿堂及园林中的花厅。圆作用料省，用于民间建筑，民间建筑也有在次间用圆作，堂屋用扁作的，做法相对灵活。圆梁用料少，截面直

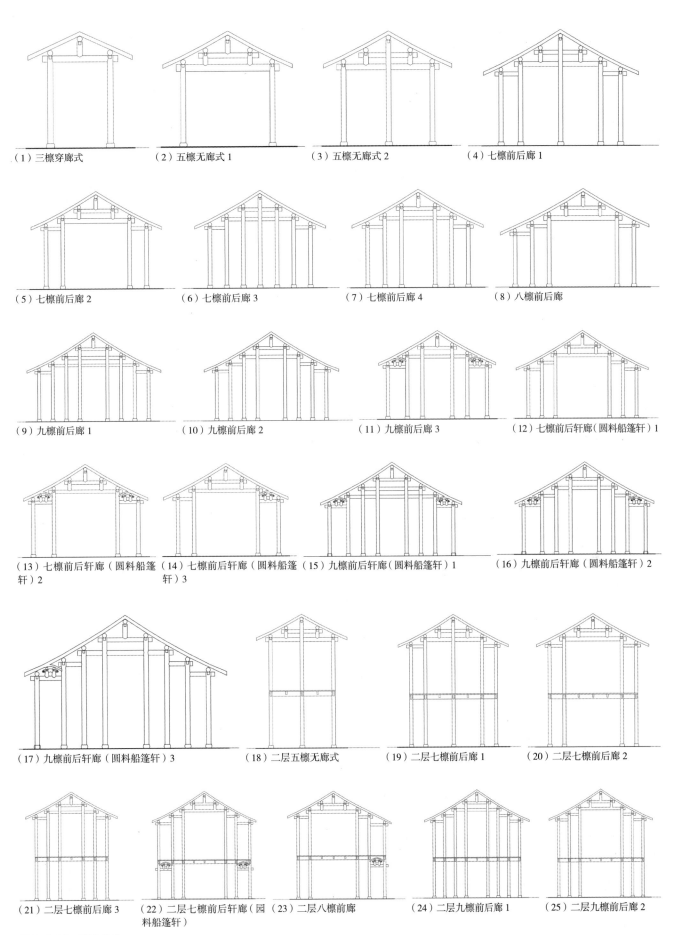

（1）三檩穿廊式　　（2）五檩无廊式1　　（3）五檩无廊式2　　（4）七檩前后廊1

（5）七檩前后廊2　　（6）七檩前后廊3　　（7）七檩前后廊4　　（8）八檩前后廊

（9）九檩前后廊1　　（10）九檩前后廊2　　（11）九檩前后廊3　　（12）七檩前后轩廊（圆料船篷轩）1

（13）七檩前后轩廊（圆料船篷轩）2　　（14）七檩前后轩廊（圆料船篷轩）3　　（15）九檩前后轩廊（圆料船篷轩）1　　（16）九檩前后轩廊（圆料船篷轩）2

（17）九檩前后轩廊（圆料船篷轩）3　　（18）二层五檩无廊式　　（19）二层七檩前后廊1　　（20）二层七檩前后廊2

（21）二层七檩前后廊3　　（22）二层七檩前后轩廊（园料船篷轩）　　（23）二层八檩前廊　　（24）二层九檩前后廊1　　（25）二层九檩前后廊2

图3-2-34　榀架形式

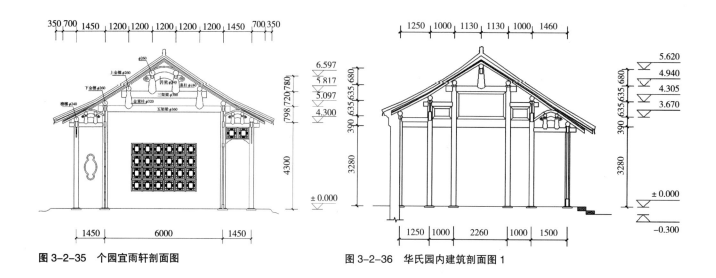

图 3-2-35　个园宜雨轩剖面图

图 3-2-36　华氏园内建筑剖面图 1

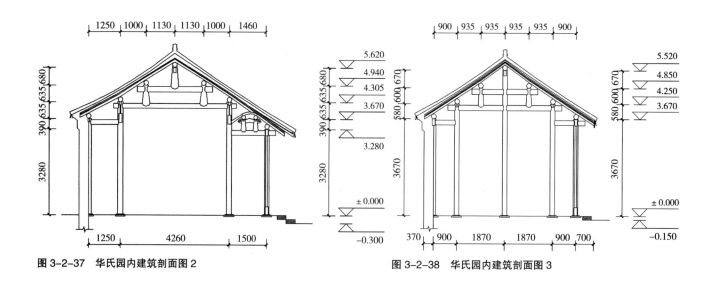

图 3-2-37　华氏园内建筑剖面图 2

图 3-2-38　华氏园内建筑剖面图 3

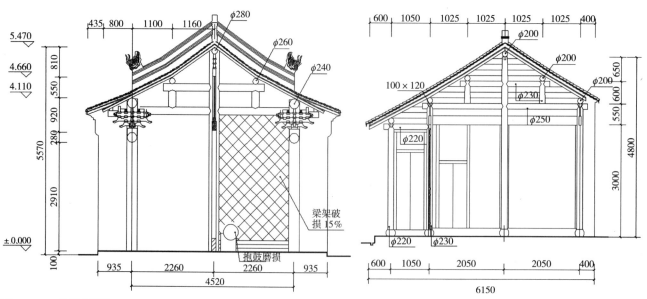

图 3-2-39　仙鹤寺门堂

图 3-2-40　许晓轩故居

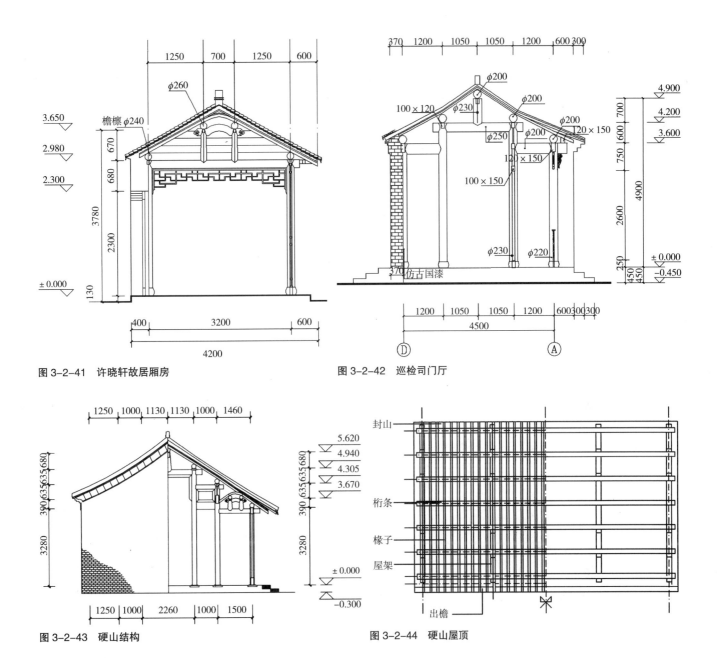

图 3-2-41　许晓轩故居厢房

图 3-2-42　巡检司门厅

图 3-2-43　硬山结构

图 3-2-44　硬山屋顶

径一般仅为跨度的 1/15~1/20，底部挖地在 50~60mm。梁的拱势向上，一般可按 1/300~1/150 起拱。扁作梁断面为矩形，高宽比为 1：2.5~1：2 之间（图 3-2-35~ 图 3-2-42）。

1. 硬山构架

硬山结构的屋顶只有前后两坡，它有一条正脊，两端的山墙与墙面相平，两端的山墙从上到下将木构架全部封住，显得质朴、坚硬，因而取名硬山。一般硬山建筑的正贴采用抬梁式结构，两山墙贴一般采用脊柱或多柱落地的构架形式的穿斗结构，以增强稳定性（图 3-2-43、图 3-2-44）。

2. 歇山构架

歇山结构是将硬山顶套在四面坡上，使硬山垂直的三角形下部与山坡的上部结合，形成山花面，即为歇山结构，由一条正脊，四条垂脊，四条戗脊，还有山花面下面的两条博脊所构成。有单檐、重檐之分。一般四角设有戗角（图 3-2-45、图 3-2-46）。

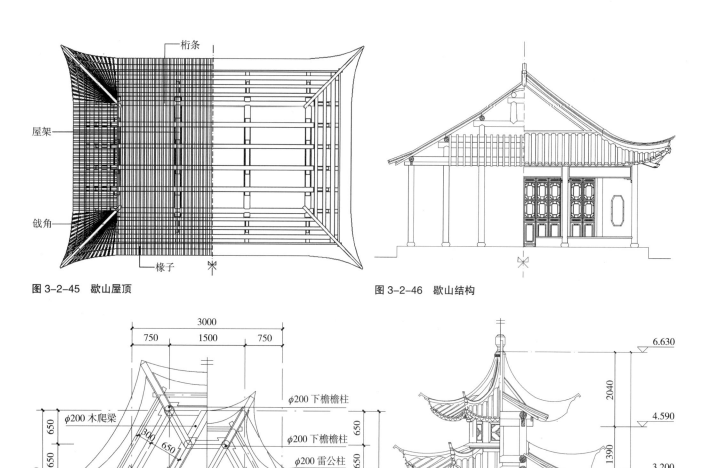

图 3-2-45　歇山屋顶

图 3-2-46　歇山结构

图 3-2-47　重檐六角亭仰视图

图 3-2-48　重檐六角亭立面图

3. 攒尖构架

攒尖顶结构其屋面较陡，无正脊，数条垂脊交合于顶部，上面再封宝顶，攒尖顶多用于亭、阁等建筑（图 3-2-47、图 3-2-48）。

4. 轩的构造

扬州民居梁架结构变化多样，在厅堂建筑中往往在前、后步架下面，做一层弧形天花，简称为轩。轩是由轩梁、轩椽、轩桁等构件连续而成的自身对称的结构体系。轩椽上面覆以望砖，起隔热、防尘、装饰的作用。轩的名称因构造不同，可分为茶壶轩、弓形轩、圆料船篷轩、菱角轩、一枝香轩、贡式软锦船篷轩、扁作船篷轩、扁作鹤胫轩（图 3-2-49~ 图 3-2-54）。

轩在扬州民宅中起到了重要的装饰作用，其高低位置对于室内空间起到了划分作用。一般厅堂用轩使得木构架在不改变跨度的情况下，加大了室内空间

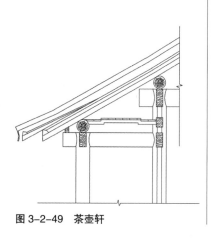

图 3-2-49　茶壶轩

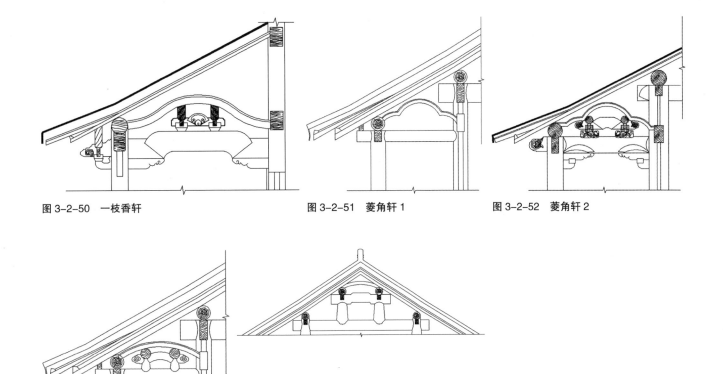

图 3-2-50 一枝香轩　　　　　图 3-2-51 菱角轩 1　　　　　图 3-2-52 菱角轩 2

图 3-2-53 船篷轩 1　　　　　图 3-2-54 船篷轩 2

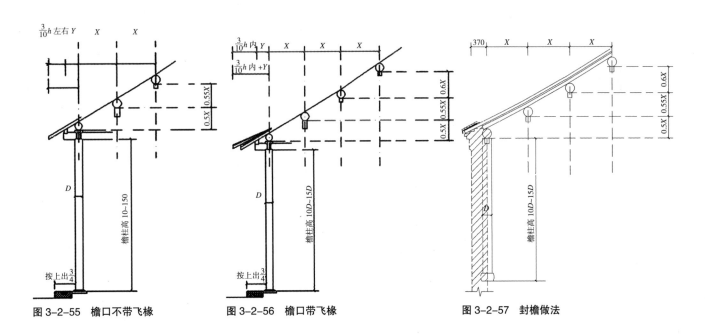

图 3-2-55 檐口不带飞椽　　　图 3-2-56 檐口带飞椽　　　　图 3-2-57 封檐做法

的进深，梁架的断面感觉不到粗笨，同时使空间主次分明，在统一的风格中富有变化。还有轩架和屋架之间形成的空气层，对冬季室内保温和夏季隔热也起到了一定的作用；轩在大木架结构中，空间形式和使用功能方面都取得了较好的效果，是江南建筑的一个特色。

　　5. 屋面举折示意（图 3-2-55~ 图 3-2-57）

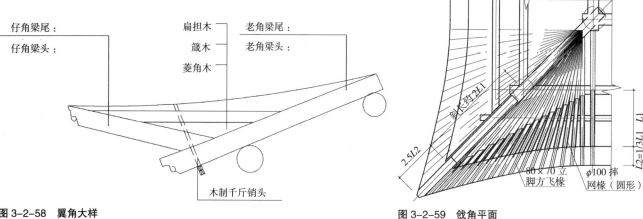

图 3-2-58　翼角大样

图 3-2-59　戗角平面

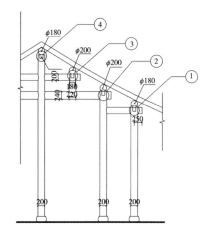

图 3-2-60　立贴构架榫卯

三、木构架常见节点的构造

（一）戗角

戗角的木构件有老角梁、仔角梁、菱角木、扁担木组合的戗起的角梁，再有弯里口木、立脚飞椽、摔网椽、摔网板、孩儿木、千斤销构成戗角（图 3-2-58、图 3-2-59）。

（二）木构榫卯的种类及构造

界于穿斗和抬梁式结构体系间的重要联系方式，主要木构件间的榫卯结构形式。一是梁做榫插入柱中，二是柱端头开卯口，梁端挖套，包箍柱子。前者受力关系与穿斗式榫卯相似，后者与抬梁式构架榫卯相似。榫卯种类主要有，全榫（直榫、单榫）、半榫、双榫、燕尾榫、套榫、柱头榫、柱枋榫、柱头元宝榫、倒榫（楔子榫、弹榫）、钩榫（扎榫、推拉榫）。

1. 立贴构架柱、梁、枋互交部位的榫卯（图 3-2-60~图 3-2-62）

2. 抬梁构架柱、梁、枋互交部位的榫卯（图 3-2-63~图 3-2-65）

（三）桁、枋连接部位常用榫卯（图 3-2-66、图 3-2-67）

（四）水平构件互交部位常用的榫卯（图 3-2-68、图 3-2-69）

（五）销的种类与构造

大小构架常用三销，主要是燕尾销、柱中销、羊角销，合称"三销"。燕尾销大多用于前后枋与柱间的连接，主要增强榀架自身的稳固性，同时也有利

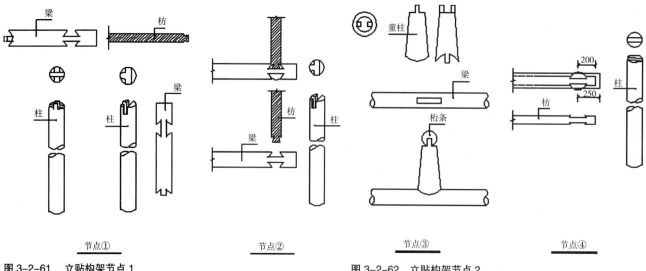

节点①　　　　　节点②　　　　　节点③　　　　　节点④

图 3-2-61　立贴构架节点 1　　　　　图 3-2-62　立贴构架节点 2

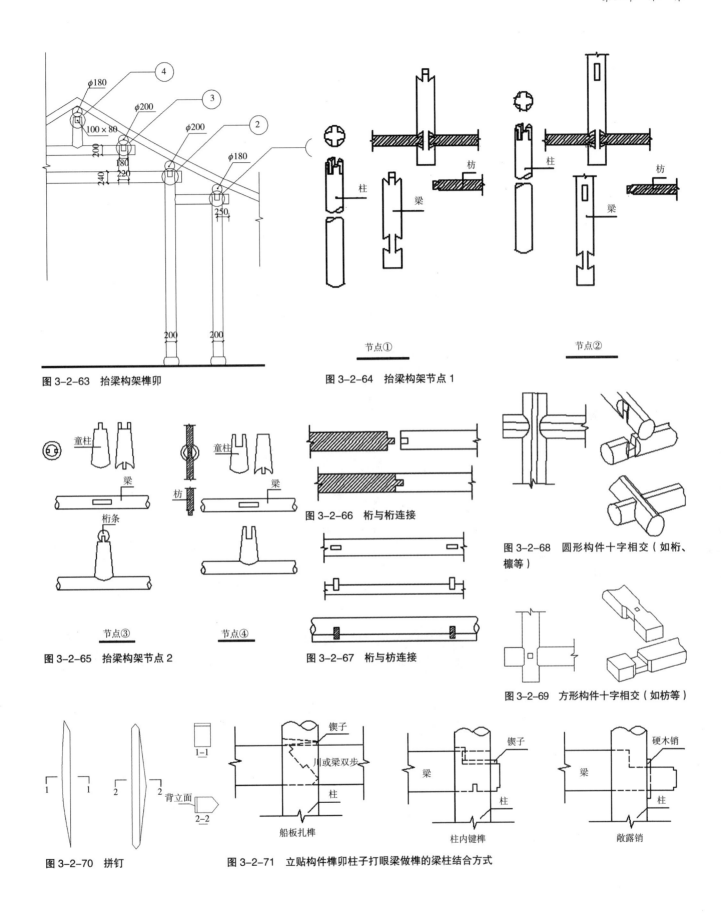

图 3-2-63　抬梁构架榫卯

图 3-2-64　抬梁构架节点 1

节点①

节点②

图 3-2-65　抬梁构架节点 2

节点③　　　节点④

图 3-2-66　桁与桁连接

图 3-2-67　桁与枋连接

图 3-2-68　圆形构件十字相交（如桁、檩等）

图 3-2-69　方形构件十字相交（如枋等）

图 3-2-70　拼钉

图 3-2-71　立贴构件榫卯柱子打眼梁做榫的梁柱结合方式

于整榀立架，一般用硬木制作；柱中销，多用于插柱抬梁式枋与柱间的结合；
羊角销是用于单（双）步枋的大进小出一端（图 3-2-70~ 图 3-2-73）。

图3-2-72 枋子拼钉排列法

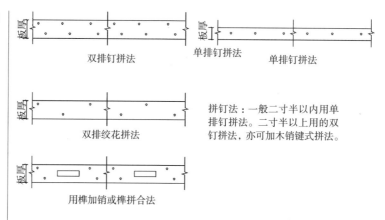

双排钉拼法　单排钉拼法　单排钉拼法

双排绞花拼法

拼钉法：一般二寸半以内用单排钉拼法。二寸半以上用的双钉拼法，亦可加木销键式拼法。

用榫加销或榫拼合法

图3-2-73　销

图3-2-74　木楼面1

图3-2-75　木楼面2

图3-2-76　木楼面3

图3-2-77　木楼面4

图3-2-78　木楼面5

　　还有暗销、屏门销、木钉销和墙牵等。暗销：分木销和毛竹销两种。木销多用于扁方材拼料的暗销；毛竹销多用于薄板拼接和小木作拼板；屏门销（简称"栓"），为防脱落而做成燕尾状，故又叫燕尾栓；木钉销用硬木销于楼栅两侧，用于悬挂东西；墙牵用于加强墙体与木构架的稳定性。

　　（六）木楼面构造

　　木楼面结构是多层民居的承重构件，由木楼楞、楼栅、木楼板组成，其构造形式如下（图3-2-74~图3-2-78）。

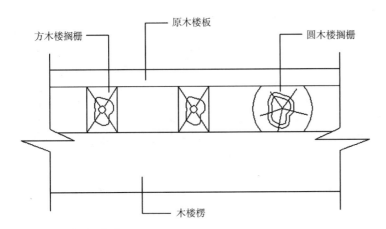

图 3-2-79　木楼面构造

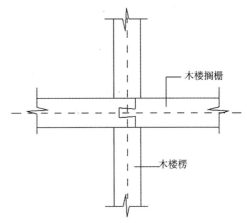

图 3-2-80　木楼搁栅燕尾榫连接

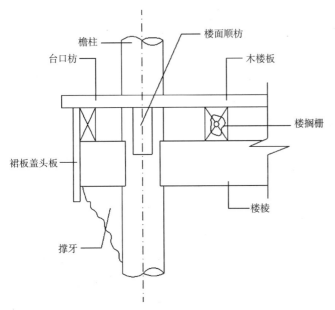

图 3-2-81　通长柱楼面台口构造

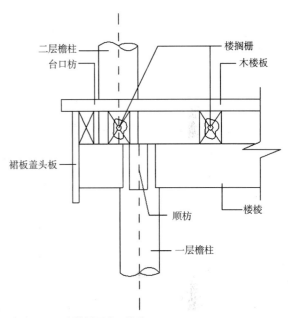

图 3-2-82　断柱楼面台口构造

1. 木楞

木楞是安装在木构架柱之间的一种起承载作用的木楞，将整个建筑构建成一个合框，以增加木构架的整体性，是一种承重构件。所处位置标高，按照楼层高度减去楼板、搁栅高度，与整个房屋的承载木柱采用榫卯连接（图 3-2-79）。

2. 搁栅

搁栅的做法采用圆木或方料，当采用圆料时，其上、下接触面均需要加工成平面，以保证楼板的接触面，断面尺寸与房屋的开间尺寸和楼面板的厚度有关。楼面板的厚度一般在 4~8cm 之间，间距为 1.3~0.6m 之间（图 3-2-80）。

3. 木楼板

木楼板沿房屋的进深方向平行铺设，一般采用杉木，还有采用柏木的。楞栅间距较大时，采用较厚的松木，楼板三面刨光，毛面向下，板缝有平缝和高低缝两种形式。

4. 台口构造

主要是楼层间的构造，其做法有三种。一种 1~2 层为通长整柱，另一种是接木，楼下的柱子断开（图 3-2-81、图 3-2-82）。

图 3-2-83　楼梯 1

图 3-2-84　楼梯 2

图 3-2-85　楼梯 3

图 3-2-86　楼梯 4

（七）楼梯构造

　　木楼梯的形式主要有一跑楼梯、转折楼梯、旋转楼梯三种形式。木楼梯是由斜梁、三角木、踏步板、踢脚板、转折平台、栏杆、扶手等构件组成。其结构构造分明步和暗步两种形式（图 3-2-83~图 3-2-86）。

　　（1）明步木楼梯的斜梁上下端后舌肩榫与平台梁（楼搁棱）、地搁棱相连。踏步三角木钉在斜梁上，踏步板、踢脚板分别钉在三角木上，楼梯栏杆分别与扶手、踏步板榫接。

　　（2）暗步木楼梯的踏步和踢脚板分别嵌在斜梁的凹槽内。栏杆的上、下端分别榫入扶手和斜梁内。

（八）木地面

　　木地面做法，主要在民居中的次间、梢间。地面基本平整夯实后，沿房屋进深方向砌筑地垄墙，一般每间房屋设 3~4 道地垄墙，即两头各一道，中间 1~2 道。木地板棱沿开间方向搁置在地垄墙上。木地板沿进深方向铺设，用铁钉固定在地板棱木上。地板之间的接缝一般为平缝，铺设木地板的房间，在前后檐的砖墙上设置通风口，通风口一般采用砖雕构件。

还有一种，是木板直接铺在方砖地面上的做法，主要是冬天用木地板，夏天用方砖地板，体现冬暖夏凉。木地板是活动的，连接方式采用上下缝，宜装宜拆。

（九）斗栱构造

斗栱在我国传统建筑中，是一种特殊的标识性构件，具有明显的地方特色。它不仅能作为承载构件，将屋面荷载传递到柱子以及建筑基础，还具有在造型上装饰建筑立面的作用，有柱头科、角科、平身科三种形式，还有梁架中的一斗三升、一斗六升，以及牌楼中的牌科等形式（图3-2-87~图3-2-102）。

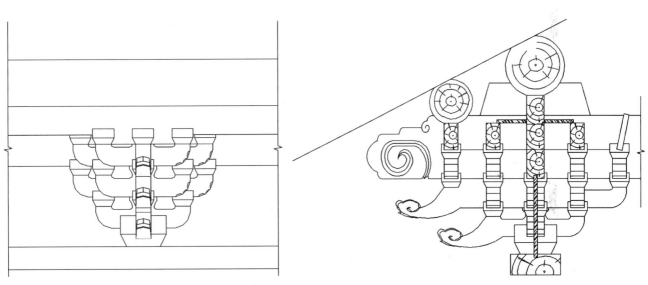

图3-2-87 柱头科斗栱正面

图3-2-88 柱头科斗栱侧面

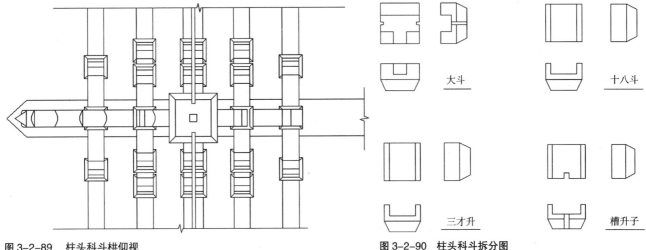

图3-2-89 柱头科斗栱仰视

图3-2-90 柱头科斗拆分图

大斗

十八斗

三才升

槽升子

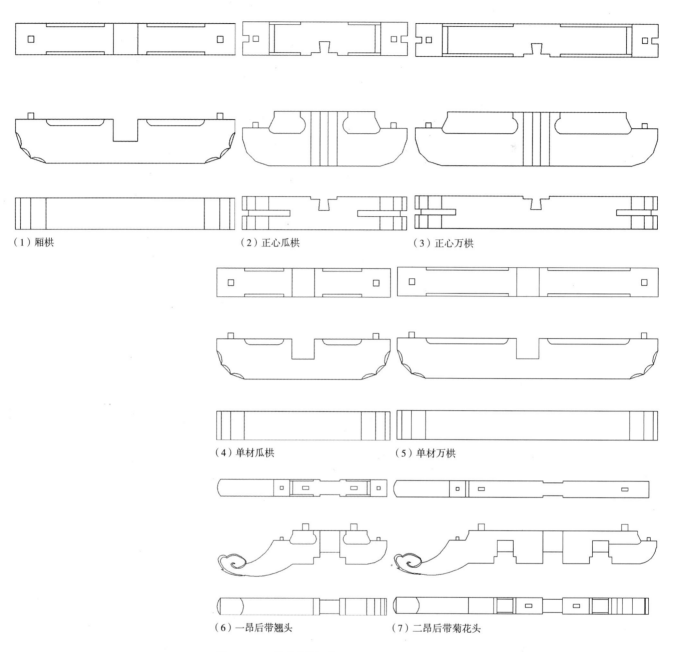

（1）厢栱　　　　　　　　（2）正心瓜栱　　　　　　　（3）正心万栱

（4）单材瓜栱　　　　　　　（5）单材万栱

（6）一昂后带翘头　　　　　　（7）二昂后带菊花头

图 3-2-91　柱头科栱拆分图

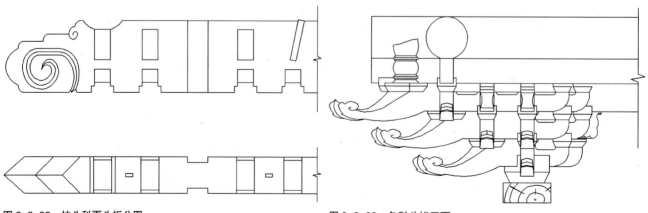

图 3-2-92　柱头科耍头拆分图　　　　　图 3-2-93　角科斗栱正面

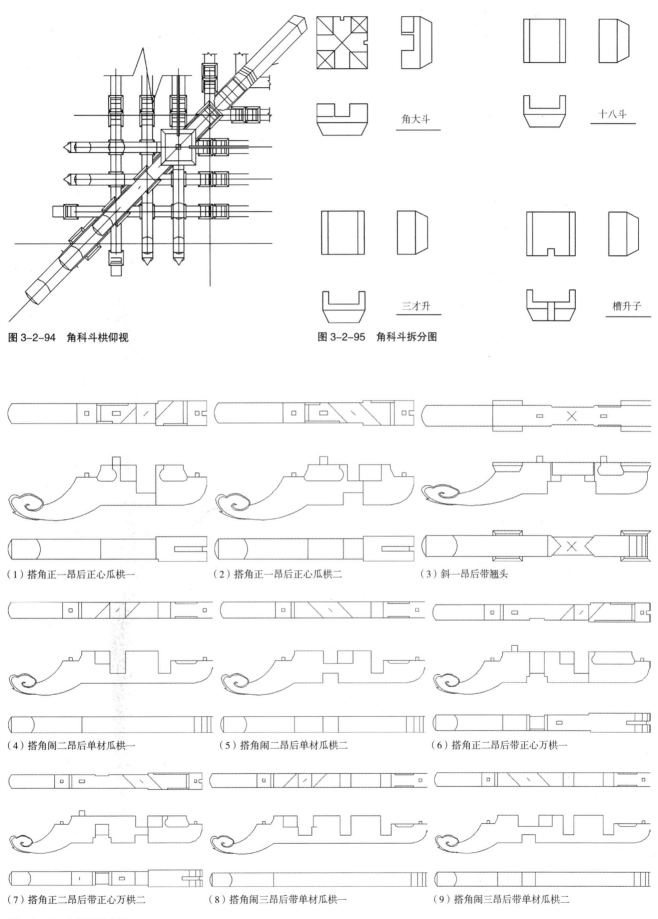

图 3-2-94 角科斗栱仰视

图 3-2-95 角科斗拆分图

角大斗

十八斗

三才升

槽升子

（1）搭角正一昂后正心瓜栱一　　（2）搭角正一昂后正心瓜栱二　　（3）斜一昂后带翘头

（4）搭角闹二昂后单材瓜栱一　　（5）搭角闹二昂后单材瓜栱二　　（6）搭角正二昂后带正心万栱一

（7）搭角正二昂后带正心万栱二　　（8）搭角闹三昂后带单材瓜栱一　　（9）搭角闹三昂后带单材瓜栱二

图 3-2-96　角科栱拆分图

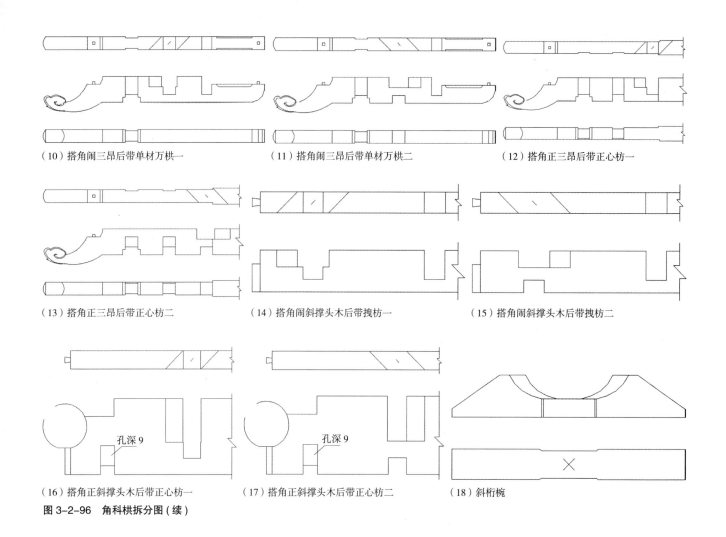

（10）搭角闹三昂后带单材万栱一　　　（11）搭角闹三昂后带单材万栱二　　　（12）搭角正三昂后带正心枋一

（13）搭角正三昂后带正心枋二　　　（14）搭角闹斜撑头木后带拽枋一　　　（15）搭角闹斜撑头木后带拽枋二

孔深9　　　　　　　　孔深9

（16）搭角正斜撑头木后带正心枋一　　　（17）搭角正斜撑头木后带正心枋二　　　（18）斜桁椀

图 3-2-96　角科栱拆分图（续）

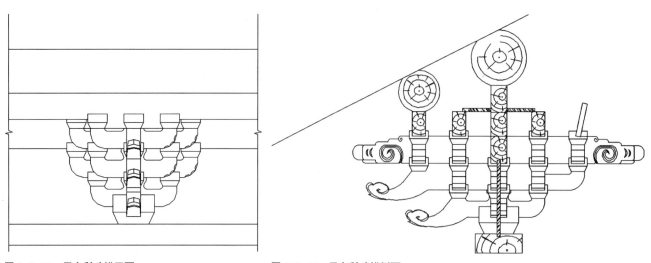

图 3-2-97　平身科斗栱正面　　　　　　　　**图 3-2-98　平身科斗栱侧面**

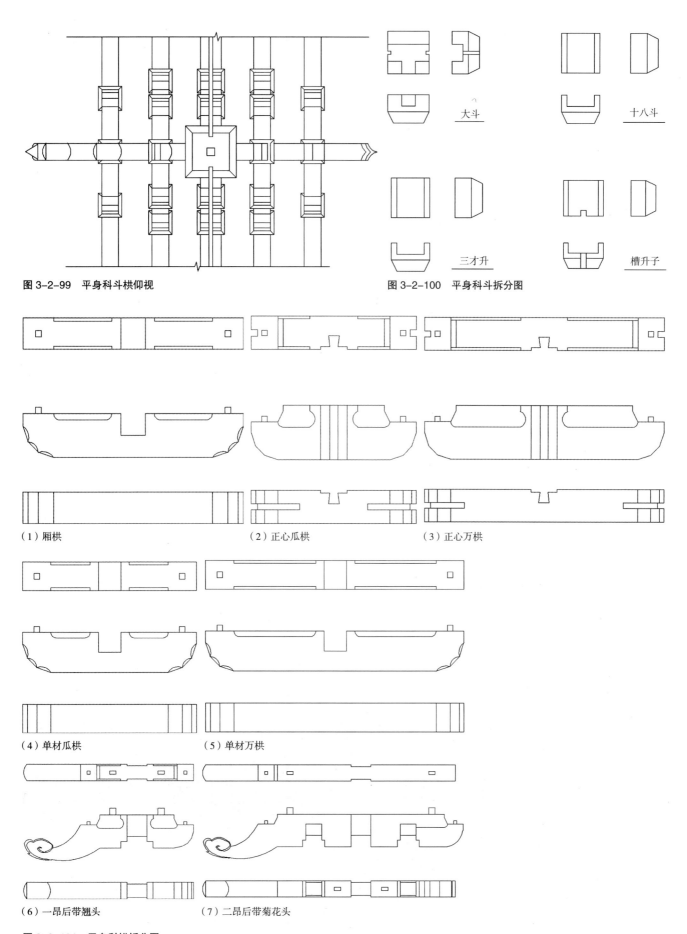

图 3-2-99　平身科斗栱仰视

图 3-2-100　平身科斗拆分图

大斗　　十八斗

三才升　　槽升子

（1）厢栱　　（2）正心瓜栱　　（3）正心万栱

（4）单材瓜栱　　（5）单材万栱

（6）一昂后带翘头　　（7）二昂后带菊花头

图 3-2-101　平身科栱拆分图

图 3-2-102 平身科耍头后带云头拆分图

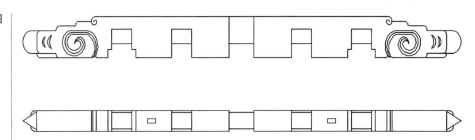

第三节　大木作操作工艺

一、大木作操作程序

扬州民居建筑的大木作的制作和安装，经过历代工匠的长期实践，总结了一套比较成熟的规律，其主要过程大致可分为：备料、配料、定位编号、丈杆制备、构件制作、大木安装等。大木制作和安装，主人一般选择有名气且在所在地有一定影响的匠师，简称"掌作师傅"，匠师一定要清楚所建房屋布局，清楚构件之间的关系和受力情况。还要遵循大料大用，弯料弯用，小料充分利用的原则（图 3-3-1）。

（一）备料

也称"序料"。按照主人的意图，掌作师傅要对主人的材料进行细算，列出各类用料的规格、数量，并配合主人进行采购和加工。即所备料比实用的尺寸略大一些，以便加工，配料人员应心中有全盘的方案。配料顺序：先配大料、长料，后配小料、短料，边皮可作里口木、瓦口板及勒望板使用，屋架料配好后即可进行木装修的配料，一般都要统筹考虑。

（二）检料

检料即为检查所准备的材料，包括木料的品种、木材材质、长短、直径大小、曲尺状况、缺陷、含水率、初步拟定用处等方面。一般含水率控制在 25% 以内，

图 3-3-1 模型图

必要时需要进行干燥处理，凡是虫蛀、腐朽、风干裂缝、损伤裂缝等情况慎重使用，应根据实际情况和使用部位，作具体的判断，既要保证结构安全，也要起到节约作用。材料到家后一般进棚自然干燥，及时在材料两端刷石灰、桐油或白蜡等，防止木材端裂。

（三）记号编号

自古以来，工匠均有师带徒或祖传的一些常规方法，从学徒到满师，以后再带徒，却又有一套习惯的规矩，但不同的师所带的徒的技艺特征也不同，记号和编号有所区别。

1. 划线符号（表3-3-1）

大木划线符号图　　　　　　　　　　　　　　　　　表3-3-1

序号	名称		符号	作用	说明
1	中线	一般中线		制作与安装的基本依据	
		中心点		中心线的中心点	汇榫时用小汇中
2	小汇中线			柱下统一标高	是画线靠尺的基本面
				扣柱础统一基准线	
3	断肩线			表示该处截断线	用于各种榫的侧面
4	正确线			有用之线	更正线或实用线
5	错误线			表示该线错误不用	
6	卯眼	透眼		表示凿成透眼	
		半眼		表示凿成半眼	
		大进小出眼		表示上半为半眼，下半为道藏	
		枋子口		表示枋子口上端开口，且为半眼	

2. 位置编号

大木构架制作时，对所有构件必须进行标注，防止漏做或重复制作构件，安装时能按顺序正确就位。将木构架中的各个构件标出其位置，标写时能正确就位，应将木构架中的各个构件标出其位置。标写时首先要在平面上排出柱子的位置，然后按柱子的编号写出制作构件的朝向及所在位置。大木划线及位置标号一般由掌作师傅具体负责（图 3-3-2）。

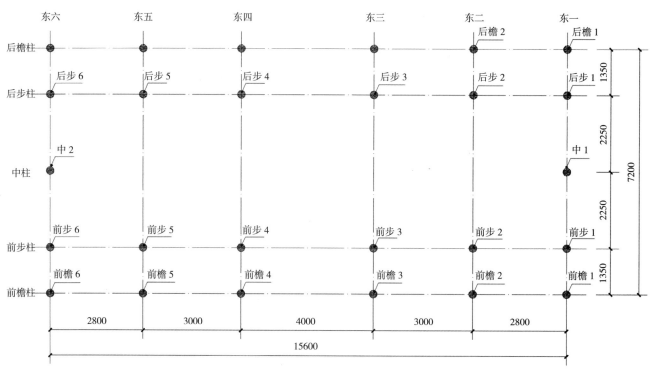

图 3-3-2　位置编号

3. 丈杆

丈杆是在古代房屋建筑中重要的测量工具，是大木制作和安装时使用的一种起施工图作用的特殊工具。在房屋开工之前，先将建筑物的柱高、进深、开间、出檐、榫卯位置等都刻画在大杆上，然后根据丈杆上的尺寸去画线、放线、控制建筑尺寸，进行构件制作，向其他专业工匠交底，排丈杆一般是由掌作的木工进行，排好后由瓦工及副手共同验杆，核对无误后，再进行下一步操作，丈杆的画线、保管均有专人负责，不得乱扔或涂改，每次使用都要检查。

丈杆分为总丈杆和分丈杆，总丈杆四面每面作用不同：第一面表示各间面宽，第二面表示进深尺寸，第三面表示标高尺寸，第四面表示檐高平出尺寸。总丈杆排好经检验无误后，可在总丈杆上过线排出各分丈杆，分丈杆以每类相同构件排一根。分丈杆上的符号应标画齐全，使人一看即懂（图3-3-3）。

4. 样板

大木画线后，对一些特殊木构件和节点，需要相应的各种样板作辅助工具，如戗角、斗栱样板、榫卯结构等都需要再次放大样，一般放在板上或墙壁上。

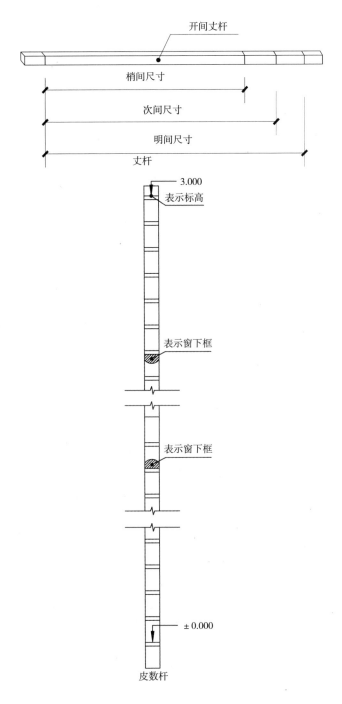

图 3-3-3　丈杆与皮数杆

二、构件制作安装工序

木构架的制作，主要是由掌作师傅画线和实际操作的木匠进行，一般画线人员手艺较好，有精算能力，也有统筹能力，是大木制作项目负责人，另还配一名助手，组成"搭档"，一般木作工程，掌作师徒说一下"搭档"即可画线，大木制作的关键是画线，画线并检验核定后，才能进行各类构件的加工。木作构件的加工制作，一般归纳成三个步骤：第一步，用丈杆画线，将丈杆上的尺寸画到构件上。第二步，用角尺、曲尺、画笔等工具一起，画出具体的尺寸、位置和相关尺寸。以上两步均由掌作师傅负责。第三步，由一般木工完成具体的构件加工，主要工具有丈杆、曲尺、竹笔、墨斗、斧头、刨子、锯子、扁铲、凿子等。

（一）做丈杆

在审核现场尺寸，证实无误后，按照开间、进深以及主人的要求确定尺寸，结合构件断面构造复杂的梁架节点、轩，对柱头、梁类构件、枋类构件等复杂的大式建筑物需分别作出柱头杆、进深杆、开间杆。样板、柱头杆等须经二人以上复审确认正确后方可使用。

根据房屋的构造情况，及配料要素编制配料单，配料单要求构件数量、规格、荒料余量合理，俗曰："长木匠、短铁匠、不长不短是石匠。"要避免配料单所列构件与实际使用不符现象及加工余量过大或过小现象。下料时根据先大后小的原则进行。并仔细审视原木缺陷，预防有明显缺陷的原料用于制作主要构件，引起浪费或带来安全隐患。俗曰："杉木烂边不烂心，楠木烂心不烂边。"

（二）放木样

对复杂构件和梁柱节点需要在墙上或板上放大样，如戗角构件、斗栱等。

（三）木构件的制作

按照大样图、样板、房屋的尺寸将毛坯木料加工成所需之构件。制作时应审视和利用构件原有缺陷，变不足为有利，俗曰："木歪木匠直"，合理使用有缺陷的木材，不会影响其结构安全。如：可利用原木原有之自然弯曲做成弓背朝上之桁条，对自然弯曲幅度较大者，则可用于金桁等，调正不可避免的缺陷为构件之需要。

（四）会榫

会榫是大木作中的一项关键工序，所谓"会榫"即试装，其步骤应由左边后檐柱起。在加工场内将数根木构件有序地组合，将做好的榫会入卯中，需通过修整榫卯、套中线尺寸、校榫头、套中线、查看构件翘曲面、查看构件之间的垂直度等一整套会榫工艺，使对应的榫卯松紧度合适，对应构件位置无偏差。

（五）木构架的安装

木构架安装也称为竖屋，也称为"竖架"，是木构件工程中的最后工序。木构件安装前，首先要对建筑柱础尺寸进行复核，重点是磉石的中线、开间、进深的分尺寸和总尺寸。复核用尺要与木构架制作的尺度一致。木构架安装应根据先内后外、先下后上的顺序进行，安装一件，固定一件，最后形成整体的构架。

三、大木作构件制作

（一）木柱制作

1. 端头划头线

断好柱子料，将所选取的柱料放于两只"三脚马"上，配柱子长度可按地坪到桁底高度减柱础高度 +60mm，在选料时一般按成品直径放 10~20mm，先调整粗料的方向，正向朝上，若是弯曲的木料，应是柱料凹料朝上，将柱丈杆放在柱料上，量画出所对应的长度尺寸，确定无误后，截去荒料，上、下端应预留 8mm。在两端必须划头线，并用曲尺做 90° 十字线，先画下端"十字线"，后画上端"十字线"，且划出成品的实际柱周线。若弯曲幅度较大，不可能全面地通过加工校正其弯曲时，可局部保留允许范围内的弯曲度，且安排在边贴朝墙内的一侧；当建筑无墙体时，可将允许范围内的弯曲一面设置于非主要立面位置。柱子的上下收分大致有两种形式，从下面为大头到上面小头直接收分，中间不弯收。另外，柱子下段为直段，在上段 1/2 或 1/3 开始有收分（图 3-3-4~ 图 3-3-11）。

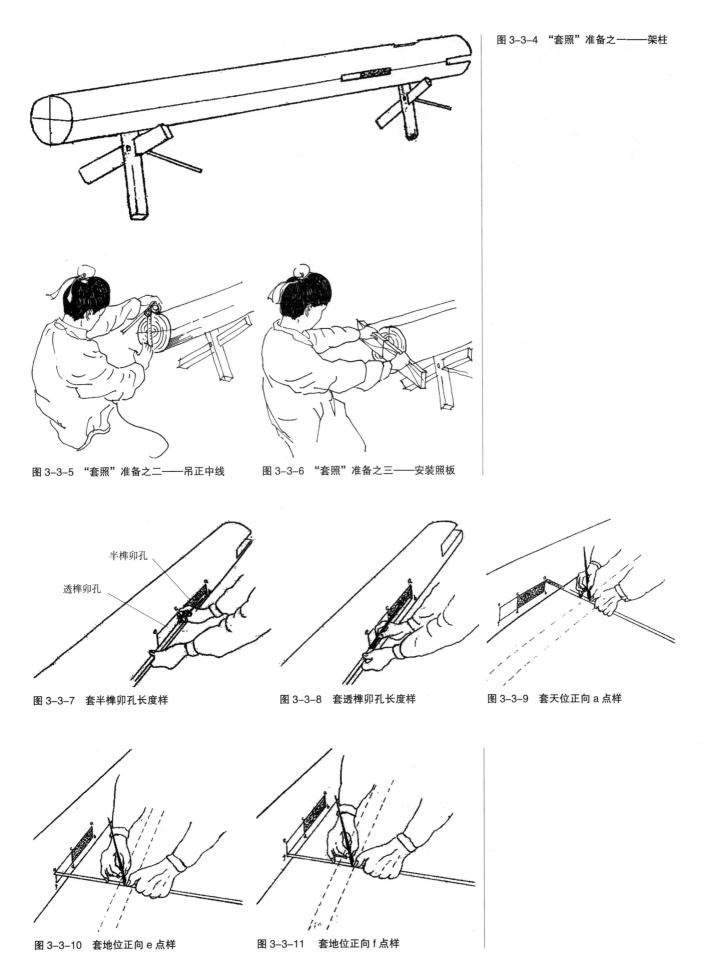

图 3-3-4　"套照"准备之———架柱

图 3-3-5　"套照"准备之二——吊正中线　　　图 3-3-6　"套照"准备之三——安装照板

半榫卯孔

透榫卯孔

图 3-3-7　套半榫卯孔长度样　　　图 3-3-8　套透榫卯孔长度样　　　图 3-3-9　套天位正向 a 点样

图 3-3-10　套地位正向 e 点样　　　图 3-3-11　套地位正向 f 点样

图 3-3-12 操作工艺 1

图 3-3-13 操作工艺 2

图 3-3-14 操作工艺 3

图 3-3-16 操作工艺 5　　　　　　　　　　图 3-3-15 操作工艺 4

2. 弹加工线

木柱应弹八卦线。八卦线的依据是两端的头线和已划的柱端圆径外边线。在外皮划出的八角形的外切线，两头均做好等线，使柱放置稳平，用斧子顺柱身线砍出八楞柱的一面，在八楞柱面上再弹十六或二十四形线使之趋于圆形，然后用斧头砍楞，刨光成圆。

3. 榫卯划线

根据两端头线，弹出柱身的十字中线，并把定好的柱名写上，再用柱头杆点划出柱子长度，画出各部位的实际尺寸和榫眼位置。先正面，后背面，再弹出开间、进深方向中线。柱头的顶高度与梁类构件相交时，以基面线为基准高度（图 3-3-12、图 3-3-13）。

4. 制作榫卯

划好各类线，检查无误后，用锯将两端锯齐，制卯时尽量先用锯，然后再用凿子剔去余料，其顺序从卯以下向上剔，最后用一般铲子修洗。凿孔必须注意的问题：一是不能做错榫型；二是保留上口墨线，榫要直、正，不能扭斜（图 3-3-14~图 3-3-16）。

图 3-3-17 操作工艺 6

图 3-3-18 操作工艺 7

图 3-3-19 操作工艺 8

图 3-3-20 操作工艺 9

5. 柱子的名称标注

所有的名称标注不得相同。标注在木柱上的名称既是确定其方位的标志，也是确定其朝向的标志。通常正贴屋架的柱头名称标注在内向四界一侧；边贴前、后柱标注的名称应朝脊柱，脊柱的名称应朝向正贴的方向位置上（图3-3-17~ 图 3-3-19）。

6. 柱头上下端控制

柱的顶端若设榫，用于与桁枋以及斗栱相连接端，通常规模之建筑，榫的厚度在 15mm 左右，长度在 30mm 左右，宽度约为 30mm。柱头底部有设管脚榫的做法，管脚榫宽为柱径的 1/3~1/4，榫长与宽相等。檐（廊）柱、步柱、脊柱的柱顶和梁枋的交会。

7. 童柱

安置在柁梁上的短柱，亦称矮柱和童柱，如脊童、金童、边金童等，一般在抬梁式屋架上常见。童柱底端做榫与梁连接，且在两侧做腮嘴，使之更稳定，顶端做榫与桁连接。其名称与梁的配合具有唯一性和方向性。童柱腮嘴与梁的咬合深度在基面线以下。童柱在柱身中段时还有直线与弧线之分，应按要求制作。

（二）梁类构件制作

梁、枋、桁、柁、童柱共同作用，形成一个上部体系，通过柱子，下传到建筑的柱础上，其形状有方圆之分，无论大梁、小梁、圆梁的形状怎么变，做法基本相同（图 3-3-20~ 图 3-3-22）。

图 3-3-21　操作工艺 10

图 3-3-22　操作工艺 11

1. 梁类构件的制作形式及适用范围

（1）断面为圆形的梁类构件

圆梁断料按实际长度放长 10mm，圆形断面的梁类构件其底面呈圆弧状，拱势应向上，拱势一般在跨度的 8% 左右，使与之相交接的矮柱稳定，不易位移。圆形梁类构件在与柱头连接部位的底面做一平面，称作平底。做平底是为了与柱顶的结合受力平均的需要，梁类构件主要包括柁梁、山界梁、桁条等。

（2）矩形梁类构件

矩形梁类构件底面应有拱势，但在梁的两端的底面为一平面。矩形梁类构件的做法有两种：一是整块木加工而成；二是实木叠拼而成，一般下底是大料，上部为小料，满足构造要求。

2. 梁类构件的制作顺序及技术要点

（1）先将选好的梁料架在三脚马上，用丈杆量出尺寸，及定长截线，校对无误后，用锯子截去荒料，将梁料砍、刨平整，使梁基本成型，然后用墨斗线画两端头中心线，并且再画出十字线、基面线以及根据梁的构造所需的加工细节。其中，端头中心线定要找到木构架的垂直度和起拱的尺度；基面线主要起着木构架的构造整体水准线作用。

（2）划线：在划线之前先弹出中心线和基面线，上下均需画出，划线以后，根据构件原料的现状，主要注意自然弯曲、较密的结疤等情况，结合梁的受力方向，合理利用原料，尽可能使有结疤部位避开受力点和榫头位置。弯曲较大的原构件应设在次要贴式中，木节较多的一面应设在构件受压区。

（3）起拱：梁类构件的底面常规有起拱做法，起拱的作用，其一是为满足受力变形的要求；其二是为校正仰视引起的视觉差。

（4）套样板：对圆形断面之梁类构件，由样板确定其断面形状，矩形梁类构件的断面尺寸则可用曲尺（角尺）画出，即底线、部位线。为校准视差，矩形梁也要有一定的拱势。同时，在梁类构件的长度方向必须有两端的柱中线。

（5）做榫：按轮廓线把梁料刨平刨光后，按照两端的十字线，复弹中线，画出榫头线及梁肩的轮廓线，而后按相应的墨线锯出榫头，用刨子将榫头的毛刺刨光，在制作时，应木大头做榫卯，而小头做箍头，以利于承压和抗剪。

（6）梁的标注：梁与柱类构件的结合必须统一编号。除注明部位外，还应注意梁头的方向。

（7）制作安装顺序：截长料→划基面线→套样板→构件制作→会榫头→现

图 3-3-23　操作工艺 12

图 3-3-24　操作工艺 13

场组装。

（三）枋类构件制作

（1）枋子粗加工后，进行划线，划线前弹出中心线，用丈杆在开间或进深中划出进半柱的位置中心线，随后划出榫头的厚度，并按中线半柱内边做点线，为榫头内肩处，划好线即可用大锯锯出榫头，枋子上有斗眼的亦要凿好眼，对交全角枋子可做交角试合，写好枋子的名称和位置（图 3-3-23，图 3-3-24）。

（2）枋类构件制作：枋子的长度应配足，加榫长，选料相对要直。当一根原料高度不够时，则可以用两根原料拼合而成，拼合的木材应选用全心木材接合为佳，不宜使用对开材和偏心材来拼做。枋子的拼合一般用橄榄钉或用毛竹钉。橄榄钉是两头尖、中间大的四边形的断面，毛竹钉用斧削出五角形。重要受力构件，除采用传统的穿销方式外，还应采取胶结、螺栓夹结等方法补强拼合，达到整体效果。

（3）枋子的拼装亦可选用弯材，弯材的拼合可争取以弯与弯面拼合和弯套弯的拼合。枋子除前述外，还有用榫、木销、锭榫等。

（4）枋类的标注，一般先弹中心线，再用杖杆划出枋等半柱的位置，即柱中线，随后画榫头的相关线，再标注枋子的名称和位置，待汇榫时来配枋截立肩。

（四）椽类构件制作

（1）椽子的断料长度按椽子的实际长度加 20mm 左右。椽子的断面有圆形、半圆形荷包椽和方形（图 3-3-25、图 3-3-26）。

（2）椽子的制作：椽子按照实际长度加 20mm 左右进行断料，然后在椽子的两端以断面作为样板，再用墨青划出头形的墨线，然后顺长弹线，把多余的部分用斧子砍去，再用粗刨刨一下。再以两端木线弹通常线，最后再用细刨刨光、圆顺即可。手工刨椽子，前端用铁钳头或用铁板齿作前顶件，后部用木块做一个木椀稳，这样手工刨起来不易移动，便于加工。

（3）椽子刨好后，划好线，用锯子截出椽子净长度，并统计好实际数量，椽子的长度尺寸均依上背平面为准。出椽椽下端头的头面要做成与斜面成90° 的直角。椽子的木材原则上小头始终朝上，一界压一界。

（4）飞椽是钉在檐椽之上，向外逃出，一般开料时为飞椽的加长加上出檐的长度再加六寸左右，其构造特点，为前飞椽出一份，后有两倍的延压长度。飞椽的用料除戗角处择网椽外，均为方料。刨好断面后再划线，斜线中留有锯

图 3-3-25　操作工艺 14

图 3-3-26　操作工艺 15

缝的空间，再刨光倒棱。

（5）里口木、勒望、楣檐条制作：

里口木位于飞椽头处，是与正椽的结合体，其形亦可方形，也有对开形做法，里口木先刨出净断面，然后用锯把飞椽口锯出，再用凿子铲一下，里口木的接头安在椽子头中心，做好连接记号。

楣檐是钉于飞檐头上面的檐口木条，勒望是钉子内部各界椽子上桁条中上面的木条，其作用是固定望砖的，配料主要是用边角料配制，扁方形面刨光。

（6）瓦口板是置于眠檐上的板，做出瓦弧形，作放底、盖瓦之用。具体做法有两种，一种是按底瓦中间为主样，另一种是按盖瓦中间为主样，由瓦工定出中心瓦距，再各取两块底瓦和盖，依底瓦做出底楞弧线和盖瓦盖头弧线。瓦口板的制作可一料二用，正常是按间制作安装，画好线后即可用曲线锯锯出瓦口和瓦底的弧线，并在反面写出用于何开间，最后还要正面再刨光一下，就可以配合瓦工进行操作。

（五）桁条构件制作

（1）桁条的断料长度：正间的为开间的尺寸加 200mm，次间桁条按边间开间加 120mm 左右。边间按边间开间加 150mm 左右。选配料时，一定要有点弯拱度的料，木质的好坏在它的受力强度上相差很大，故要有一定经验积累的师傅，才能运用自如（图 3-3-27~ 图 3-3-29）。

（2）制作桁条时，先按于三脚马上，两端挂头线，然后用墨斗弹好上、下中线，再用桁条断面样板按在端头把桁条头线划好。划线时应注意弯势向上，拱势向下。

（3）桁条加工，先砍出底面，桁条应有 1/200~1/300 的起拱，再砍桁条两侧面。桁条加工时还应注意中间有胖势。两侧砍好，即砍桁条背面，最后砍去四角，成八边形，再倒去八角，成十六边形，以后进行刨光。

（4）桁条的画线是用杖杆在桁底划出开间中线，然后用尺画出通中线，再划出榫眼和椽中心线，然后写好桁条的位置名称，桁条的写字一般按照有中朝中、无中间东的原则，即有正间的边间、次间的大头应朝向正间端。

（5）桁条划椽子线时应注意要按望砖尺寸加 5~10mm 的空隙，正间的中心是椽子中心，边间、次间就按实际等分进行划分。

图 3-3-27 操作工艺 16

图 3-3-28 操作工艺 17

图 3-3-29 操作工艺 18

（6）相邻两桁条连接处应做雌雄榫，燕尾榫与卯的选择应视安装顺序而定，即先安装的做卯，后安装的做榫。两开之间的桁条，左间为雄榫，右间为雌榫。

（7）桁条一般要两端留方底，目的是圆桁条方底牢固稳当坐于梁胆，防止桁条滚动。榫眼制作时要上留线、下吃线，这样使合榫时打下去越下越紧，做好的榫眼要倒棱。

在建筑转角处，一般桁条应相交连接，常见的交叉结合，形成 90° 角、120° 的六角形和八角形 135° 等相交，相交的桁条做法有：一是转角敲做法，为上下各留 1/2 上下交合；二是转角硬合角做法；三是转角硬合角并加转角锭榫做法；四是转角大通榫相接法。

（六）轩椽制作

轩是传统建筑中前后廊间内装的构架，轩有平轩、茶壶档轩、弓形轩、鹤胫轩、海棠轩、船篷轩等，其外形与柱、梁、桁等交叉（图 3-3-30~ 图 3-3-33）。

制作前应配好板枋，先画出侧面大样，后画出弯椽的细节和各连接点所需的实际长度，同时要正反两面划线，并画在轩椽侧面的垂直面上，在用料上也可以套裁画。安装均要求各轩椽的阴阳角排成一直线且弧面一致。如在廊桁上装轩椽所凿的各轩椽眼，其排列跟桁条一样要有相同拱势，如在桁条上做直线开眼，当屋面受压后，一定会出现下沿不平整的现象。

（七）戗角制作

（1）放 1:1 足尺放大样，其目的：一是得出老角梁和摔网椽、仔角梁的实足长度尺寸；二是通过大样做出弯里口木的斜度样板和一块嫩戗的样板。还有制弯里口木的弯刀尺，定摔网椽的长度尺，定摔网椽的后尾平分线尺。有了

图 3-3-30 操作工艺 19

图 3-3-31 操作工艺 20

图 3-3-32 操作工艺 21

图 3-3-33 操作工艺 22

图 3-3-34 戗角 1

图 3-3-35 戗角 2

上述数据，即可制作了（图 3-3-34、图 3-3-35）。

（2）老仔角梁制作：

老仔角梁操作时应将原材断好，放于三脚马上，分别挂两端头线，用墨弹好上、下中线，通过老角梁，锯、砍、刨到净尺寸后，分别划出净长、出头部和廊桁中线和位置。同样，制作好仔角梁后进行配戗。做一把钝角三角板，为老角梁和仔角梁的夹角角度，用铲凿开好檐瓦槽。组装时注意两梁的中心线在同一直线上，校正老仔梁之间的角度，还要注意榫槽严密吻合和插入角度，配戗完整后，配菱角木、扁担木和千斤销，然后雕凿头端。

（3）弯里口木制作，按样配毛料后，进行划线。按样划出一个直角三角形，按所设的网椽线在直角三角形的矩边分出等分点，并以等分点与对角连成线。直角三角形，斜边为棒头线，第一根飞椽的斜口线（靠仔角梁端），接着其他飞椽按排序以此类推。制作弯里口木应注意长度适当放长，并对称划线，配料为无裂缝的木料。

（4）摔网椽先按出檐椽的尺寸进行砍刨锯加工成料，由于摔网椽后尾汇交于步架中点戗边，同等后尾的尖角两侧面必须是垂直的。同时，制作应注意：弹线时线头安放垂直，尺放水平，手拎线要垂直方正。画椽头线要左右对称，椽尾相交要匀称。

（5）飞椽应按样划线，先做一块弯立足飞椽，按斜势划出一个直角三角形，如同弯里口木，摔网椽的斜线也在直角的矩边，按椽的根数分若干等份后依等分点与对角连成不同斜线，每根需左右对称划出，制作时应注意飞椽侧面要垂直。

（6）戗角安装，通常情况下，在正屋椽子安装后进行，其安装顺序：老角梁→戗角配件→摔网椽→飞椽→搭鳖壳板。

四、构件汇榫

汇榫就是试安装，是在加工场内将构件依照顺序进行组合，将做好的榫汇入卯中，主要是对榫卯进行修整。此步骤是十分关键的，木结构的节点用以结合稳固度和垂直度，和建筑结构的受力强度有直接关系。汇榫操作，一是就位准备，注意写字记号朝上；二是所汇榫的构件插入榫眼，注意硬性击进；三是校正，注意枋子和枋子的垂直（图 3-3-36~ 图 3-3-40）。

图 3-3-36　汇榫 1

图 3-3-37　汇榫 2

101

图 3-3-38　汇榫 3

图 3-3-39　汇榫 4

图 3-3-40　汇榫 5

图 3-3-41　大木构件安装 1　图 3-3-42　大木构件安装 2

图 3-3-43　大木构件安装 3

图 3-3-44　大木构件安装 4

五、大木构件安装

　　大木安装也称"竖架"。大木由数类构件组成，这些构件本身的节点都十分细致精确。安装木构架应在柱基础平碫后，且经校核地面开间尺寸和进深尺度、位置、水平正确无误的条件下进行，做到心里有数，木构件应按照安装顺序，先后入场，就地堆放，可边安装边运输（图 3-3-41 ）。

　　大木安装前，先将柱子就位，根据柱下标的净长，校对柱础，将多余部分截去，断后应与柱轴线垂直（图 3-3-42~ 图 3-3-45）。

图 3-3-45 大木构件安装 5

图 3-3-46 大木构件安装 6

图 3-3-47 大木构件安装 7

图 3-3-48 大木构件安装 8

图 3-3-49 大木构件安装 9

图 3-3-50 大木构件安装 10

　　安装方法，按三间为例，先安装内四界之构架，先把明间前的左右步柱立到位，把明间前的上下步枋插入步柱，用木撑加以固定，把步柱与枋用木销钉入一半，以便以后再紧，最后把明间的左右后步柱立起。把后步柱与两柱榫眼连接。同样用木销钉牢。用龙门撑进行支撑。支撑好后，固定、校正，安装顺序由内往外，由中间向两侧进行。先竖边贴，再进行正间、边间、前廊架和后廊架的廊柱、廊枋、廊川和轩梁的安装。完毕后，安装明间的完整榀架和童柱，以及安装左右边间的前后川童柱和短川（图3-3-46~图3-3-53）。

　　木构架安装校正垂直基本到位后，开始固定桁条，先把桁条对号入位堆放。安装时每贴梁上由一人用绳索吊起，先把两边间桁条就位，再把明间的桁条装入，同时桁条的吊装是从下向上进行，俗称"步步高"，经校正后，钉椽子，钉椽子要按顺手势的方向进行。先把每贴中间处的界椽钉好，又称"卡山

103

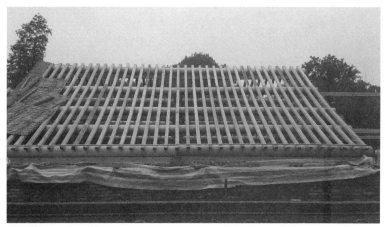

图 3-3-51 大木构件安装 11

图 3-3-52 大木构件安装 12

图 3-3-53 大木构件安装 13

图 3-3-54 大木构件安装 14

图 3-3-55 大木构件安装 15

檐"把桁条等一步固定。安装椽子时，应注意椽上平面要接平，出檐椽尾部的钉要有一定的长度，端头安装保证飞椽的稳固。钉飞椽身时应注意与出檐椽在一直线，并不能高于里口木，飞椽的边沿线和檐口木的边沿线相平行，安装用的钉要叉开钉（图 3-3-54~图 3-3-61）。

当柱头一端检验尺寸完成后，即可进行吊直拨正和支戗。先拨正，从明间里围柱开始，用撬棍或推磨的方法使柱根四根中线与柱顶石中线对正，拨

图 3-3-56 大木构件安装 16

图 3-3-57 大木构件安装 17

图 3-3-58 大木构件安装 18

图 3-3-59 大木构件安装 19

图 3-3-60 大木构件安装 20

图 3-3-61 大木构件安装 21

完里面金柱再拨外围檐柱。明间柱子拨正后，就可以支戗。戗分两种，用于进深方向的称为"迎门戗"，用于面阔方向的称为"龙门戗"。支戗和吊直是同时进行的。先将戗杆上端与柱头绑牢，通过吊线使柱中线垂直水平面后，将戗杆的下脚稳固。一般通过加平衡物的方式，以保护戗杆下脚不移动为原则。戗杆需双向使用，十字交叉。支撑外圈柱子的外围迎门戗又称"野戗"（图3-3-62~ 图 3-3-69 ）。

图 3-3-62 大木构件安装 22

图 3-3-63 大木构件安装 23

图 3-3-64 大木构件安装 24

图 3-3-65 大木构件安装 25

图 3-3-66 大木构件安装 26

图 3-3-67 大木构件安装 27

图 3-3-68 大木构件安装 28

图 3-3-69 大木构件安装 29

图 3-3-70 大木构件安装 30　　　　　　　　　　　　　　图 3-3-71 大木构件安装 31

　　吊直拨正和支戗的工作由明间开始，一次进行，待各间都拨正吊直，且迎门戗、龙门戗、野戗都支好后，才可以进行上架构件的安装。

　　上架构件的安装也是"由内到外，由下到上"。先从明间开始，安装七架梁，使梁底中线与柱头中线相对，然后安明间下金垫板，用丈杆校尺寸，安前后下金檩。再次为次间七架梁，对中、校尺寸，安次间下金垫板和下金檩。第一层梁架装齐后，再安瓜柱或柁墩，装上一层的金枋，同样由明间开始，依次安装。金枋安装完后再校核尺寸，安五架梁、金垫板、金檩。外檐构件安装时先将抱头梁中线与檐柱四面中线对齐，再安檐垫板，校核尺寸，装檐檩（图 3-3-70、图 3-3-71）。

　　在所有木构架都安装后，应对木构架整体作一次校正，其中心开间、进深、柱中是否上下对应，关键立柱的垂直度，桁条的中心线的垂直线，基线的水平，榫卯的结合情况，同时固定所有龙门撑，严防木构架在墙体砌筑时发生变形，待墙体施工完后方可拆除支撑件。

　　当所有大木构件安装完成后，再校一遍顺直，最后用"销"料堵，为便于插装，上部在制作时特意开大的榫眼部分，使卯榫固定，大木屋架稳固。

　　然后在建筑的两端及排架的两侧钉上两路椽子，挂线定位，而后两个人一组安椽，再钉正椽、望板、勒望、里口木、瓦口板等。

六、斗栱

　　扬州的民居均不做斗栱，通常在宗祠、寺观及官府等公共建筑上运用。斗栱以斗口为单位，以攒为结构单元，由坐斗、栱、升、翘、昂等件组合而成不同类型构件，通常称三彩、五彩、七彩斗栱，有平身、角、柱栱。其制作的方法，一是选择材料，一般选择红松、花旗松类，因断面大，而宜作斗、栱、翘、昂的用料，一般应满足大面宽度、侧面厚度或高度等，然后按长和高进行断截；二是制作样板，所有尺寸以斗口为模数用薄板或硬纸板分别制作好斗、栱、昂、翘的 1 : 1 较扁大样板；三是画线，分别用斗、栱、翘、昂的大样板，在预选好的木料上套画各件的外轮廓线，而后照墨线锯截、去荒，锯截后刨光，做样板时，要注意留足锯口和刨光所用的尺寸；四是画好十字中线，按尺寸开好坐斗的顺向槽口，同时在坐斗下方中心凿出与下方构件的暗销孔，在上方中心植与栱结合的木销，在栱的两端升的位置中心植木销，在各升的底部中心钻销孔，在上层两端升的上槽口中心植木销；五是进行试装成攒（图 3-3-72~ 图 3-3-79 ）。

图 3-3-72 斗栱 1

图 3-3-73 斗栱 2

图 3-3-74 斗栱 3

图 3-3-75 斗栱 4

图 3-3-76 斗栱 5

图 3-3-77 斗栱 6

图 3-3-78　斗栱 7

图 3-3-79　斗栱 8

第四节　木装修构造与工艺

一、木装修概述

扬州传统建筑的木装修按空间布局划分，分为外檐装修和内檐装修。凡在室外及分隔室外的长短的窗扇门、帘、木槛、栏杆、挂落等装饰木构件总称外装修。其起防风、雨、寒暑、通行、采光、通风、分隔空间等作用。木装修做工精细，用材上乘，使建筑增加了文化艺术效果。内装修通过利用纱槅、太师壁、地罩、博古架的空间分割和家具陈设，包括匾额、楹联、琴棋、书画、家具等，创造了室内空间环境，满足了生活需求，业内把装修说成"小木作"或"木装修"（图 3-4-1、图 3-4-2）。

二、木装修的分类

根据木装修的构造特点，无论室内装修还是室外装修，在构造方式、榫卯结合技术、创作安装工艺等方面，都有许多相似和共同的地方。因此，我们按装修功能、种类，将装修分为如下几点（图 3-4-3~ 图 3-4-8）：

图 3-4-1　外檐装修

图 3-4-2　内檐装修

图 3-4-3　板门

图 3-4-4　窗

图 3-4-5　花罩

图 3-4-6　挂落

图 3-4-7　天花

图 3-4-8　护墙板

（一）板门类

包括实拼门、屏门、房门、竹丝门。

（二）窗类

长窗、短窗、和合窗、内装折长窗、碧纱橱、纱槅。

（三）花罩类

落地罩、飞罩。

（四）栏杆、挂落类

栏杆、挂落（挂楣）、美人靠。

（五）天花类

木顶隔。

（六）其他

博古架、护墙板、隔墙板（板壁）。

三、木装修的构造及工艺

（一）木门的构造及工艺

1.门的构造

1）实拼门构造

实拼门常用于院落的前后大门，常用杉木厚板实叠拼成。门框由上抹头、左右边框梃和下槛构成。门扇有单扇和对开两种形式，门板厚在一寸至一寸半左右。门扇自带转子，分别插入上、下门窝内，下窝固定在上抹头的两侧，当门扇宽高尺寸较大，门扇较重时，上窝用同房间开间尺寸的木枋制作而成，民国时期，还有外包面铁皮的做法，（图3-4-9~图3-4-11）。

2）屏门构造

屏门一般位于明间及厅堂的后步架的部位，做长门而分隔。屏门主要起分隔空间，遮挡视线之用，也是厅堂装修的主要标志，如同屏风，故称为"屏门"（图3-4-12~图3-4-14）。

每间的屏门由上、下槛、接子（抱柱）、板楣和屏门扇构成，通常每间设置六扇屏门，房屋开间尺寸较大时设置八扇屏门，较小时设置四扇屏门。

每槽（即一个组合）屏门由屏门扇和横板楣组成，上下设槛，左右设抱柱，门扇向檐柱外侧方向开启，屏门扇由扇梃、抹头和门托组成扇的框架，面板的

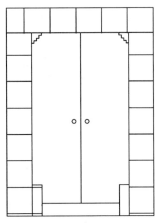

图3-4-9 实拼门1

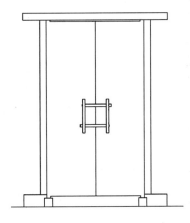

图3-4-10 实拼门2

图3-4-11 实拼门3

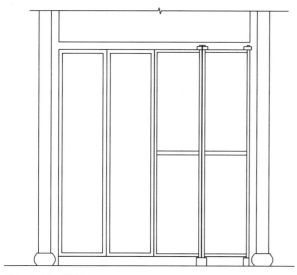

图 3-4-12 屏门 1

图 3-4-13 屏门 2

图 3-4-14 屏门 3

图 3-4-15 古式对 图 3-4-16 房门
开房门

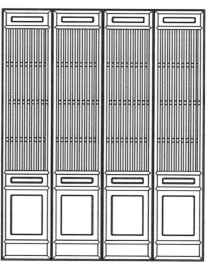

图 3-4-17 竹丝门 1

图 3-4-18 竹丝门 2

表面与梃和抹头表面相平,上下板端做成头缝入槽于抹头内,两旁用竹梢与扇梃连接。板的背面开燕尾槽,固定在门托上。一般屏门扇一面嵌木板,考究的屏门扇正背两个面都嵌木板,称为"二大面"做法,又称为"鼓儿式"。屏门扇的背面安装通长的门轴,上、下贯入木窝内,供开启之用。

3)房门构造

房门一般为明间和次间之间相互联系的门,位于前檐步柱内侧,采用对开方式,构造形式同屏门(图 3-4-15、图 3-4-16)。

在五架梁的房屋中,对开房门设置在前檐柱内侧;七架梁时,对开房门设置在前步柱内侧。

4)竹丝门构造

在扬州民居中,大中型的宅院,习惯由门堂进入仪门前的天井,由天井通往边路住宅的分隔墙上留设门洞,其门洞常为竹丝门扇(图 3-4-17、图 3-4-18)。

竹丝的洞口较宽,一般为四开形式,通常中间两扇对开,两旁边扇固定,竹丝门扇构造形式近似于长隔扇，不同之处是将木窗芯改为宽度一致的竹片编造的网片。竹丝门的制安同长窗扇。竹丝宽 10mm，上下一般三根竹模轴，竹丝与模轴正反编排。

5）耳门、边门

民居在每进房屋前檐部位的山墙上留设门洞通往房屋外部，或进入暗间，在这里设置的门扇称为耳门或边门。耳门或边门的长宽尺寸均小于大门的高、宽尺寸。门扇用木板实拼成对开形式。

2.门的制作

1）实拼门制作

（1）实拼门制作工艺顺序：配料→画线→刨光→配板记号→凿销眼，钻拼钉孔→拼合加销→整体再刨光、修整→安装。

框制作顺序：配料→画线→刨料→画线→做框榫→门槛→安装。

（2）制作工艺要点

实拼门配料，长度按门尺度放一寸，门的宽度的配制按平缝和高低缝不同放出等量。毛料配好就进行刨光，然后将门板放在操作台上铺平，按需进行预组合，再进行划线编号，划分拼钉和穿销要均匀，木销眼有大小，使打入销越进越紧。木销的厚度一般是门板厚的 1/3，画好线后，即可进行凿眼及打钻打孔。门板的竖缝有平直缝、高低缝、企口和抽槽缝等。在拼合门时，要注意门板的垂直和拼钉与门垂直。拼合完成，按门的尺寸锯截，做准长度和宽度，然后进行两面光平，使门两面平正、厚度一致，最后对开门要刨出两扇之间的碰缝，碰缝常用的有斜口、高低缝，碰缝亦要对合过，使缝道一致，待安装时再修正摇梗头，框的制作应注意门槛与边梃的结合。

2）屏门制作

（1）制作工艺顺序：配料→刨料→划线→凿眼→开榫→锯角→刨槽→做面板→合成。

（2）制作工艺要点：

屏门的框梃料放长 20mm，横头料放长 20mm，板厚放 8mm，先把料刨出，按门的长度、宽度划出料线。一般屏门上的衬档子榫眼要一隔一出榫或全出榫，以便收紧门板，门框梃凿眼锯合角线和锯出合角皮，一般为一面割角（合角）用单出榫。做面板是做屏门的关键，做平面门板常有三种做法，一是板拼刨好后一次划线法；二是门框合好后，把拼好的板反面做好，门框放上去划出长短和穿档线来做出穿档和板头榫；三是把板划好，做好宽里，先穿档，再把门板宽度做准，再与框梃合拢点划出长短线，做拔头榫。

（二）窗的构造和制作工艺

1.窗的类型和构造

1）长窗

长窗又称为长隔扇、落地长窗，并作为室内、室外隔断之用，用于房屋的厅堂正间，通常安装在前后步架和前后廊架上，大多为内开形式，固定采用木质摇梗为多（图 3-4-19~ 图 3-4-23）。

2）短窗

短窗亦称半窗，用于建筑前檐的次间及厢房的外立面，一般设于前檐两边

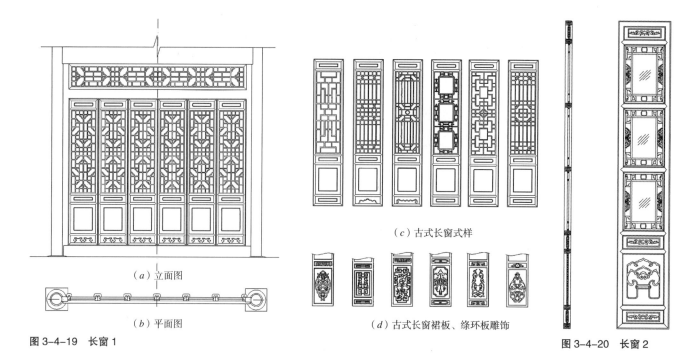

（a）立面图

（b）平面图

（c）古式长窗式样

（d）古式长窗裙板、绦环板雕饰

图3-4-19　长窗1

图3-4-20　长窗2

图3-4-21　长窗3

图3-4-22　长窗4

图3-4-23　长窗5

之间的半墙之上或步廊的栏板上和楼面上。短窗的高度为到长窗的中榻堂之下，与横头下口平。外观为长窗上部至下隔堂，是在同一个水平而式样与同向长窗相同，上设有上槛，下设有下槛，坐于墙上（图3-4-24~图3-4-27）。

　　3）支摘窗

　　支摘窗又称为和合窗，一般用于厢房以及水榭旱船的上摇窗，有上、中、下三层窗，还有上、下两层窗，活动开启窗制作均要注意便于拆卸和安装。通常上层窗扇固定，中层窗扇向外侧可支，下窗扇向内侧可摘（图3-4-28、图3-4-29）。

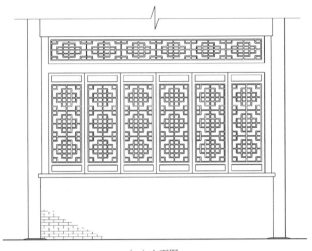

（a）立面图

图 3-4-24　短窗 1

（b）古式短窗式样

图 3-4-25　短窗 2

图 3-4-26　短窗 3

图 3-4-27　短窗 4

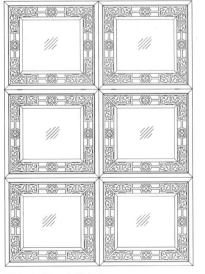

图 3-4-28　支摘窗 1

图 3-4-29　支摘窗 2

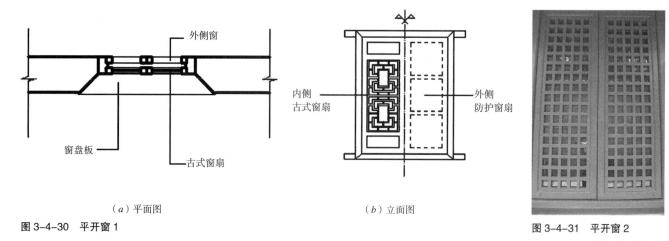

（a）平面图

图 3-4-30 平开窗 1

（b）立面图

图 3-4-31 平开窗 2

图 3-4-32 景窗

4）平开古式窗

平开古式窗由外框和内扇组成，一般安装在楼层的檐墙、山墙部位。窗的外包尺寸较小，窗扇分为内、外两层，一般为对开形式，内层为古式玻璃窗扇，向内开启，外层窗扇由扇梃和抹头组成扇的框架，在扇的外侧蒙上一层镀锌薄钢板，外层窗扇向外侧开启，关闭时可防盗和防雨（图 3-4-30、图 3-4-31）。

5）景窗

景窗又称什锦窗，一般外框做砖细，内做木窗，形式有方形、六角形等各种花式，景窗的组成有外框、边条、芯子等。景窗的应用常配合对景，使对景入画（图 3-4-32）。

2. 各种长短窗的制安工艺

1）隔扇的操作工艺顺序

配料→刨料→划线→打眼→打尖截肩→起线→面刨→打槽→锯榫绕尖→出隔清尖→光内面→芯子合板→槅堂板制作→裙板制作→窗格合成→光面修角→打窗缝→截准回风头→钉摇梗。窗框制作同木门框相近。

2）窗扇制作要点

窗梃毛料一般长度按尺寸放 20mm 左右。横头为放长 20mm 左右，断面按尺寸分双面刨放大 10mm 左右，单面刨放 8mm 即可。对于窗格的内芯子的配料要按照图样计算材料。芯子断面一般要适度放大，最后把所需要的材料按规格制作准确。划线打眼时，把刨光的规格料放在划线平台上，可按各类不同的窗格尺寸，按样划窗格的外框；窗扇划线，窗框做眼，横头做榫。外框结束，这时长短窗的总长和分格，内芯子的收条和做半榫等眼线和榫线划好。接下来可打眼、划芯子线，窗格打眼时出榫去半线，半眼留线打，深浅按需。打凿好眼的窗梃、芯子和锯好榫的横档料放在台桌上，进行打尖截肩。按割角线把框上的斜合角线用小细锯截出线，直到隔线上，横头上正面锯合角，如是单面线的即反面是截出平肩线。开始进行起线面打槽，把梃框上横头芯子料的看面按所用的线脚条用线脚刨刨出，窗格上设槅堂板的需要开槽，槽宽略厚于门板 1mm 以上。一般古式窗格的断面尺寸小，故古式窗格均要做双隔榫，做有浑面线的飞尖虚叉，则就用锯绕出飞尖叉，接着把榫锯出，这时锯好的榫头宽度不要过紧，再用凿子凿出间隔，光内面及芯子的合拢一定要把梃框及横头内侧面刨光。槅堂板和裙板制作，槅堂板的配料一般以整块配制为主，裙板则需要多块板来拼合做，先两面刨好，并刨到一定规格的厚度，划准尺寸，锯截好，再用兜肚刨来刨兜肚。在窗格合成与光面修角时，各种散件和芯子做好后，就可以进行窗格最后的合成。在敲合窗格前，把横头榫头进行倒棱，防止敲入梃后，梃的外面雀裂。先将一梃安装于下敲入横头，插入芯子片以及隔堂板和裙板，再把另一梃敲上，整个窗格即合为一体了。在敲合到榫及一半时，需要进行一下窗扇的平整，在此时发现问题较容易校正。接下来进行扎针，木针可用斧削出，或用同榫宽的板锯出。最后进行打窗缝，截准回风头和钉摇梗，扇与扇之间打碰缝一般都做鸭蛋缝或高低缝。所谓顺手，一般以右手为主，并以内关为主，外关为辅，来考虑打缝的左右盖缝。最后放平窗扇钉摇梗，摇梗要把窗外边进三分钉准，但靠上头端和下头端钉子各留半寸，不必固定，待装窗时校正后钉入固定。

（三）挂落（挂楣）

1. 挂落（挂楣）构造

挂落，是一种安装在带有走廊的房屋廊桁底部和园林中，如亭子四周枋下的装饰构件，一般顶部及左、右两侧均有外框，称为"挂楣"，底面仅依靠高低起落的芯子作为构件的收尾。也存在四边有外框的，式样与各种窗格一样多种多样，主要以宫式、万字挂落和葵式挂落为最常见（图 3-4-33~ 图 3-4-36）。

挂落包括挂落脚头、抱柱及挂落销子的相关构造及其工艺。

2. 挂落的制作工艺流程

配料→刨料→划线→打眼、锯合角→起面打线→锯榫出肩→凿隔及合成→安装。

3. 挂落的制作工艺要点

1）用料

挂落边框用材断面一般为 40mm×50mm 或 45mm×60mm，小面为看面，大面为进深。桺条的断面为 18mm×25mm。由于挂落的花格式样是根据柱开间的，每幢建筑的统一标高的样式基本一致，应按设计图样放足尺大样后确定的同时，还需要现场复核尺寸。花牙子的进深同桺条，面宽及高度按设计图样。

117

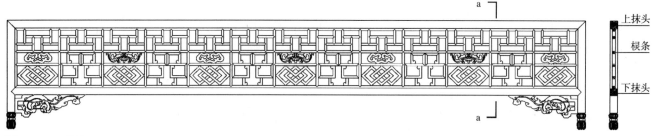

图 3-4-33 挂落 1

图 3-4-34 挂落 2

图 3-4-35 挂落 3

图 3-4-36 挂落 4

2）构造及画线

边框构造两上交角采用单榫双肩大割角，两旁框下端做钩夹形，画以如意。上框做榫，旁框做卯眼。花格的棂条画线应按具体式样而定，同隔扇。一般来说，丁字相交，采用半榫；十字相交，采用十字刻半榫；斜相交，按图形角度斜半榫；单直角相交，采用大割角，半榫。由于花格棂条断面较小，除刻半榫外，一律采用单榫双肩，角牙撑采用透空雕。花牙子常见的花纹图案有草龙、番草、松、竹、梅、牡丹等，由专业匠师画谱。制作拼装花格棂条及边框制作要求同隔扇，花牙子通常做成双面透雕。拼装花格棂条一般应从中间向两旁涂胶粘拼，后再装上花牙子。花格拼成后再三边拼上边框。最后再装上角牙撑拼装完成后应校核外皮尺寸，并修正花格棂条与花牙子等交接处，打磨光滑。安装时，先复核柱间尺寸与制作成品的挂落是否相否，必要时要修正，并确定竹销固定的位置。然后取下挂落，用刨略作修正，在竹销处钻孔。最后将挂落安上，在柱子及枋下上钻孔，用竹销将挂落与柱有良好的固定连接。

（四）美人靠

1. 美人靠又称"吴王靠"，设置在建筑物外围，即作围护栏杆又兼作座椅的构造形式，除与柱子采用木拉杆或铁件连接固定外，其余均为榫卯连接。它的制作工艺技术亦是属于古建筑中较难的构件，技术水平要求较高，常用柳桉、香樟、榆木、曲柳等硬木制作以保证其结构安全（图 3-4-37~图 3-4-39）。

2. 工艺流程：放图样→刨料→画线→做榫眼→起面→敲合→试组→现场安装。

3. 工艺要点：美人靠的结构分为立脚、座板、外围栏杆三层结构。画线制作要分层进行，需做样板，靠背栏杆的通高应满足安全及建筑外观尺度要求，

图 3-4-37 美人靠 1

图 3-4-38 美人靠 2

图 3-4-39 美人靠 3

分别用小方尺和斜角尺来划线,进行有两面线。划好线后分别用绕锯(狭条锯)把弯脚曲线锯出。待所有构件刨好,按样做好榫头再由雕花匠去雕刻加工。划线的方法,脚头划线常以正样过线法和点量法并进,盖梃和中、下档的榫肩划线,以水平投影拼划出上、中、下横档构件的长度尺寸和角度。竖芯子的划线亦要按做出的样板来进行,找样板划出上楣堂短档线。最后进行做榫眼及敲合,在凿眼锯榫及锯角线刨线面,特别在做合角时,凿眼一定要放在相应的角度衬垫夹中垂直进行。进行吴王靠的试拼合,先把中档与下档和中芯子拼合。敲合时,要运用硬木衬档逐步进行,把脚头与盖梃横档和芯子敲合,扎针,校正直角,再进行清角修面,如浑面修正尖角,最后把下脚头(下矮柱)和牙板装上。吴王靠上盖梃做眼,下横档两头做榫,中间芯子要间隔做榫,脚料下端和半墙坐面要放长五分做管脚榫,与柱子的连接的拉杆常见的有铁、木拉杆,最后进行安装。

(五)木栏杆

木栏杆主要是建筑物围护和外观装饰之用,一般与挂落处在同一垂直线上下对应设置,木栏杆设置在接地面上的边檐,挂落在檐口枋下栏杆应有一定的强度,能承受横向的冲击力,满足安全要求,栏杆的构造由中梃、芯子、花结子、脚等组成(图3-4-40~图3-4-42)。

木栏杆其内芯主要有宫式和葵式,也有采用木雕构件配合点缀的零部件。木栏杆也不少做成竖芯式车木栏杆。

木栏杆制作安装工序基本与吴王靠相近。

(六)花罩、地罩

1.花罩、地罩的构造

1)飞罩

花罩亦称"飞罩",用于厅堂的划分空间及装饰之用。在罩的种类中,飞

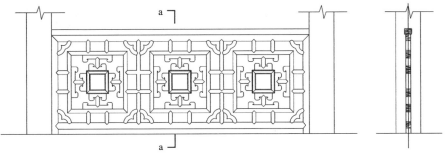

图 3-4-40 木栏杆 1

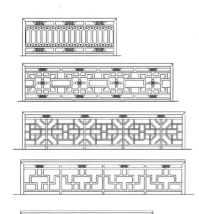

图 3-4-41　木栏杆 2

图 3-4-43　飞罩

罩一般沿房屋开间方向设置，安装在后金柱的顺枋下，因不落地，故称为飞罩，形似挂落，形制规格、用料比挂落大，但是做工比挂落考究。还有以木雕为主的飞罩，常用手法为透雕，工艺精致，用材考究，配料用楠木、花梨、红木等上乘木材（图 3-4-43~ 图 3-4-45）。

2）落地罩（圆光罩）

位于建筑物的两柱之间，落地罩一般用于花厅的装饰之用且设置在地面的木构件，按房屋的用途和内部设置，可沿进深方向安装，也可沿开间方向安装，由木格和整板镂空雕刻两类构造，以三片组合而成，地罩是一种镂空的落地隔断装饰，有方形、内六角、八角形和圆形及植物自然形。地罩常用于厅堂、雅室厅堂、鸳鸯厅的分隔及内外过渡及框景的创意（图 3-4-46~ 图 3-4-51）。

2. 飞罩、地罩工艺流程

配料→放样（放足尺大样）→按样划线→刨料→制作榫眼→试合拢→修整→与须弥座试装→整合安装。

3. 工艺制作要点

飞罩、地罩放样根据构造要求分为两种情况。一是构造为框架芯子式和框架芯子加嵌结子（小花饰）地罩和飞罩；二是构造为实板雕花地罩及飞罩。框架芯子技术和嵌结飞、地罩常在实木板上或胶合板上出样，由木工为主要完成，雕工配合实板出样在纸上或透明纸上由雕工为主木工配合。

飞罩、地罩的合成一般分为三片，都处在直角处，以两个 45° 角拼合。飞罩两边设有抱柱框。地罩根据设计构造图样，分上、左、右三角，并设抱柱

图 3-4-42　木栏杆 3

图 3-4-44　"Π"形飞罩

图 3-4-45　拱形飞罩

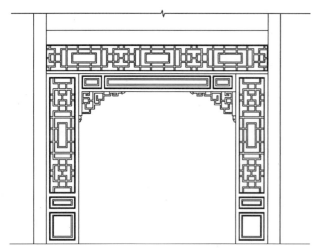

图 3-4-46　落地罩 1

图 3-4-47　圆光罩 1

图 3-4-48 落地罩 2

图 3-4-49 几腿落地罩 1

图 3-4-50 几腿落地罩 2

图 3-4-51 圆光罩 2

框坐落于须弥座上。

操作要点，先把刨光的边框料进行边框划线，先横后竖，按样点出，再划正反两面及转角合角线，仍然按划好的孔眼进行打孔眼，分穿眼和半眼。接着进行截肩和锯合角，截肩不伤榫，锯合角留半线，一般先框好芯子，榫眼完成后，进行刨挖拱条，做钩子头，起线面，在合口边作出正面记号，再锯榫头和凿出肩榫，进行所有倒棱，待拼装，整个零部件制作好后即可按样和编号先把芯子部分相对试拼合成后，分别装入内外框，内外框和芯子的扎木针和修面要按样板进行校核，要方里归正，平面平行，不翘裂。片合成要销紧，嵌的花结子用鸡牙榫和芯子相结合，须弥座下端与地面用鸡牙榫（管脚榫）相连，整板式园罩，木工按规格下料做榫后，由雕工雕作，再由木工配合安装，雕工再出细。

（七）碧纱橱

碧纱橱亦称内檐长窗，用于考究的厅堂、书房、起居建筑分隔，常采用碧

图 3-4-52　瓷板碧纱橱

图 3-4-53　绢纱碧纱橱

纱橱将明、次间分隔开。碧纱橱沿进深方向的立柱布置，可开启。做法与长窗相似，不同点是窗框用料规格较长窗小，花芯子位置裱框书画作为室内陈设，可以拆卸（图 3-4-52、图 3-4-53）。

碧纱橱的主要构造同古式长窗扇，由两根扇立梃和六根横抹头组成扇的框架，分别施以双面雕刻的绦环板和裙板，与古式长窗不同之处是长窗的窗棂改为浅色绢纱，绢纱上绘制仕女、山水或花卉彩色图案，清末民初有将绢纱画改成木板雕刻、瓷板画的做法。

碧纱橱的边框榫卯做法，略同外檐的隔扇槛框，横槛与柱子之间用倒退榫或溜销榫，抱框与柱间用挂销或溜销安装，以便于拆安移动。花罩本身由大边和花罩心两部分组成，花罩心由 1.5~2 寸厚的优质木板（常见者有红木、花梨、楠木、楸木等）雕刻而成。

周围留出仔边，仔边上做头缝榫或裁销与边框结合在一起。包括边框在内的整扇花罩，安装于槛框内时也是凭销子榫结合的，通常做法是在横边上裁销，在挂空槛对应位置凿做销子眼，立边下端，安装带装饰的木销，穿透立边，将花罩销在槛框上。拆除时，只要拔下两立边上的插销，就可将花罩取下。

碧纱橱的固定隔扇与槛框之间，也凭销子榫结合在一起。常采用的做法是，在隔扇、下抹头外侧打槽，在挂空槛和下槛的对应部分通长钉溜销，安装时，将隔扇沿溜销一扇一扇推入。在每扇与每扇之间，立边上也裁做销子榫，每根立边裁 2~3 个，可增强碧纱橱的整体性，并防止隔扇边梃年久走形。也可在边梃上端做出销子榫进行安装。

（八）天花

天花又称天棚，其高度一般在廊桁的中心线上，由棱木和木板面层构成，如采用竹片编织面层为天花时称之为仰尘。

木板天花面板的厚度较薄，约 10mm，棱木沿房屋开间方向设置，面层分板沿进深方向铺设。木板天花为水平铺设。天花的边椽要固定在大木构架构件上，中间应注意起拱，对天花吊装应直接牢固和隐蔽。厅房和住宅的明间均不作天花，其余房间均可设置木板天花，还有在檐廊天棚板面作雕刻做法，构造不变。

（九）护墙板、博古架和太师壁

1. 板壁

板壁是用于屋内分隔明次间的板墙，其构造是在柱梁间竖木框，在木框上拼装木板，迎厅堂面满装，木框在内，木板双面刨光。板应竖装，厚 12mm 左右（图 3-4-54）。

2. 护墙板

护墙板在民居中沿山墙、檐墙和砖槛墙的内墙壁垂直方向构建的面层，起装饰、防尘、防潮作用，称为护墙板。护墙板的构造由棱木和面层组成，一般棱木厚度较小，材料简约水平间隔设置，间距在 1 米左右，固定在嵌入砖缝的木垫上，面板用铁钉垂直固定在木楞上，面板的上端插入梁下替木的槽内，下端插入木地栿的槽内，且有做下脚的线条下脚有踏脚线条板，贴在护墙板外侧，高度 120mm 左右（图 3-4-55）。

3. 博古架

博古架亦称多宝格，是一种兼有装修和家具双重功能的室内木装修，是摆放器皿、花瓶之类的支架，花格优美，组合得体，置于隔墙面之端，以改善墙面的单调形象。多用于进深方向柱间，用以分隔室内空间。

博古架的厚度一般在随墙体厚度而定，一般在 330~400mm 左右。具体尺度须根据室内空间及使用要求确定，格板厚一般为 12mm~15mm，最多不得超过 20mm。博古架通常分为上下两部分，上称架身，下称架座，座的平面尺寸略大于架，使博古架整体上有稳定的感觉。相隔开的两个房间需连通时，还可以在博古架的中部或一侧开门，供人通行。博古架不宜太高，一般以 3m 以内为宜（或同碧纱橱隔扇高）。顶部装朝天栏杆一类装饰。如上部仍有空间，或空透，或加装壁板，上面供题字写匾额之用（图 3-4-56）。

4. 太师壁

太师壁安装在堂屋后金柱之间，位于屏门的位置，在比较大的住宅院落中，作为房主办公、会客的场所。太师壁或用若干扇隔扇组合而成，或用棂条组成各种花纹，也有做成板壁，在上面刻字挂画的。两侧有楹联，太师壁前放置条几等家具及各种陈设，两旁有门洞可以出入（图 3-4-57）。

图 3-4-54 板壁

图 3-4-55 护墙板

图 3-4-56 博古架

图 3-4-57 太师壁

5.木槛墙

木槛墙设置在通间的短窗下，与砖槛墙的功能一致。木槛墙由边框、骨架和内外樘板组成，樘板做成头缝入槽于上、下抹头内，板面与边框面相平，其构造同屏门（图3-4-58）。

木槛墙由立梃、上下抹头和横托（串托）组成框架，正背二面均设面板，面板的木纹为竖向，上下板头作头缝槽入于抹头内，横托与面板相串，起固定面板的作用。木槛墙安装在槛窗下，其上至下槛，下至地栿，与砖墙一样起到围护作用。木槛墙一般设置在楼层，也有设置在底层。

图 3-4-58　木槛墙

第四章 瓦 作

第一节 常用工具与材料

一、常用工具

砌筑工具常用分为砌筑、抹灰、盖屋瓦三种类型，以及灰浆拌和工具，主要有瓦刀、拖继条、抿子、手锤、灰桶、拖线板、皮数杆、筛子、小平尺、抹灰版、木抹、灰把、小灰勺、大小水桶、花锤、剁斧，常用专业操作工具由工匠自备，其余的都由主人提供，如水桶、脚手、木夯等。主要工具图例（图4-1-1）：

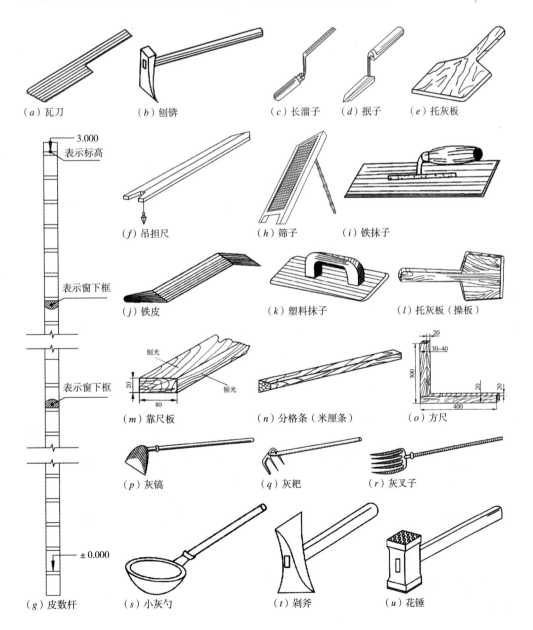

（a）瓦刀　　（b）刨锛　　（c）长溜子　（d）抿子　（e）托灰板

（f）吊担尺　　（h）筛子　　（i）铁抹子

（j）铁皮　　　（k）塑料抹子　　（l）托灰板（操板）

（m）靠尺板　　（n）分格条（米厘条）　　（o）方尺

（p）灰镐　　（q）灰耙　　（r）灰叉子

（g）皮数杆　　（s）小灰勺　　（t）剁斧　　（u）花锤

图4-1-1 主要砌筑工具图例

125

二、常用材料

砖的品种及规格

1.砖是墙体的主要砌筑块材,传统用砖均为黏土烧制而成,色泽为青灰色,瓦作使用的砖分为板砖、条砖、青砖、八五砖、城墙砖、望砖、萝蓠砖等,常用的有:260mm×140mm×60mm、230mm×100mm×40mm,还有280mm×160mm×80mm、230mm×100mm×40mm、270mm×105mm×40mm、220mm×80mm×45mm、215mm×90mm×35mm、250mm×105mm×55mm、220mm×85mm×40mm、230mm×90mm×45mm、260mm×100mm×65mm等,望砖常用的砖为215mm×110mm×15mm、220mm×125mm×15mm,萝蓠砖为300mm×300mm×35mm、350mm×350mm×40mm、400mm×400mm×50mm、500mm×500mm×70mm,特别嵌砖为360mm×190mm×40mm。

2.蝴蝶瓦是民居中广泛运用的防水瓦件,简称小瓦。品种少,规模也比较简单,一般为200mm×200mm、180mm×180mm、160mm×160mm,底瓦一般铺200mm×200mm。有专门为之配套的檐口花边,滴水瓦件。

3.常用的灰浆:灰浆、熟灰浆、青灰浆、纸筋灰浆、泥灰浆等。

第二节　建筑基础

一、基础类型

民居的基础常见的有素土、三合土,还有木桩基础,素土基础是开挖后进行回填分层夯实的基础。三合土用细石灰与细土拌合(30%细石灰、70%细土)铺上基底分层夯实的基础。当碰到坑墓,河床时土质不良、软地基,而沿河或建筑有高差时可采用桩基础的办法,桩的材质一般采用杉木做成,根据地基情况来确定。常用的木材用江西杉木,一头做平,一头打尖,把它用木夯打入基底土中,受力均匀,还有采用碎砖碎石作三合土垫层,对垫层也要分层垫实,在其基础按要求用青砖砌至一定高度。

二、常用工具及灰土做法

常用工具由嵌石夯、木夯、铁扒、铁锄、箩筐、戗杠、扁担、灰桶、水桶、木板、筛子。

传统民居的基槽开挖形式主要有两种,一种是挖沟槽形式,适用于旧基础,一般在60cm左右挖。基槽宽度一般是墙体厚度的2倍。另一种是满堂基槽,适用于新房基,即在自然土上再回填土,经分层夯实至室内地坪。

所有的传统建筑,基槽坑开挖大多数是瓦工负责,同小工(无技术的)一起开挖。瓦工还有根据常年的施工经验,检验估计地质情况,还有参照邻居的基础做法。

定位放线一般在建筑四角采用龙门桩,以瓦工为主,在丈量时都以木尺来作为丈量工具,以开间杆,木曲折尺作为丈量尺,但木尺必须由木工统一提供给瓦工,因为木工先开工做桁条、定明、次间进深尺寸,这样才能保证所有尺寸得到统一;定位时,首先要根据提供的方位控制点,采用一边山墙的中轴线和前或(后)外边柱中心轴线呈90度方向,再确定总通常和进深尺寸,以后

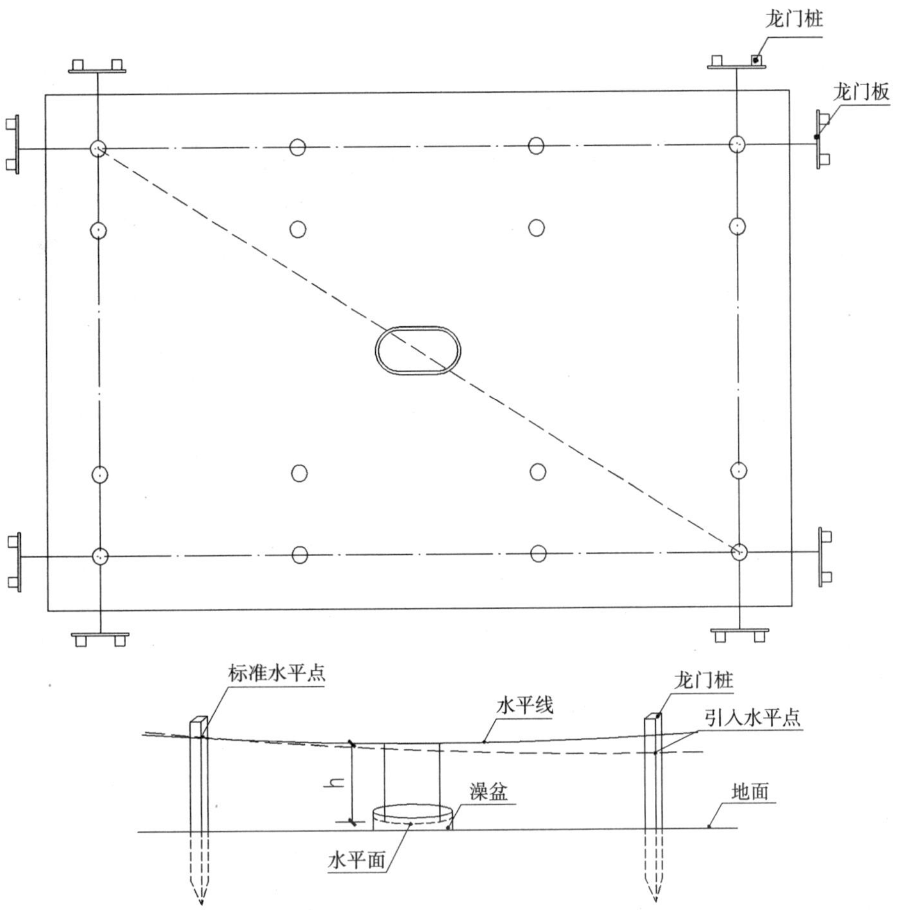

图 4-2-1　水平测量

再确立每个隔间的尺寸，仍后依灰线来挖到基槽尺寸。其轴线以外边墙柱中心为中心轴线。向外突出外围墙的尺寸，并注意总外围的台阶（基）等基础应考虑的放大尺寸线。以及按照房主提供的水平控制点进行控制。水平的控制一般由三种方式，一种是采用同一水平三角尺，另一种用水槽（澡盆），将其放在房屋的中心位置，可以通过对角控线、测量。再采用前后檐线复核（图 4-2-1）。

基础开挖以后，根据地质情况进行分层回填，回填土厚度一般需要 20~30cm，可用 4 人或 6~8 人使用的石木夯进行分层夯实，打夯时可由一人唱数，众人继续不断的打夯。

三、台基的构造及一般施工程序

（一）台基是一般建筑的廊柱，墙基出土后采用四周用砖或石砌筑。压顶收边用条石，压顶石一般厚 12cm，宽 40cm，长 60cm。台基使建筑具有观赏性、坚固性和建筑物高低落差的起伏效果，形成同建筑物相互结合的完美组合，是建筑主体构造的重要标志（图 4-2-2）。

（二）柱础。基槽开挖好后，先进行柱础施工，简称平磉，及控制石磉上口的标高，标高确定后进行柱础安装，安装时应注意的是：砌筑外观不很重要，但石础要平稳，用材有足够的强度，灰浆要饱满，标高要准确（图 4-2-3）。

（三）台基砌筑。通常在大木构架完成后再砌台明，主要保证石活不致因施工而损伤和弄脏，一般与室内地坪结构层同步完成。砌筑工艺方式同石作和瓦作（图 4-2-4）。

图 4-2-2　台基构造

图 4-2-3　柱础

图 4-2-4　台基砌筑

第三节　墙体

墙体在住宅民居中，主要用于建筑物的围体和分隔使用空间之作用，具有一定的防火、防雨、装饰作用。但由于其作用、位置、功能的不同，因此产生了许多不同的分类。它在房屋的位置方面，砖墙可分为山墙、隔间墙、前、后檐墙、窗下墙、院墙等分类名称（图 4-3-1~ 图 4-3-5）。

图 4-3-1　山墙 1

图 4-3-2　隔间墙

图 4-3-3 前后檐墙

图 4-3-4 窗下墙

图 4-3-5 院墙

一、墙体的组合形式

组合形式

1. 一顺一丁砌法

一顺一丁又称满丁满条，即一层的每皮砖为顺砖与另一层的每皮砖全部顶砖相间隔砌筑而成，上下层间的竖缝均相互错开四分之一砖长，一顺一丁法适合于一砖墙或一砖半墙，是常见的一种砌砖形式，但当砖的规模不一致时，竖缝就难整齐，在墙角丁字形接头，门窗洞口等部位需要砍砖的情况较多。

一顺一丁根据墙面灰缝形式不同分为"十字缝"和"骑马缝"。十字缝的构造特点是上下层顺砖对接，骑马缝的构造特点是上下层顺砖相互错开半砖，此法称为"五层重排"，砌筑后，砖墙的砖角处为使各皮间竖缝相互错开，必须在外角处砌七字头（3/4 砖）。砌墙的丁字交接处，应分皮相互砌通，并在横墙端头处加砌七分头砖，砖墙的十字处，应分皮相互砌通，交角处的竖缝相互错开 1/4 砖长（图 4-3-6）。

2. 三顺一丁砌法

三顺一丁是三皮顺砖与一皮丁砖相间隔砌筑而成，上下相邻每皮顺砖竖缝

图 4-3-6 一顺一丁砌法

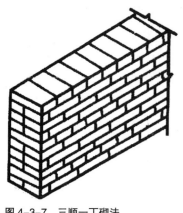

图 4-3-7　三顺一丁砌法

图 4-3-8　梅花丁砌法

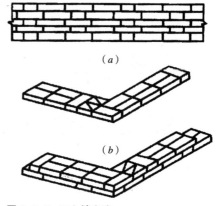

图 4-3-9　三七缝砌法

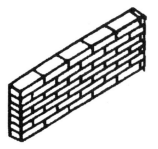

图 4-3-10　全顺砌法

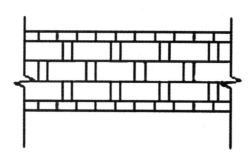

图 4-3-11　三斗一卧砌法

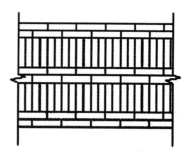

图 4-3-12　玉带墙

必须错开 1/2 砖长，顺砖与丁砖间竖缝错开 1/4 砖长，丁砖适合于一砖半墙或二砖墙（图 4-3-7）。

3. 梅花丁砌法

梅花丁又称"沙包式"或称"十字式"，是同皮顺丁相同砌筑，上下相邻层向上皮丁砖坐中于顺砖，上下皮间竖缝相互错开 1/4 砖长，梅花丁适合于一砖墙或一砖半墙，灰缝整齐而富有变化。砌墙的转角处，为使多皮间竖缝相互错开，必须在外角处砌七分头砖（3/4 砖）。砖墙的丁字交接处，应分皮相互砌通，并在横墙端头处加砌七分头砖。砖墙的十字交接处，应分皮相互砌通，交角处的裂缝应相互错开 1/4 砖头（图 4-3-8）。

4. 三七缝砌法

三七缝是每一皮砖内排三块顺砖后再排一块丁砖，依次排下去。在每皮砖都有一块丁砖控法，且丁砖仅占 1/7 砖长，均称三七缝砌法（图 4-3-9）。

5. 全顺砌法

全顺法又称条砌法，即每皮砖全部用顺砖砌砖而成，且上下皮间裂缝相互错开 1/2 砖长，全顺砌仅适合于半墙砖（图 4-3-10）。

6. 三斗一卧砌法

它是一种将砖按照设计墙的厚，竖着砌筑三层或五层后，将平卧满顶砌筑一层的方式，竖砌砖的做法：一块顺竖砖，沿墙的内外墙边砌筑，中间是空的。二块顺竖砖间砌二块顶竖砌，间隔砌法，丁砖坐中，上下缝平开还有"单丁砌法"、"五皮一卧"的构造形式（图 4-3-11）。

图 4-3-13　乱砖墙

图 4-3-14　相思墙

7. 玉带墙

这种砌筑方法采用将丁砖竖一层，再将顶卧砌二层的实心墙（图 4-3-12）。

还有带灰乱砖墙，干叠乱砖墙，这两种砌筑方式采用乱砖带灰或不带灰砌筑。在砌筑到 50cm 高时采用丁砖满砌一层，是扬州建筑的一个特色（图 4-3-13）。

8. 相思墙

先砌两层条砖，在内砌一竖砌的条砖墙的厚度为 3/4 砖厚，在上一层仍然砌一竖砌条砖，在内砌二层条砖（图 4-3-14）。

乡土建筑中还有土坯墙，泥壁墙，篱笆墙在本书的乡土建筑中另有介绍。

二、构造形式

（一）檐墙的构造做法

檐墙主要在房屋前后沿开间方向，前后檐柱方向的墙，分为前檐墙和后檐墙。檐出椽子的称为出檐墙，不檐出椽子的叫包檐墙。如设置窗下的墙作为窗下墙式槛墙，墙的厚度是柱径的 1.5~2 倍，外侧按柱径的 1/2 加厚。（通常不小于一顶砖），一般墙的厚度以控制柱外一个条砖加柱中线内一个顶砖（图 4-3-15、图 4-3-16）。

图 4-3-15　檐墙

图 4-3-16a　墙体剖面结构情况（内外整砖砌）

图 4-3-16b　墙体剖面结构情况（内外乱砖砌）

图 4-3-17　山墙 1

图 4-3-18　山墙 2

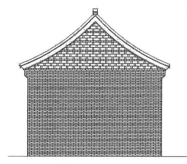

图 4-3-19　硬山山墙

图 4-3-20　防火墙（屏风墙）

（二）山墙的构造做法

有普通山檐与带挂方山檐的两种形式。山墙是指房屋两端进深方向的围护墙，称为山墙。山墙由墙身、山尖和山檐组成，一般山墙外有收分 10mm 左右，随控的收分而定，其厚度构造同前后檐墙（图 4-3-17、图 4-3-18）。

硬山山墙的第一种形式是指按照屋面坡度进行，封沿的做法，其上口与瓦屋面交接处，采用砖或旺砣线条收边，砖细博风的形式（图 4-3-19）。

（三）封火墙（屏风墙）

封火墙（屏风墙）是指山墙砌筑高度超过屋面，依着各界桁条的位置砌成阶梯形，墙顶盖瓦，在房屋的山墙屋面上为防火、防风之需。通常所说"一屏、三屏、五屏"即为屏风墙（图 4-3-20~ 图 4-3-22）。

（四）观音兜山墙

山墙顶做成似八字的弧形，从下檐起砌成曲线并高出屋脊 30 ~ 50cm，形状似观音头巾的称为观音兜山墙（图 4-3-23、图 4-3-24）。

（五）悬山山墙

悬山是山墙一直砌到椽子即望砖的底部，桁条挑出山占以外，挑出头用木封风板封闭，在桁条头上，还有简单的做法用小瓦固定在桁条的端头上（图 4-3-25）。

图 4-3-21 马头墙   图 4-3-22 马头墙局部

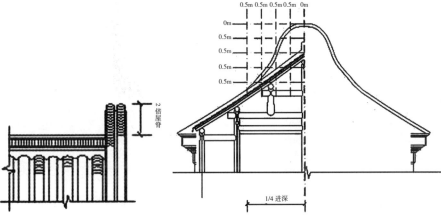

图 4-3-23 观音兜山墙（个园测绘）

图 4-3-24 观音兜山墙

图 4-3-25 悬山山墙

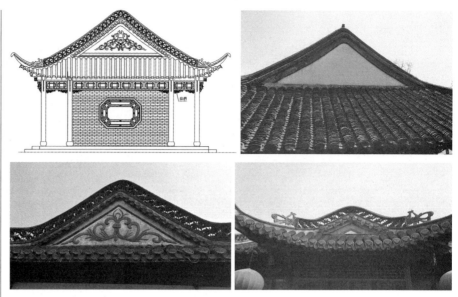

图 4-3-26　歇山山墙

图 4-3-27　檐口

（六）歇山山墙

歇山山墙是处于木架歇山处的墙体。歇山山墙结构的做法同前后檐墙一样，但常常自下而上略有内倾斜，一般控制在 3% ~ 5%（图 4-3-26）。

（七）檐口及过梁构造

（1）檐口做法（图 4-3-27）

（2）过梁亦称过梁板

一般厚度为一砖或二砖，搁置长度与墙原相近，门窗跨度大的亦用横梁枋，枋子与两侧柱子链接（图 4-3-28、图 4-3-29）。

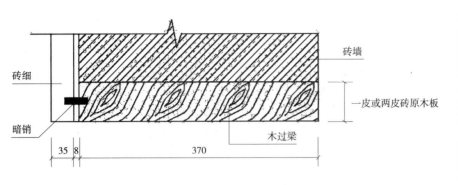

砖墙

砖细

一皮或两皮砖原木板

木过梁

暗销

35 8 370

图 4-3-28　过梁 1

图 4-3-29　过梁 2

图 4-3-30　半窗墙　　　图 4-3-31　坐槛墙

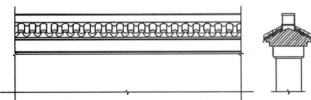

1700 250

图 4-3-32a　围墙 1　　　　　　　图 4-3-32b　云墙 1

（八）窗间墙、坐槛墙

半窗墙又称"窗下墙"，主要用于房屋的边间和厢房靠天井一边的墙下墙。坐槛墙，大都砌筑于亭、廊、外廊四周，墙矮，但可以坐人，其构造形式如图 4-3-30，图 4-3-31。

三、院墙、围墙

（一）围墙

在扬州传统建筑中常采用院墙分隔院落，围墙分为有顶围墙与云墙（游墙）两种。墙体厚度在 370cm 以上，高度在 2.5 ~ 3.5m（图 4-3-32 ~ 图 4-3-34）。

图 4-3-33a　云墙 2

图 4-3-33b　围墙 2

图 4-3-34a　围墙 3

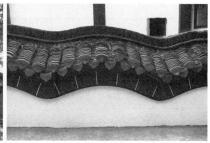
图 4-3-34b　云墙 3

（二）漏窗

　　漏窗又称花窗，是扬州庭院中最常见的观景和装饰窗之一，是不可缺少的点景，漏窗的制作材料可用瓦片、望砖、筒瓦、纸筋灰、黑子，还要用青砖、望砖磨光进行砖细加工。漏窗是一门工艺比较复杂的技术，图案内容具有较强文化吉祥之意，通过丰富多变的景窗，使庭园景色更加优美、玲珑。使之可以移步换景，景中有景，景外有景（图 4-3-35、图 4-3-36）。

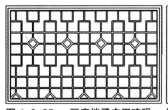
图 4-3-35a　豆腐档子夹田鸡眼

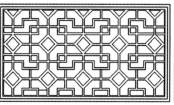
图 4-3-35b　果景

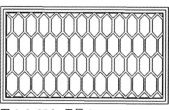
图 4-3-35c　寿字壳

图 4-3-35d　果景 1

图 4-3-35e　八方景

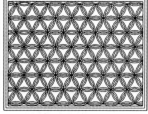
图 4-3-35f　枝枝花

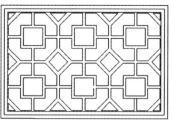
图 4-3-35g　四方景田鸡眼

图 4-3-35h　万字钱

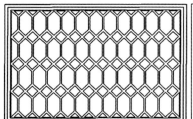
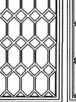
图 4-3-35i　果景夹田鸡眼

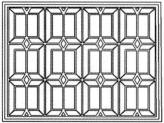
图 4-3-35j　趴六角田鸡眼

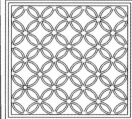
图 4-3-35k　古钱

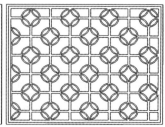
图 4-3-35l　古镜十字心

图 4-3-36 漏窗

四、墙体的施工工艺

（一）基本操作规则

砖墙体一般分为清水墙和混水墙两种。使用拎刀灰砌筑方式，由单刀和双刀砌法，清水墙讲究利用双刀。手工操作时，将砖块底面及砖与砖之间连续的砖面，用瓦刀（木刀）打灰于砖上，然后按线把砖放在墙上，用瓦口或手压砖，挤出来的灰浆随手用瓦刀刮起，抹在砖面或填在砖缝里，并用瓦刀抹一下灰缝，讲究的等 2~3 小时后用直尺和瓦刀划一直线，然后在清扫一下墙面。

第一步：准备工作。砌墙前首先要检查一下所弹的中心线和门窗洞口等黑线是否有遗漏，木构架、皮数杆是否满足操作上的要求，检查所立门窗有无倾斜移动情况。检查皮数杆的 ±0.00 标高是否在同一水平面上。检查挂线与木构架的一致性，一般都是内外双线砌筑，砌筑前应做好材料准备工作，砖要提前浇水，对清水墙所用的砖，应棱角整齐，色泽一致。所用的灰浆拌和比例要一致，计量准确。

第二步：试摆砖，也称为"摆花"。在基础上，根据弹好的线进行试摆砖，从摆砖中看一看在门、窗口、附墙垛等处能不能处理好缝的关系。如果缝偏差太大，最好排在不明显的地方。但不得使用小于 1/2 的砖，另外在摆砖时，还要考虑在门、窗口过梁上边的砖墙在合拢时也容易接缝，因此摆砖放低时必须通盘计划。

第三步：盘角挂线，摆砖试缝后，对墙角有了全盘的计划后，就开始墙体的砌筑。在砌筑前，首先要进行墙角的砌筑即盘角，一般技艺好的师傅在山墙砌筑，并负责盘角。技艺高的一般在前檐墙，因为门窗洞口工艺复杂。技艺一般的（或徒工）在后檐墙。主要大角的盘角每次不要起过 5 皮，随切随盘，随时进行靠垂吊，盘角时还要和皮数杆对照，盘角完后，要用小线拉一拉，检查砖有无错层，检查无误后才可以挂线砌墙。当墙原式乱砖砌筑时，一般都要二面挂线，砌筑原则是"上平线，下平墙"。正常的情况是二人分别以两端向中间砌筑。

第四步：门窗口的砌法。开始砌筑时，对立框的门，砌筑时砖要离开框边 3mm 左右，不能把框挤得太紧，造成门框的变形。后装的门框，应按弹的框边线留有 5mm 的空隙，并在门两边墙内砌入木砖，并根据门口高度，一般 2mm 左右的门口一边放三块，上下两块木砖应放在门口上下边五皮左右的砖上，大头在内，小头在外。在墙砌到 900cm 左右高度时就要分离窗口，立窗框，砌窗台，窗台一般为砖细或木构，一般挑出 3cm 左右，窗台砌完后，要根据主窗框的尺寸进行窗间墙砌筑，需与其他墙同时砌筑。并根据窗的高度在两边墙内砌入木砖，一般窗高不超过 1.5m 高时放两块，上下两块与墙体同时砌筑，不影响砌筑外观。山墙面与排山柱联系用"铁把子"与墙体连接，正常间距在 1.5m 左右。

第五步：门窗过梁。门窗口上面一般都要放置木板过梁，其厚度一般同砖厚，加厚时为二皮砖后，过梁的厚度同时比墙厚要减少一砖厚，以便外嵌贴砖细。

第六步：其他施工要点。墙砌到顶时，应全为丁砖，当遇到全梁头的砖，如不够砌半砖或更薄时，就要打对半，保证清水墙的美观。清水半砖墙，砌到顶时与上面结构间要用铁件或木楔子楔紧。混水墙，到砌筑时可采取斜砌法与上部结构挤紧，冬季施工时有霜或下雪时，未完成墙体要覆盖。

（二）砌筑操作要点

1. 在砌砖墙体作业时，砌的砖必须要跟着控的线走，俗话为"上平线，下跟墙，左右相缘要对平。"就是说砌砖时砖的上楞要与所控的线离散 1mm，避免顶线，下楞也要与下层已砌好的砖的砖楞砌平；左右、前后砖的位置要准确，上下层砖要错缝，相隔层要对直，不能上下层对缝。

2. 砌嵌时砖必须放平，切记灰浆不均匀，灰缝有大小，造成砌面的倾斜，如果养成这种不好的习惯，砌出的墙面会不垂直，不平整，不美观。

3. 墙砌到一步架高时，要用靠尺全面检查一下墙体是否垂直平整。在砌筑中一般是三层用线垂吊一吊，角直不直；五层用靠尺靠一靠是否垂直平整，俗话说"三层一吊，五层一靠"。

4. 拉线虽然使砌砖有了依据，但线有时也会受风力或其他因素的影响，发生偏离。所以砌筑时还要学会"穿墙"，即穿着下面砌好的墙面来找准新砌砖的位置。

5. 砌筑时要重新进行选砖，要色彩一致，棱角完整，尤其是清水墙面，显得更重要，以保证砌体表面的平整美观。

6. 砌好的墙不能砸，如果墙面有鼓肚，用砸砖的办法把墙面砸平整，这对墙的质量有极大影响，而且这也不是应有的操作习惯。发现墙面有大的落差时，应该拆了重砌。

7. 在操作中还应掌握砌砖用多少灰浆，就拌和多少灰浆，尽量不要偏多使用，严禁扒、拉、凿的现象。

8. 砌墙每天砌筑高度不得超过 1.8m，其中雨天湿砖砌筑高度不得超过 1.2m，过夜墙体要覆盖。

9. 砌墙的水平灰缝和裂向灰缝宽度在 8mm 内，扬州称为"麻线缝"（图 4-3-37~ 图 4-3-55 ）。

图 4-3-37 砌筑工艺 1

图 4-3-38 砌筑工艺 2

图 4-3-39 砌筑工艺 3

图 4-3-40 砌筑工艺 4

图 4-3-41　砌筑工艺 5

图 4-3-42　砌筑工艺 6

图 4-3-43　砌筑工艺 7

图 4-3-44　砌筑工艺 8

图 4-3-45　砌筑工艺 9

图 4-3-46　砌筑工艺 10

图 4-3-47　砌筑工艺 11

图 4-3-48　砌筑工艺 12

图 4-3-49 砌筑工艺 13

图 4-3-50 砌筑工艺 14

图 4-3-51 砌筑工艺 15

图 4-3-52 砌筑工艺 16

图 4-3-53 砌筑工艺 17

图 4-3-54　砌筑工艺 18

图 4-3-55　砌筑工艺 19

第四节　瓦屋面

　　古建筑构成中最具特色的是瓦屋面工程，其曲线柔和，屋脊多变。传统民居中，住宅部分的屋顶形式最常见的是硬山式瓦屋面和悬山式屋面，在大型住宅中庭院内的亭、台、楼、阁常用歇山式、攒尖式屋面。屋面均采用黏土小青瓦铺设而成，故称为小青瓦屋面，扬州习惯称作"小瓦屋面"。屋面由瓦面和屋脊组成。其基层是望砖、木望板以及芦席或节笆，在椽子上铺一层望砖或木望板，再铺灰浆然后盖小青瓦。望砖大面需刷灰浆，长边棱角的一边做白灰线条（图 4-4-1~ 图 4-4-6）。

图 4-4-1　瓦屋面 1

图 4-4-2 瓦屋面 2

图 4-4-3 瓦屋面 3

图 4-4-4 瓦屋面 4

图 4-4-5 瓦屋面 5

图 4-4-6 瓦屋面 6

一、主要材料

扬州民居中的现有材料主要来自天长、甘泉一带。小青瓦有底瓦和盖瓦之分，底瓦规格一般为 20cm×20cm，小青瓦盖瓦规格一般为 18cm×18cm、16cm×16cm，与底瓦配套使用。望砖的规格为 21.5cm×11cm×1.5cm、22.0cm×12.5cm×1.5cm 做细望砖规格一般为 21cm×10.5cm×1.7cm。

二、屋面构造做法

（一）硬山屋面

1.硬山式屋面瓦

硬山式屋面是指屋顶的剖面叫廊，形状为尖顶形屋面，它由前、后两个坡形屋面构成，人字形相交，形成一个"尖山"，一般情况下，主屋为双坡形式，也有单面坡。首进房屋设置仪门时，墙体因构造要求，需要较高的尺寸，因此屋面设置成单坡形式，脊顶与抬高的墙体相匹配。厢（廊）房屋面的形式，一般也为单坡顶，但与其进深尺寸的大小也有关系，若进深尺寸偏大时，一般为双坡顶。

硬山式屋面的两端不挑山墙外侧，山墙不出屋面的称为尖山式屋面，高出屋面称为屏风式屋面，观音兜，游山均属于硬山式屋面范围。檐口有维护墙时称为封檐，无墙而椽子挑出的称为出檐。

2.尖山式屋顶

山面屋面的顶部，沿屋面坡度曲线铺设小青瓦卷边并用纸筋灰粉，卷边下铺设一层望砖（或薄板砖）线条（见图4-4-7），考究的房屋在卷边下方饰砖细博风线条（图4-4-8）。

3.屏风墙式屋顶

山墙冲出瓦屋面的做法，称为屏风墙式屋面，从屋面的山面来看，墙体遮挡住屋面，如同屏风，所以把冲出屋面的墙体称为屏风墙，屏风墙又起到防火隔离带的作用，扬州习惯称"封火墙"。

屏风墙冲出屋面后的墙体呈阶梯状，并在顶部设砖挂枋、砖挑檐和双落水瓦顶。按照其立面形状分为独架屏风墙、三架屏风墙和五架屏风墙（图4-4-9）。

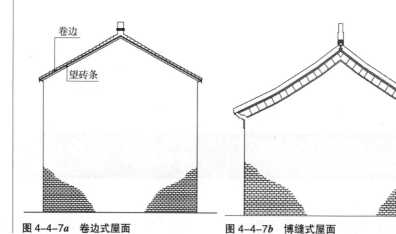

图 4-4-7a　卷边式屋面　　　　　图 4-4-7b　博缝式屋面

图 4-4-8　尖山式屋顶

图 4-4-9*a* 五架屏风墙 　　　　　　　图 4-4-9*b* 屏风墙式屋顶 1

图 4-4-9*c* 屏风墙式屋顶 2 　　　　　图 4-4-9*d* 屏风墙式屋顶 3

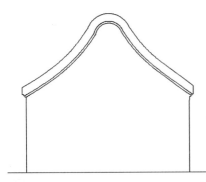　　

图 4-4-10 观音兜式屋面

4. 观音兜式屋顶

观音兜式屋顶，其山面外形如同观世音的头巾，故因此得名（图 4-4-10）。

5. 游山式屋顶

游山式屋顶其冲出屋面的墙体呈波浪起伏状（图 4-4-11）。

（二）悬山式屋顶

悬山式屋顶主要区别于硬山式屋顶的仅是推揲出两端山墙（出山），悬山屋顶挑出山墙无法设置砖博风，因此采用木博风板，直接钉在挑出山墙的桁条上端部（图 4-4-12）。

图 4-4-11 游山式屋面

图 4-4-12 悬山式屋顶

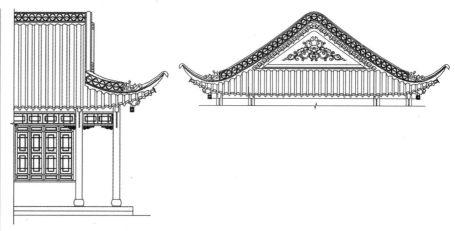

图 4-4-13 歇山屋顶 1

图 4-4-14 歇山屋顶 2

（三）歇山式屋面

歇山式屋面如同悬山式屋面的两山处，将一个步架的进深方向改为坡屋面，将山尖墙缩小并退到坡屋面的端部，形成四个坡屋面，这种造型的屋面称为歇山式屋面。在民居中，歇山式屋面常应用于庭院内的花厅、水榭等建筑中（图 4-4-13、图 4-4-14）。

歇山式屋面四面檐口均为出檐，施加飞檐做法，翼角向檐外冲出，并翘起，

图 4-4-15 歇山式半亭

图 4-4-16 半亭屋顶

歇山墙又称为山花墙，砌筑在排架间，墙厚有 1/2 砖或 1/4 砖，采用灰浆粉刷，亦可做泥塑，考究的房屋在山花墙外侧饰方砖面层，并雕饰吉祥图案。

（四）攒尖式屋顶

传统民居中的园林部分，常建造有半亭、方亭和六角亭，这类建筑的屋顶形式都为不同的攒尖顶形式。

1. 半亭屋顶

半亭一般依墙而筑，体量偏小，有廊时廊与亭相连，其屋顶形式都是一般为半四方攒尖式（图 4-4-15、图 4-4-16）。

2. 四方攒尖式屋顶

四方攒尖式屋顶，筑于木构架之上，四面檐口与地面平行，四角冲出翘起，屋顶中心设宝顶，四角戗脊与宝顶下方的围脊相连接（图 4-4-17）。

3. 六方攒尖式屋顶

六方攒尖式屋顶，筑于六角木构架亭之上，六面檐口自开间中心点处向翼角处冲出翘起。屋顶中心设宝顶,戗脊自翼角处连接于宝顶下方的顶座（图 4-4-18）。

4. 重檐亭（图 4-4-19）

重檐亭为四角、六角亭的双层檐，运用比较广泛。

图 4-4-17　四方攒尖式屋顶

图 4-4-18*a*　六方攒尖式屋顶

图 4-4-18*b*　组合亭

图 4-4-19　重檐亭

（五）屋脊形式与构造

传统民居中，房屋的屋脊形式很多，广泛应用于各类房屋中，在硬山式屋面中，两面坡屋面汇交处设有的屋脊，称为正脊，常采用小瓦脊；歇山式屋面中有正脊、垂脊和戗脊等形式，构造形式有实脊、亮脊，还有砖细做法，攒尖式屋面中的围脊和宝顶均实砌，戗脊分为实砌和花档两种形式。

1. 小瓦脊

小瓦脊又称竹脊和瓦条脊，由脊胎、瓦条和站立小瓦构成，瓦条的层次越多，房屋的等级越高。屋脊又以瓦条的层次多少来称呼，如一瓦条脊、二瓦条脊。瓦条上的站立小瓦自屋面面阔中心凸面相对两侧紧密排列，在站立小瓦的始末端处安装砖细脊头回纹图案，屋脊头正脊面雕饰图案称"脊堂"（图4-4-20、图4-4-21）。

2. 花脊

花脊又称"空脊"，花脊应用于硬山式房屋中的花厅和园林中的歇山式屋面。花脊由脊胎、瓦条、镶框、压顶和花档组成，花档由小青瓦、筒瓦、板砖和砖细四种材料分类构筑而成。

（1）小青瓦花脊：其花档用小青瓦构成，图案有搭链式、轱辘钱式，银锭式等形式（见图4-4-22、图4-4-23）。

（2）筒瓦花脊：其花档用筒瓦架设而成，图案有银锭式、宝珠式等，常用于公共建筑。

（3）板砖花脊：采用板砖架设的花档，形式多变、花式较多。

（4）砖细花脊：采用方砖，经铇切加工成各种构件，拼装成各种几何图案，

图 4-4-20a 一瓦屋脊　　　图 4-4-20b 二瓦屋脊　　　图 4-4-20c 三瓦屋脊

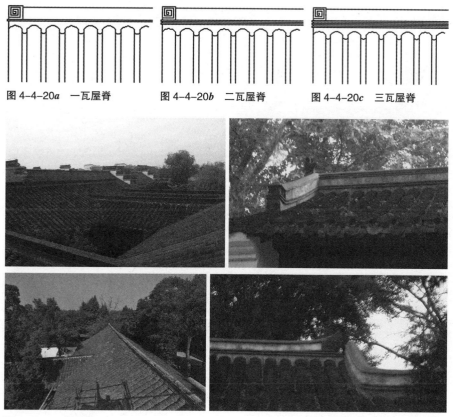

图 4-4-21　小瓦脊

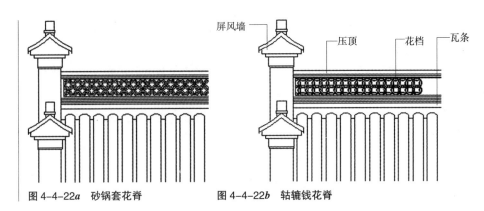

图 4-4-22a 砂锅套花脊　　　　　图 4-4-22b 轱辘钱花脊

图 4-4-23 花脊

图 4-4-24 砖细花脊 1

这种花档，其构件加工前先进行放样，确定各种构件的尺寸和形状，部分构件可雕饰，是一种做工精细、图案复杂品味较高的花档，与砖细花脊做法一样，（图 4-4-24、图 4-4-25）。

3. 博脊

博脊普遍用于住宅和园林建筑的屋面中，在住宅部分的单坡屋面、楼房的下檐屋面和园林中的歇山式屋面中广泛使用。

博脊又称围脊，是一种用砖实砌的脊，一般附墙或附于其他附着物而筑，博脊可用糙砖砌筑，也可砖细构件砌筑，采用砖细博脊时，可为素面，也可雕刻卷草、万字等图案（图 4-4-26）。

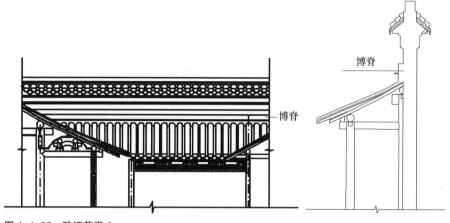

图 4-4-25 砖细花脊 2

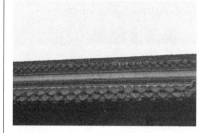

图 4-4-26 博脊

4. 垂脊

垂脊应用于尖山式屋面的两山时,顶端与正脊相连,下端在金(步)处而止;在歇山式屋面中,构筑在歇山墙处的屋面之上,顶端与正脊相连,下端与戗脊相连。

垂脊的构造分为实砌脊和花脊两种形式,实砌脊由多层砖细构件相叠而筑成,一般用于尖山式屋面中,花档垂脊一般应用于歇山屋面中(图 4-4-27、图 4-4-28)。

5. 戗脊

在歇山式屋面中,戗脊位于翼角处,根部与垂脊相连,戗脊分为花档戗脊和实砌戗脊两种(见图 4-4-29、图 4-4-30)。

在攒尖式屋面中,戗脊从屋面的翼角边缘与宝顶下方的围脊相连,戗脊为实砌脊形式。

6. 宝顶

宝顶位于攒尖式屋面中心的最高处,宝顶由顶珠和顶座组成,安装在围

图 4-4-27 垂脊 1

图 4-4-28 垂脊 2

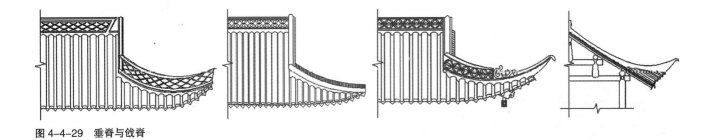

图 4-4-29　垂脊与戗脊

（a）　　　　　　　　　　（b）　　　　　　　　　　（c）

（d）　　　　　　　　　　（e）　　　　　　　　　　（f）

（g）　　　　　　　　　　（h）

（i）　　　　　　　　　　（j）

图 4-4-30　戗脊

脊上。宝珠的截面形状同攒尖式屋面的水平投影形状，也可做成圆珠形。顶座由多层线条组成，立面呈束腰状须弥座构造形式多样（图4-4-31、图4-4-32）。

（六）屋面及构造

瓦屋面檐口分出檐和封檐两种形式，檐口瓦屋面安装花边滴水瓦（又称瓦头或猫头滴水瓦）。

1. 出檐

檐桁下无围护墙，檐椽伸出檐桁外侧，瓦屋面边缘至椽头，这种构造形式即为出檐（图4-4-33）。

2. 封檐

封檐又称闷檐，檐桁下有围护墙，围护墙顶部有砖挑檐（又称飞檐），屋面瓦铺设在顶层挑檐外侧，这种做法称为封檐（图4-4-34、图4-4-35）。

3. 屋面与马头墙交接处（图4-4-36）。

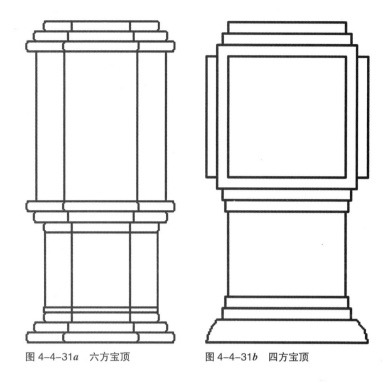

图 4-4-31a 六方宝顶　　　　图 4-4-31b 四方宝顶

图 4-4-32 宝顶

图 4-4-33 出檐 1　　　　图 4-4-34 封檐 1

153

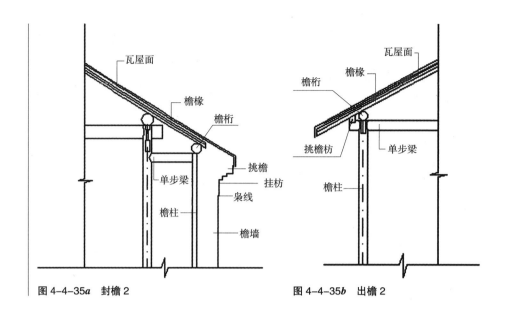

图 4-4-35a　封檐 2　　　　　　　　　图 4-4-35b　出檐 2

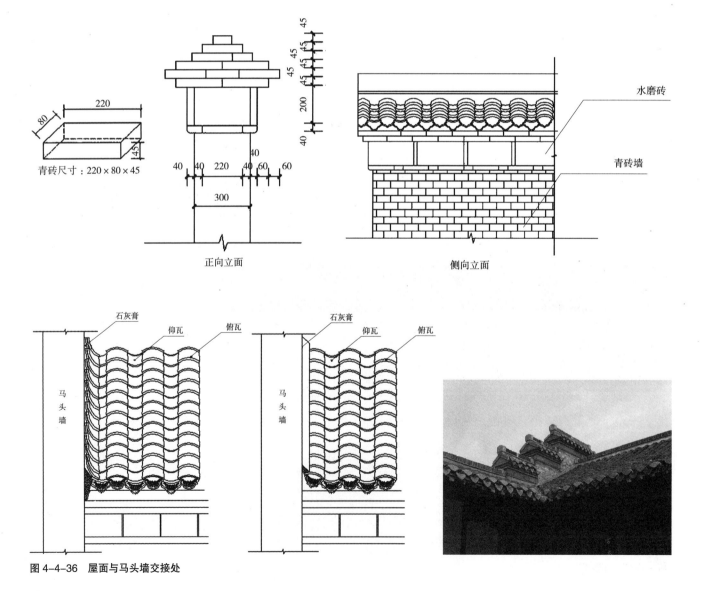

图 4-4-36　屋面与马头墙交接处

154

4. 屋脊背形构造（图4-4-37、图4-4-38）。

（七）铺筑工艺

1. 铺望砖：木椽子安钉结束后，瓦工就可以在木椽子上铺望砖，望砖铺前一天用瓦刀刮去四周的毛坯放入水中清洗后捞出后披线，选择现场相对平整的墙边，将足够屋面面积的且经筛选好的望砖上下交叉堆叠。一般以五块一披，采用黑烟子调制的色浆进行表面均匀涂刷，使望砖的色泽一致且有防渗漏之用。刷浆后，有一定经验的工匠师傅亲自用木条执披白灰线条。操作时上面一个师傅，下面两个师傅，完成披线后进行上下传递，并由屋檐口向脊上铺盖，披线的线条均匀，直接影响到望砖面的效果。砖细望板其式样可分为平直式样、弧形式样、方样等。要先选出表面平整、棱角分明、线条平直、方正、不变形的望砖。先刨边缝，再刨望砖表面，如有网眼裂痕，用刚制的灰浆嵌补。轩架望砖因无压力，需靠纸筋灰粘结望砖。一般底瓦坐中。

2. 做边楞和老头瓦：望砖铺好后，即可盖瓦。先在山墙做出边楞，接着在脊下两坡随后端老头瓦；边楞做好后，按边楞在沿脊的两坡端老头瓦。即在沿脊的两坡可放3张仰瓦、5张叠瓦作为筑脊的基层。端老头瓦时，已定好边楞位置，按瓦的大小确定瓦楞间净距，以此间距铺排瓦片，使脊下的老头瓦均匀分布在脊下，为屋面整片盖瓦做好规矩。

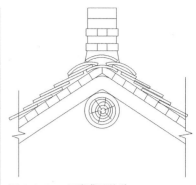

图 4-4-37 屋脊背形构造

图 4-4-38 屋脊背形构造

3.做脊：现在脊上扣盖两层错缝的瓦，并用灰浆找平。找平屋脊基座后，然后砌筑望砖线条再在疤头平放一叠瓦封头。在此两边向中间筑脊到中间合拢，屋脊中间也可以做花饰。一般瓦片直立和把瓦片斜成一定角度挤紧的方式。做脊完成后，用纸筋灰抹好脊胎，且加刷黑烟子。屋脊两端纹头的端头不出山墙。纹头的形式由瓦工师傅的手艺决定。

4.铺瓦：筑脊完成后，最后进行整片屋面的铺盖瓦工作，铺盖方法一般由一定经验的师傅从檐口开始，以顺坡按屋脊老头瓦走向拉线铺盖，自下向上，一楞一楞地铺盖，一般要求底瓦错按二分之一盖瓦，瓦上下错按三分之二。盖瓦时，应先铺底瓦，再盖面瓦，每楞盖完后，用直尺将瓦楞和瓦面校直。瓦全部铺完后，在山墙的边楞下及檐口瓦头空隙处，用灰浆堵塞密实。再用纸筋灰抹好压光，檐口瓦挑出檐口不小于2cm，屋面铺盖结束，应将屋面上剩余瓦片等杂物清除干净，并用扫帚清扫瓦楞，清理完毕，再检查一下瓦片整齐和有无乱损的现象。

施工技术要点

1）底瓦翘曲直接造成屋面漏水，因此在盖底瓦时需要对瓦片进行筛选，小瓦的制造误差比琉璃瓦要大，底瓦叠合处常有间隙，因此在底瓦铺盖时，必要时还须在底瓦间的叠合处做灰浆，使底瓦叠合处不致渗水。此外底瓦叠盖较密，表面光洁度较差，排水不如琉璃瓦顺畅。因此在屋面分瓦楞时要控制其排水宽度，以保证排水顺畅。小瓦盖瓦摊铺时，可按屋面长度调整间距以解决误差。一般都先筑脊，砌筑脊完成后再盖瓦，以防已完成的屋面瓦在筑脊时被不慎而破坏。上浆的博风、正垂脊、博背、围背在砌筑完成后及时补刷。刷浆排水管，然后再盖瓦。戗角做脊也同时在盖瓦前完成。

2）瓦的搭接根据屋面坡度而确定。老头瓦伸入脊内长度不小于瓦长的1/2，脊瓦坐中，两坡老头瓦应碰头；滴水瓦瓦头排出瓦口板的长度不得大于瓦长的2/5，且不少于20mm；中沟两侧的百斜头伸入沟内不得小于50mm；底瓦搭盖外露不得大于1/3瓦长（一搭三）；盖瓦搭盖外露不得大于1/4瓦长（一搭四）；厅堂、亭阁、大殿的盖瓦搭盖外露不得大于1/5瓦长（一搭五）；盖瓦大概底瓦，每侧不得小于1/3盖瓦宽；突出屋面的墙的侧面底瓦伸入泛水宽度不得小于50mm；天沟伸入瓦片下的长度不得小于100mm；所有小瓦的铺设底瓦大头应向上，盖瓦大头应向下。

3）屋脊造型正确，弧形曲线和顺对称一致，线条清晰通顺，高度一致，整洁美观；屋脊浆色均匀一致，无斑点、挂浆现象，檐上走兽等饰件安装位置正确，对称部分高度一致（图4-4-39~图4-4-70）。

图4-4-39 铺筑工艺1

图4-4-40 铺筑工艺2

图 4-4-41　铺筑工艺 3

图 4-4-42　铺筑工艺 4

图 4-4-43　铺筑工艺 5

图 4-4-44　铺筑工艺 6

图 4-4-45　铺筑工艺 7

图 4-4-46　铺筑工艺 8

图 4-4-47　铺筑工艺 9

图 4-4-48　铺筑工艺 10

图 4-4-49　铺筑工艺 11

图 4-4-50　铺筑工艺 12

图 4-4-51　铺筑工艺 13

图 4-4-52　铺筑工艺 14

图 4-4-53　铺筑工艺 15

图 4-4-54　铺筑工艺 16

图 4-4-55　铺筑工艺 17

图 4-4-56　铺筑工艺 18

图 4-4-57 铺筑工艺 19

图 4-4-58 铺筑工艺 20

图 4-4-59 铺筑工艺 21

图 4-4-60 铺筑工艺 22

图 4-4-61 铺筑工艺 23

图 4-4-62 铺筑工艺 24

图 4-4-63 铺筑工艺 25

图 4-4-64 铺筑工艺 26

图 4-4-65　铺筑工艺 27

图 4-4-66　铺筑工艺 28

图 4-4-67　铺筑工艺 29

图 4-4-68　铺筑工艺 30

图 4-4-69　铺筑工艺 31

图 4-4-70　铺筑工艺 32

第五节　室内地面

一、室内地面

　　方砖又称"萝蔔砖"，是室内最常用的铺地用材，为了防止潮湿，亦在方砖下四角置覆钵的空铺法，垫沙或三合土，磨砖对缝。卧室内冬天上置木制活动地板，主要起保温作用，同时也降低了室内的净高，还有在楼面木地板上铺方砖的做法。

　　方砖地面

　　室内地面是以方砖为主，又以实铺为主，铺装的灰缝、砖缝采用桐油石灰勾补，表面补眼用砖面灰进行补眼，待硬化后进行打磨、上油，一般即在砖面上刷两道桐油。

方砖地面由基层和面层构成，传统做法将地面基土平整夯实后，按方砖的规格每角倒置一只糙头钵（一种陶具皿，形状像盆而较小）。方砖铺设在糙头钵的底面上，砖与钵之间的结合层为黄黏土饼。（黄黏土饼是将黄黏土过筛，除去杂质，经水熟化后，用脚踩均匀，再经掼实后，方可作为黏土饼用）。用这种方法铺设的方砖地面，防潮层效果较好，人在地面上行走有回声，缺点是方砖中心部位受重压或冲击后易破碎，是一种特殊的形式，使用不多。

方砖地面传统做法的结构层大多数采用碎砖、黄沙、三合土（3：7灰土），铺前应先弹四周等高线，在横向对准屋脊，纵向对准中心线进行首排定位，纵向的缝不能对门中，横向的缝不能对脊，破砖排到房屋的边角处。定心砖应放在房屋或明间的中心位置，不宜将砖缝设置在明间开间的中心，面层的收边应放在两山和后檐的靠墙部位，面层周边的小面应用油灰合缝。木楼板上铺方砖的构造，基本同地面实铺做法，但以木楼板作为木基层，木基层垫砂。

二、地坪施工工艺

铺地前，首先对使用的砖材料进行挑选，需要有加工要求应提前加工。铺前要抄平，面层要与石磉顶面相平，垫层采用木夯分层夯实。多种铺地方法如下：

（一）黄道砖铺地方法

黄道砖的铺设常用人字、席纹、间方和斗纹铺设，砖必须直立。采用河沙、熟灰浆掺灰泥作为结合层，先进行排样，再将纹样两边纹沿砖铺好，然后铺中间。铺设时中心线要拱起，又称"饱地面"，黄道砖铺设应保证入口处地面一定要完整铺装。

（二）方砖铺地方法

方砖铺装前，先进行拉线、试铺找出铺贴的规则，用以确定块数及缝隙的大小和边砖的切割尺寸。仍然自正间大门口开始按开间方向由外向内摊铺结合层，摊铺面积不宜过大，其厚度按水平线高出1~2mm。将方砖铺设在结合层上时，应注意水平拉线的高度检查砖面水平。用预先调好的桐油灰抹在砖的侧面，然后在砖面上铺木板，一木槌轻击木板面，使方砖平实、对缝，对挤出砖面的桐油灰浆及时清理。仍然进行补眼、磨光。最后一道工序是在铺好的砖面上刷两道生桐油。

三、施工技术要点

（一）方砖、青砖的铺设。为保证铺设的砖缝严密，在砖加工时应对砖面四周的立面切割出斜势，砖面要抹平，内角要通直（即为直角），加工后的砖块呈面小底大面形状（1~2mm左右相差）。

（二）面层的平整，必须垫以木板，用锤轻打，不可直接击打砖面，以防止砖块被击碎。面层最后复磨应加水，防止留下磨痕。

（三）基层要夯实均匀，不可有下沉现象。

（四）用于铺设的砖料的品种、规格、应适用于地面分中，砖缝排列，应符合习俗要求。

（五）铺砖应稳固，与基层结合牢固，无空鼓，无松动。

（六）铺设地面泛水适宜，排水通畅，无积水现象。

（七）铺设地面表面平整，无裂纹，缺角，砂眼和刨印，棱角整齐美观。

（八）方砖面完成后应整洁美观，组铺正确，顺直均匀，油灰饱满严实。

第六节　砖细工艺

砖细就是在成品砖的基础上进行细致的加工，由此制成的物品即为砖细。将砖经过刨、锯、磨的过程进行精工细作后，用它来作为墙面、门脸、勒脚等处的装饰，大致分为：砖细望砖、砖细檐口、博风（桂枋）、栏杆、门饰、照壁、屋脊、字碑、墙面、勒脚，砖细镶边月洞、门窗套、半墙半槛、砖细漏窗等（图4-6-1~图4-6-4）。

砖细用的砖是选择含铁量少的黄泥，将硬质泥块用人工踩踏打成泥浆，将泥浆放在水池中过滤，沉淀做成泥坯，放在室内阴干一段时期后，进入窑烧，出窑后打磨晾干。《扬州画舫录》所说的"停泥砖，再漫涂桐油"记载为"金砖"。常用砖的品种由方砖、望砖、黄道砖、八五青砖等。

图 4-6-1　砖细工艺 1

图 4-6-2　砖细工艺 2

图 4-6-3　砖细工艺 3

图 4-6-4　砖细工艺 4

一、砖细构造

（一）砖细线条（图4-6-5~图4-6-7）。

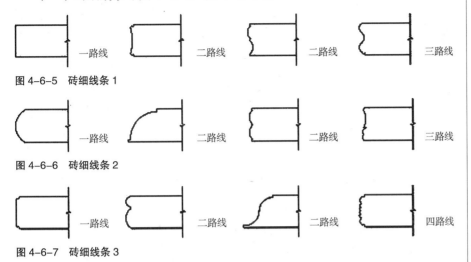

一路线　　二路线　　二路线　　三路线

图4-6-5 砖细线条1

一路线　　二路线　　二路线　　三路线

图4-6-6 砖细线条2

一路线　　二路线　　二路线　　四路线

图4-6-7 砖细线条3

（二）砖细墙壁（图4-6-8、图4-6-9）。

图4-6-8 砖细墙壁1

图4-6-9 砖细墙壁2

（三）博风构造（图4-6-10、图4-6-11）。

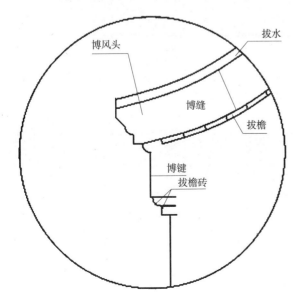

博风头　　拔水

博缝

拔檐

博键

拔檐砖

图4-6-10 博风1

图 4-6-11　博风 2

（四）景窗构造（图 4-6-12、图 4-6-13）。

（五）砖细门洞构造

门洞：是指设置在建筑或围墙墙体上，供人进出的洞口。一般不装门扇、门框，采用砖细门套做法（图 4-6-14、图 4-6-15）。

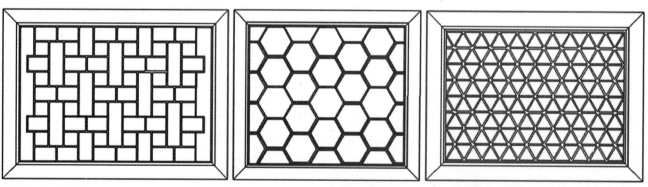

图 4-6-12　景窗 1

图 4-6-13　景窗 2

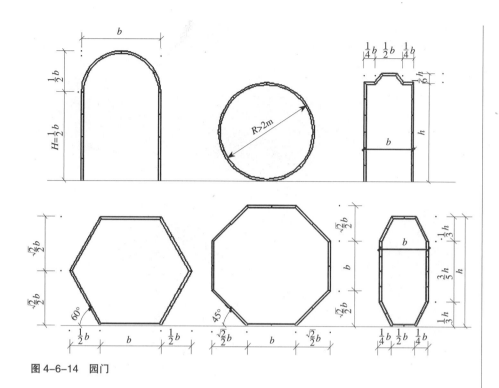

图 4-6-14 园门

图 4-6-15a 异形门

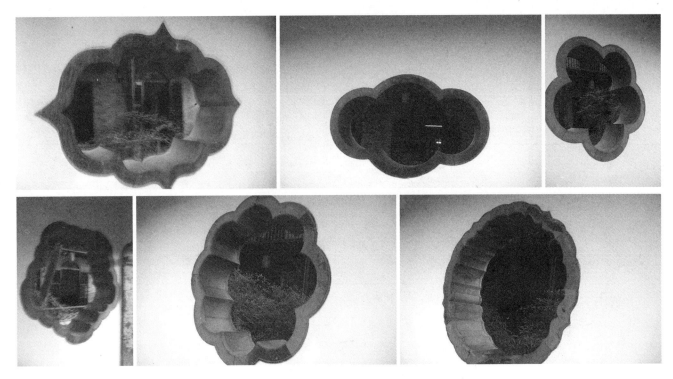

图 4-6-15*b*　异形窗

（1）异形门。通常设置在院内墙和建筑的侧面方向，作为内院是一种装饰及框景的门洞，一般用磨细方砖贴面，底部一般用石材。异形门洞的式样很多，有汉瓶式、葫芦式、海棠式、椭圆式、贡式。

（2）异形窗。异形窗是一种特别形态的框景窗，其构造形式同异形门洞口，与异形门洞有异曲同工之美，但又观赏性不同。异形窗的外形有海棠式、扇形式、菱角式、仙排式、花瓶式等。

（六）栏杆构造

扬州民居的砖细栏杆，主要是一种带有坐凳，凳面采用箩篙砖，靠背采用木构栏杆，亦称"美人靠"。还有不少凳脚采用砖细的做法（图 4-6-16）。

图 4-6-16　栏杆

（七）砖细大门

门楼是扬州民居的重要标志元素，亦称"门脸"。其艺术特征主要靠砖细来体验，一般门楼由门洞两侧的砖细门垛和外框 1/4 砖厚的外框线组成了门楼的面涧，由门垛和门洞上方的砖枋，束腰和匾腰等水平构件组成了门楼的基本形成，还有楼盖及斗栱等构造。门楼一般是房屋的主要出入口，内部的出入口的门楼，称仪门。门楼的构造，与整个墙面相比工艺细腻的物质。有简有繁，通常的主要形式有"一"字形、"凹"字形和"八"字形（图 4-6-17）。

（a）凹形门楼

（b）八字门楼

（c）普通门楼

（d）仪门

图 4-6-17　门楼

（e）砖细门楼

图 4-6-17　门楼（续）

（八）砖细照壁

照壁又称"影壁"或"隐壁"，主要用于屏蔽遮内外视线，与门楼配合建造，也是扬州民居的标志元素，有风水之意，档蔽外来邪气冲入室内及院内空间的私密的作用。构造形式一是独立设置平面有一字照壁、八字照壁和撇山照壁，二是附墙照壁。由房屋内外设置，照壁由下底座、壁身墙和壁顶组成（图 4-6-18）。

图 4-6-18　照壁

（九）砖细福祠

扬州的福祠位于门楼内处的墙壁上在宅内门上首的位置，是主人祭祀、土地神的一个小筑，又称"土地堂"，它嵌贴在厚重墙壁上，离地高度 1m 左右，屋身出墙面 6cm 左右，上部屋面挑出墙面，以避风雨，屋面上吻脊齐全，檐下设门龙枋，焚香龛，内可放香炉，以及案板，上可放祭品。其主面形象有"门堂"，如一座精改的小筑，其构造形态逼真、造型优美，雕琢精细，反映出扬州人们的生活习惯、艺术追求及宗教信仰（图 4-6-19）。

图 4-6-19 福祠

二、砖细工艺流程

材料准备→施工准备→砖料加工→砖细安装→细刻磨光→修整清理。

三、操作工艺

（一）施工准备：主要是材料准备和施工前准备。

材料准备主要是根据图样所需要的各种类型的砖。首先把砖进行干燥，方法是搭棚防雨、架空风干。在选砖时应注意，按需确定规格，要选择色泽均匀、一批烧制的颜色相同无明显色差的砖。要边角整齐、表面细腻、无砂眼及粗粒。要准备砖砌时勾挂的木勺，最好用柏木做成，实在无柏木可用毛竹制成，其他木材易糟朽。同时要准备油灰，起到砖缝的粘结和防雨的作用。

施工准备主要是按图纸上需做的大小进行放大样。根据大样算出砖的块数和运用砖的大小。在室内进行块料加工，并进行块料编号后，运至施工现场安装，到达现场后，应准备脚手架和其他操作工具。

（二）砖料加工：主要有块砖加工，照壁与大门。墙面一般有正方、斜方、六角、八角的铺砌，还有各种异形线条和砖细斗栱及字砌（图 4-6-20）。

因此加工时应根据加工图样要求尺寸进行。一般加工工作在作业场内进行。加工程序大致为粗刨→细刨→磨光→找方→锯刨边→磨平缝→背后开槽做勺口。另外做镶边的还得断料、线脚刨、磨光、刨边磨光等。

砖加工时，操作人员要先用眼将砖侧过来察看一下，发现面上高出部位先用粗刨把高出刨去，再观察，如基本平整，则用刨子细刨，可以从左至右或从右至左把砖刨平，然后用平尺检查平整，随后要进行找方或切锯角（六角或八角形的），再磨四边，最后进行对砖面、砖边磨光细作。检查尺寸偏差，不得超过 ±0.5mm。

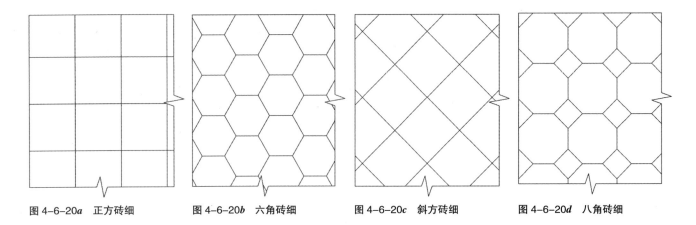

图 4-6-20a　正方砖细　　　图 4-6-20b　六角砖细　　　图 4-6-20c　斜方砖细　　　图 4-6-20d　八角砖细

（三）墙面砌筑

1.外部砖细门楼和照壁墙必须和内部粗砖墙同时砌筑。一般砖照壁在墙高1/3以上开始出现，同时照壁部分两边的墙一般都先砌起一定高度。砌时应先弹好线。

2.先把与墙面两侧与粗砖墙相接的镶边砌好、挤紧。后量查构件两头镶边间的尺寸，再进行砖细砖的排砖，其尺寸允许偏差不大于 ±1mm。

3.墙面必须找平找直，才能坐砌底镶边及底摆砖。坐底要用1~2mm厚的油灰。

4.砌时要拉水平线，线要拉紧，使砖细砖上棱跟线，下棱跟墙砖的侧面要批油灰，两砖挤紧，缝小于1mm。砖背离粗砖墙约8~10mm，以避免粗砖墙突出而影响砖照壁面的平整。砖缝挤油灰是为防雨水渗入墙面。

5.排砌好第一皮砖细立砌后，在后面槽内安上木勺并砌入粗砖墙内拉结牢固。砌好后用平尺检查砖面的垂直平整度。

6.按第一皮砌法，再在两边镶边砌第二皮，依此类推。砌完三块砖高一般可用托线板检查垂直平整度。砌到照壁顶后再砌顶镶边，镶边上再做粗砖压住，有的上面有檐头装饰。

（四）修整清理：全部砖细构件墙面砌完后，应进行全面检查。对砂眼、干净，待干后进行上油。缝道处，用砖药补磨和对缝，再将油灰用竹篾补嵌，达到美观，然后用水清洗。

砖细窗下墙相对简单，操作过程基本相同，只是在转角处的砖要错头搭接，在竖缝中用油灰密缝，勒脚形式（图4-6-21）。

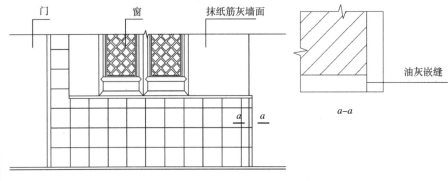

图 4-6-21a　砖细下样示意图 1　　　　　　图 4-6-21b　砖细下样示意图 2

四、砖细的卯榫结构及安装

　　砖细产品均镶贴在建筑物的外表面、墙面的边角处，起到装饰和护角作用。它需要与建筑物体之间有一种直接结构，以达到其安全、稳定性。这种结构称之为砖细榫卯结构，与木构件的榫卯结构相比，相对简单，连接的方法有：一是平接头，二是转角接。砖细榫卯的结构，可以是砖质的，也可以是木质与铁质的。由于木质会腐朽、铁质的会锈蚀，因此需要相对的密闭。制作砖细榫卯的工具和木工使用的工具基本相同，少数工具可以借助木工工具，由于砖细比较硬脆，加工时需带水作业，一般加工采用木质的操作台，固定件也应用木机和软绳，不要金属件，如遇到精雕细刻的作品加工榫卯，要将雕刻面用木板封好，以防造成损坏，所有的榫卯结构都要试安装，集中进行编号，砖细榫卯不同于木质构件，木质构件可以用榔头捶打，砖细构件如过分用力，容易产生断裂，且要求榫卯做到准确无误，安装时才能达到严密、美观的艺术效果，通常先制作样板，试装时要平起平放，不可翘裂（图4-6-22）。

　　砖细产品安装前，应先检查一下规模尺寸、编号，以免造成混乱，先用者在后，后用在先前装运程序，同时安装前准备好直尺、量线、水平尺、线坠、软绳、吊篮、托板等工具。以及灰砂、纸筋水、麻丝、桐油、铁桩头、钻头、铁砂纸等材料。安装的方法一般采用干贴和粘贴两种做法。干拌就是不用粘接物，运用榫卯同建筑物直接固定。粘贴法即使用粘接材料，把榫卯同建筑物粘接固定。目前比较常用的是灌浆法，在安装时，每一砖块同墙面之间必须有硬件连接。可以在方砖上面开三条线缝，同时在所安装的墙的相应位置上打一个孔，把钢丝上的三条线缝开在小舌头上。这样一来，方砖同墙面的连接就相当牢固，同时要经常检查，这样才能使砖细严谨、牢固和美观。

五、质量要求

　　一是品种、规格和图案必须符合设计图样要求。二是颜色均匀，不得有裂纹、缺楞、掉角等缺陷。三是油灰嵌缝必须密实，不得有瞎缝（空缝）。四是砖加工后砌筑前还应选砖及检查，半成品表面必须平整、手感光滑、不得翘曲。

六、应注意的质量问题

　　一是砖块的加工必须认真检查，尺寸要一致，后面勺槽要有楔口，表面平滑。二是坐底不平，造成上部不平、竖向不直，影响装饰美观。因此，砌前应很好找平，并用水平尺跟踪检查。如不平可以用水泥砂浆找平。三是缝不直、不密实。操作时应拉线，并勤检查，确实难以跟线时，可用细竹篾稍垫加油灰找直。缝不密实主要是油灰未批好，油灰质量差，油灰披上后掉落（图4-6-23～图4-6-34）。

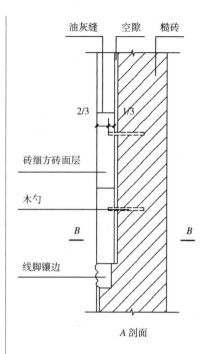

图4-6-22a　砖细墙面剖面图

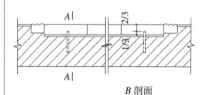

图4-6-22b　砖细墙面剖面图

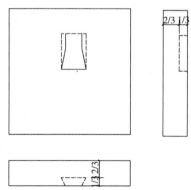

图4-6-23　楔子

图 4-6-24 窗下墙

图 4-6-25 砖面 1

图 4-6-26 砖面 2

图 4-6-27 窗

图 4-6-28 砌窗

图 4-6-29 砖墙

图 4-6-30 门

图 4-6-31 栏杆

图 4-6-32 屋顶

图 4-6-33 墙

图 4-6-34 屋脊

第五章 石 作

由于自然条件的限制，扬州不产石，建筑石作主要有阶沿石、栏杆、柱础、抱鼓石等构件以及石建筑，相对苏南和北方地区的建筑用料类型较少（图 5-0-1）。

图 5-0-1a 阶沿石

图 5-0-1b 石栏杆

图 5-0-1c 石础

图 5-0-1d 石鼓

第一节 工具及材料

一、工具

石作加工的主要工具相对其他工种要简单一点。测量工具基本与木工相似，主要有直尺、折尺、曲尺及墨斗等。加工工具主要有錾子、刀子、斧子、方锤、花锤和剁斧等（图 5-1-1）。

图 5-1-1 手工制作常见工具（凿子、楔子、铁锤）

二、材料

材料主要为石料、青石、黄麻石、白矾石，最佳者为汉白玉和大理石。

第二节　加工工艺

石材胚料的加工主要由粗向细进行加工，其主要程序由截断、打荒、粗打、錾凿、剁斧、磨光等加工程序，胚料一般为方料。

1.打荒：加工前先对胚料进行划线（弹线），操作时将胚料侧立，加工面为正面，仍然根据正面的尺寸弹出侧面和底面的墨线，按线将各面凸出水平的部分錾打平，使正面的各边平直。通常情况下，需二次弹线修边，将与加工面相邻的边、棱角等进行修打，直至平直。

2.粗打：是在打荒修边的基础上进行的粗加工。粗打主要用于锤和钢錾对其胚料进行全面加工，操作时，各面凿打到基本平整即可，凿点的疏密要大体一致，凿打的顺序要沿着修边的表面边沿进行。

3.錾凿是在粗打的基础上用錾子和手锤沿着修平的边沿和粗打的表面顺序进行，遍数越多，表面加工越平整。一般加工两遍，第一遍铁凿布点要均匀，露明的边、棱角、面都已平正方直，凿痕深浅基本均匀，第二遍的錾子主要以钢錾为主，其操作先用花锤作第一遍打錾击平，以后，使用钢錾从表面的一端渐次向另一端细致地錾凿一遍，要求比第一遍的凿点更密、更多、均匀、平直、整齐，做到凿痕均匀。

4.剁斧，是在錾凿的基础上进行，是石料的细加工，使用的工具是剁斧。在加工面上按顺序均匀地轻轻去打，使表面看起来平整；加工时用直尺和垂线不断校正。第一遍剁斧操作，要沿着基准线顺序进行，锤痕、斧痕要均匀，用力要均衡，平面要用平尺板靠测。边棱必须方直，角面必须平整。第二遍剁斧是石材的细加工，操作方法同第一遍，要求是锤痕、斧痕更进一步均衡，整齐精细，斧痕要顺直。第三遍对于平直度要求高，一般在操作前进行放大样，保证平面的凸凹达到所需要的产品要求。因此，加工的次数越多，表面越平整（图5-2-1~图5-2-4）。

图5-2-1　打模

图5-2-2　手打粗胚

图 5-2-3 经幢底座打模

图 5-2-4 剁斧面处理

第三节 常用构件

一、阶沿石及台阶

阶沿石是在传统建筑中所称的台基收拢部位。台阶是高差的踏步用石。台基是建筑物的围护基础围护结构，也是建筑的一个特征。其尺寸标准为 30cm、35cm、40cm，厚度 12cm 左右，踏步用石 15cm~12cm（图 5-3-1~ 图 5-3-4）。

图 5-3-1 阶沿石 1

图 5-3-2 阶沿石 2

图 5-3-3 阶沿石 3

图 5-3-4 阶沿石 4

二、柱础

一般建筑只有石鼓。石鼓和石礩的作用是支撑主体的基础,有加固木柱、防潮、防蛀及增加柱子整体协调、美观的作用。为了增加柱础的美观,人们常将它设计成多种形状,如方形、圆形、莲花形、盆形、鼓形,并雕出各种花纹、图案,是古代建筑的重要标志。同时,石礩还起到扩大承压面积而传递到基础上的作用。石鼓的构造见图,石礩的构造见图(图5-3-5~图5-3-14)。

图5-3-5 石础1

图5-3-6 石础2

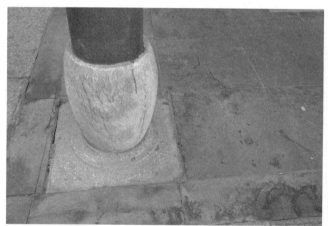

图5-3-7 石础3

图5-3-8 石础4

图5-3-9 石础5

图5-3-10 石础6

图 5-3-11　石础 7

图 5-3-12　石础 8

图 5-3-13　石础 9

图 5-3-14　石础 10

三、抱鼓石

　　抱鼓石是民居大门左右旁所设的石墩，也叫门枕石，是保护门及墙不受碰撞和用以柱框门起固定作用的，竖着摆放的扁鼓形或方形石雕部件。一般由轴底、基座和主体组成。轴底为长方形，上有安装门扇转轴的洞；基座是固定门框连接轴底和主体的底座；基座上的主体部分有圆形和方形两种形式，刻有寓意吉祥的图案。抱鼓石一般成对使用，同时既有保护作用，也有装饰作用（图 5-3-15、图 5-3-16）。

图 5-3-15　抱鼓石 1

图 5-3-16　抱鼓石 2

四、石栏杆

通常用于厅堂的建筑四周。园林建筑的走廊、亭、桥侧、花池以及临水建筑等处，具有保证安全和调整整个建筑布局的作用。石栏杆简称"石栏"，一般由望柱、扶手、栏板组成（图 5-3-17~ 图 5-3-19）。

图 5-3-17　石栏杆 1

图 5-3-18　石栏杆 2

图 5-3-19　石栏杆 3

五、其他构件

主要有塔、亭、坊、桥、石狮、字碑、基座、石灯笼等石构件（图5-3-20~图5-3-26）。

图 5-3-20 石塔

图 5-3-21 石坊

图 5-3-22a 石桥 1

图 5-3-22b 石桥 2

图 5-3-22c 石桥 3

图 5-3-24 石雕

图 5-3-23　石狮

图 5-3-25　石灯笼

图 5-3-26　石构件

第六章 油漆作

中国油漆的使用已有悠久的历史，油漆是传统木结构表面起到防潮、防腐、防污、装饰作用的涂料层。传统的漆是干燥植物油，如桐油，生漆，即国漆，根据使用材料的不同亦称油作和漆作两类。

第一节 材料

一、国漆

国漆又称生漆、大漆、天然漆，它是在漆树上割开树皮，从韧皮层内流出来的一种乳白色的黏性液体，经过过滤除去杂质后即为生漆。漆树系为野生植物，据有关资料记载，而人工栽培的漆树也有几千年的历史，漆树生长需要气候温润的自然环境，从地理位置上看，中国漆树的分布区在秦岭、巴山、武当山、截陵山、乌蒙山等地。漆树一般由大木漆树与小木漆树两种，大木漆树树干粗壮，树高，皮厚，生命力强，耐寒耐旱，寿命一般在50年以上。小木漆树一般比较矮小，成年树高约5~12米，其寿命比较短。

割漆是在漆树上割开一个口子，漆汁就会从割口里流出来，刚流出来的漆汁为乳白色的黏稠液体，然后用专门的接漆碗收集起来装在漆桶内。漆树一般生长8~9年才能割漆。生漆的具体开割时间是根据树叶的生长情况来定的，开始割漆的时间应是树叶长成后，夏至前10天左右，终止割漆的时间应是漆树落叶以前，霜降前后。割漆按所使用的工具的不同分为划割和切割两种，生漆应储存在有盖的木桶内，储藏在干燥，隔热，无阳光直接照射的仓库内，夏季不宜超过30℃以上，冬季不宜低于0℃以下。

原生漆质量的鉴别方法，是通过人的眼、鼻、手等感觉器官，运用看、闻、试等来观察检验原生漆的外观现象和特征，以确定其真假和优劣，方法简单易行，最适合漆工在购买原生漆时鉴别其优劣，还有试样法，煎盘检查法。

生漆是从漆树上接收下来的一种生理分泌物，它的组成很复杂，主要是由漆粉、漆酶、树胶质和水分等组成的有机物质。生漆在涂饰后漆液的干燥不同于晾晒挥发去水分的那种干燥概念，而是生漆的干燥必须大量吸入氧气，使漆酶在适当的温度和湿度的条件下，活力逐渐增强，然后促使漆粉氧化聚合而凝结成光亮的漆膜。一般来说，生漆在温度25~30℃，相对湿度75%~80%时，为漆膜固化的最理想条件。生漆涂装后，其干燥方法有自然干燥和烘烤干燥两种方式。

二、桐油

桐油是一种天然干性植物油，必须经过熬炼变成熟桐油才可能使用，是我国民间沿用很久的一种传统油漆材料，普遍用于刷饰房屋、木具、木器、车辆和木船等，桐油和石灰混合成腻子能变成坚硬的固体，再掺入麻筋可填嵌船缝以防漏水，桐油在生漆加工精制方面有着重要的作用。熟桐油为大漆按不同比例掺和能制成广漆、推光漆等，可增加大漆涂膜的光亮度和提高干燥性能。

桐油是将桐油树的果实剥去外壳，取其桐仁，经过碾碎，压榨可制得桐油，油桐树属于大戟科木本植物，原产于中国，分布在我国海南、广东、广西、四川、云南、贵州、甘肃、河南、湖南、安徽、江苏、浙江、江西、福建等省的700余个县（市），我国是桐油的主要生产国，占世界总产量的70%左右。

桐油树品种主要有两大类：三年桐和千年桐，桐果在十月间（寒露、霜降季节）成熟，颜色由青转黑，即可采摘，摘下来的桐果集中堆放在背阴处，让其发酵沤烂，再剥取桐籽，出仁率大约在60%~70%之间，为确保榨油质量，必须先清洗杂质并进行筛选。桐果若含水分较多，则必须采用日晒或烘烤的方法来降低水分。

桐油通过压榨是从桐仁中分离油脂的方法之一，传统压榨设备除了乡村采用简易的木榨机之外，现在使用动力螺旋榨油机、液压榨油机及液压榨油机均已定型，通过榨油机榨出的毛油还需进行过滤，以除去毛油中的杂质，使桐油质量符合国家标准。

桐油的熬炼，由于生桐油涂在物件表面干结非常慢，且涂膜很软，光泽不强，耐水性也差，所以必须经过熬炼加入催干剂，（土子和密陀僧），使之成为热桐油。熬制熟桐油很早以前先民们就知道用加热、聚合、催化等办法来改进桐油的性能。

桐油的主要组成是桐油酸，它含18个碳，3个共轭双键，易起氧化聚合作用，而使桐油具有结膜软快的特性。桐油应密闭储存，防止其入杂质，若发现有少量的白色结晶粒子时，应尽快使用，不应再久存。桐油质量的鉴别方法，是看油色，看沉淀，看油花，看成胶点，闻气味，应不皱皮，无雾层，无霜花，无网状等现象，要光亮丰满，具有一定的抗水耐碱性能，否则就达不到质量要求。

三、调和漆

各种油性调和漆，是干性油、颜料、溶剂与催干剂等调和而成。通常漆料中含有多量干性油，不含树脂，故称为油性调和漆。稠度过大时，可用松香水或松节油调释。油性调和漆价格适宜，漆膜附着力强，有较高的弹性和耐候性，不易软化，脱落，龟裂，但漆膜较软，光泽较差，而且干燥性慢。

四、辅助材料

传统的大漆施工用油饰制作除了国漆与桐油以外，还需要采用许多辅助材料，这些辅助材料包括颜料、染料、填料、胶料、磨料、稀料以及其他零星材料。

（一）颜料

自古以来能作为入漆的颜料仅有银朱、石黄、铁红、蓝靛、松烟等数种，而到了近代，有人采用铬、铬蓝等作为颜料，在无机颜料方面除了上述颜料之外还有镉红、镉黄、钛白以及其他有机颜料，如酞青蓝、酞青绿等，不论掺入何种颜料，入漆料未跳出红、黄、绿、青、紫色的范围。

（二）染料

染料分颜料不同，根据染料的溶解性，可分为有油溶性，醇溶性和水溶性三种,能溶解于油中的染料称为油溶性染料,如由棕黄油溶红(烛红),油溶黑等。能溶解于乙醇中的染料称为醇溶性染料,如酸溶性耐晒黄,醇溶性耐晒红,醇溶性苯胺黑等。能溶解于水溶液中的染料如黄钠粉,黑钠粉,块子金黄,碱性棕,碱性品种等。

（三）填料

填料又叫灰料,填充料,其原料易得,民间用作填料的有瓦灰,黄七灰,木炭灰,锯木屑,石灰粉、面粉、糯米粉现代漆工用作填料的有石膏粉、老粉、滑石粉、石英粉等。

（四）胶料

漆工常用胶料调配腻子或水浆涂料,有时也作封闭层用,胶料有动植物和人工合成的化学胶料,主要有皮胶、骨胶、桃胶、龙须菜胶、虫胶片、料血、白乳胶、107胶、面粉、糯米粉等。

（五）磨料

在油漆装饰中,各种基层,腻子层,中涂层以及饰面层都需要使用磨料进行磨光后再进入下道工序。经磨光的基层,不仅能提高涂层质量,同时能增强层间的结合力。主要有砂布（金刚砂布,铁砂布）、木砂纸、水砂纸、磨条、研炭、水磨石、砂蜡、光蜡等。

（六）稀料

稀料又叫稀释剂,主要作用是将漆料稀释至适于施工的黏度,以达到便于施工的目的。主要有樟脑油,松节油,二甲苯,松香水,汽油,煤油,植物油,酒精等。

（七）其他材料,还有丝绵、发团、清洁材料、催干剂等。

第二节　操作工艺

一、调配技法

传统油漆在涂饰前先应调配各种腻子、底色、色浆以及色漆,调配工具有多种多样,常用的工具有木桶、木盒、缸气碗等用来存放漆液、浆料、血料等,拌板、铲刀、牛角刮、木棒等用以搅拌腻子色浆、漆液等,竹片、木板用于试样,皮纸、油纸、原质纸等用于敷盖漆面,隔绝空气。

（一）调配腻子

在油漆涂饰工艺中,所用的第一种材料就是腻子,它能将涂物面上的洞眼、裂缝、刨渣、木材鬃眼、管孔以及其他缺损处填实补平,使物面平整,涂上油漆时可以省料,省工,省力,同时能提高漆面的光滑度,增加物面的美观性。腻子又叫漆灰或填泥,一般是用大量填料与胶料及少量着色颜料拌和而成的糊状物,可分为国漆腻子,油性腻子,料血腻子等。

1.国漆腻子,俗称漆灰。古时用漆灰填平物面,因国漆兼具漆和胶的双重特性,因而大漆腻子可以说是涂料中最坚固和最耐久、耐磨的腻子。大漆腻子可分为生漆腻子和熟漆腻子。大漆腻子的耐久性,耐磨性及耐水性优于目前任何类的腻子,但其干燥环境需要有一定的温度和湿度（温度25±5℃,相对湿度在80%左右）,否则不易干燥,大漆腻子的填料,大多采用各种研细的石粉,如古时用砖瓦灰（分粗、中、细）、黄土粉、瓷粉等，当前常用石膏粉、滑石粉、老粉、石墨粉、石英粉等。大漆腻子的配比以重量比计，细瓦灰 50、生漆 50、清水 10 和石膏粉 50、生漆 20、清水 50，调和大漆腻子时先将过筛后的熟石膏粉或细瓦灰、滑石粉、老粉等用于拌板上，这种拌板最好做成四周有木板条围住的线形长方形盘子，亦将粉料中间留成涡形，然后腻子的流动状变成疏松多孔，黏稠而有光泽，刮刀垂直立在腻子中不会倒时，生漆腻子就算调成了，调拌成的腻子是否软硬合适，应先在物件上试刮，一般漆料加入量多的，则腻子柔软，不翻皮，如漆料加入量过多，虽粉结力牢固，但其干燥较慢，也难打磨，熟练的漆工一般都能凭经验，不用称量就能掌握调拌腻子的各种成分比例。

2. 油性腻子

油性腻子是用熟桐油或清油（熟桐油与松香水 1∶1 比例调成）与调料及少量清水混合配制而成。调配油性腻子时，应先将熟桐油调稀，一般都是在熟桐油中加入 20%~30% 的松香水调匀后，再加入石膏粉，混合成均匀的糊状物，装在桶内，同时分批次将糊状物弄到拌板上加水，每次加水应充分调拌均匀至石膏"发性"，腻子变稠后即可使用。（其常用配合比重量计，石膏粉 100，熟桐油 75，清水 25）。

3. 清漆腻子

清漆腻子使用普通油性清漆和石膏粉混合成糊状，在加入清水调拌而成，加水的腻子比不加水的腻子干燥快 8~10 倍，按重量比例计（石膏粉 100，清漆 65，清水 15）。

（1）调配料血

南方地区一般使用猪血，在生漆髹涂工艺中使用的雪梨澳应是不加盐、不加水或仅加少量水的鲜血。起制料血的方法主要有：一是温火制血，二是温水制血，三是在阳光下制血，调配料血腻子，又称猪血灰、料老粉，它是由料血作为主要材料加入填料，如砖瓦灰、老粉、石膏粉等，或其他黏结材料配制而成，加入油性的料血腻子，主要用于传统建筑的地仗中，而不加油满的料血腻子，一般用于木器打底用。

（2）调配粉浆

1）油粉浆，又叫油性填孔着色浆。油粉浆主要用于木器表面木材髹眼的填入，并使木器表面着上一层颜色，为下一道涂刷底色打好基础，配比:老粉:酵醛清漆:松香水:煤油:颜料 =60∶10∶20∶10∶适量。

2）水粉浆，又叫水性填孔着色浆，其附着力不及油粉浆好，是中低档木器打底时常用。配比（重量比）老粉:热水:着色颜料:胶液 =60∶35∶1∶4。调制方法：先按比例将温水与老粉混合成稀浆，加入的着色颜料充分搅匀，之后再加入 3%~5% 的水胶溶液或白乳胶，搅匀过滤后即可使用。

（二）调配着色剂

着色剂是透明涂饰时用于木材与涂层着色的已调配好的着色材料，主要有水色、油色和酒色。一是水色，水色与水胶腻子不同的是不加填料，故水色只能着色而不能用做填孔、填髹眼。水色的调配因其用料的不同有的以氧化铁颜料等做原料和是一染料做原料，常使用的是酸性染料。二是油色，是用油类或油性漆为颜料，施涂于木材表面后，既能显露木纹，又能使木材底色一致。三是酒色，是将一些碱性染料或醇溶性染料溶解于酒精或虫胶漆中，对木材面进行着色，这种着色剂叫酒色，又叫醇溶性着色剂。

二、批灰技法

（一）批灰

即批刮腻子，是传统油滤施工的一道重要工作，在调拌中，细规格不同的腻子进行多道批刮，而每一道批刮又都是一摊、二横、三收等几道工序。各种被涂物件的表面，通常都有凹陷、裂缝、钉眼、擦伤以及其他凹凸不平的缺陷，均需借助腻子来填满和找平，以增强被涂物件的美感，这对漆层的光洁和平滑起着决定性的作用。常用的批灰工具是牛角刮刀、橡皮刮刀、木柄刮板、全木刮板、竹刮板、手刮刮板等。

（二）捉缝

对于有较大孔洞、裂缝等缺陷，或成品表面光洁要求不高的物件，可采用局部批刮或补嵌，这种局部嵌补腻子的方法称捉缝。木基层通过底层处理和汁浆干后，应用牛角刀或油灰刀将捉缝灰（较硬的腻子）向木缝，孔洞内填嵌，横推竖划，使缝内油灰填实、填饱满，对裂缝较大和对穿的大洞，应先用木条或木板将反面顶实，用手角刮刀尖将漆灰腻子填满填实，达到底四边黏结，以免干缩脱落。

（三）满刮

满刮，即应用较稀的腻子将木材面全面刮涂一遍，目的是填平木材表面的木纹、缝隙，以防涂漆的漆液渗入木纹缝隙中，影响漆膜的平整度和光泽。传统油漆中满刮腻子又称批扫荡灰、压麻灰。扫荡灰是使麻的基础，而压麻灰则是将褙在物面上的麻盖住，使物面平整而不露麻筋，并使漆膜不致因胀缩而开裂。满刮腻子可以用较大的牛角刮刀或木柄刮刀操作，有往返刮涂法和一边倒刮涂两种方法。

三、打磨抛光技法

打磨是物件涂装的主要工序之一，不但白坯和底色、腻子都需要打磨，刷底漆和中间涂层也要打磨，最后刷过面漆后，不但需要精心打磨，而且还要进行抛光、推光处理，白坯打磨主要有木毛打磨、刨痕打磨、边棱打磨、雕刻花纹打磨、胶迹和松脂打磨。腻子打磨主要有油性腻子打磨和漆灰腻子打磨两种，油性腻子打磨，采用0号木砂纸，铁纱布，在油性腻子干透后进行打磨，打磨前，使用平直的铲刀将野腻子铲刮干净，打磨时对平整物面或要求透木纹工艺的腻子要顺木纹将腻子打磨2~3个来回，不能横磨或斜磨，以防产生砂痕。漆灰腻子打磨，主要使用国漆和桐油调制的漆灰腻子，每道漆灰腻子需待彻底干透后根据具体情况进行打磨，然后再刮下一漆灰。最后一道漆灰腻子充分干燥后，用细磨石或水砂纸蘸水打磨光滑。底色打磨主要有打磨水粉底色和油粉底色、打磨水色、打磨酒色。中涂漆打磨一般采用湿磨。湿磨时在漆膜表面洒上水，和松香水或煤油等，以起润滑和冷却作用，使打磨轻快省力，并能减少磨痕，提高打磨质量，还能避免磨屑弥住砂纸。当采用手工湿磨时，新的水砂纸应先在温水中浸泡片刻使其柔软，以避免其脆硬断裂，这样可延长水砂纸的使用寿命，但浸泡时间不能太长，否则容易损坏。高档漆器的面漆打磨后，还应有抛光等工序。

四、刷涂技法

使用多种刷子蘸漆在物面上涂刷以形成漆膜的方法，叫刷涂法，这是最古老而又最普遍的传统刷漆方法。一是用国漆和熟桐油，它们都是稠度，用软刷不容易刷开，一般应采用短毛生漆刷与刮板相互配合进行。刷涂的方法有：使用生漆刷时，敷于被涂物面上，然后用力气像刮腻子一样刷涂均匀，施涂顺序是先边角后平面，先小面后大面，使用木刮板时，将大漆在物面上匀刮一遍，然后用适当宽度的上漆刷，按所用大漆的干燥性质，分别用对角交替，纵行双重刷法涂刷。二是涂刷油性漆，油性漆包括清油，乳胶漆，一般出厂黏度均适用于手工涂刮，如黏度高，可用松香水稀释，刷涂油性漆均采用长毛鬃刷，即油漆刷，一般的刷涂程序是先里后外，先左后右，先上后下，先难后易，先边角后平面。

第七章　雕刻艺术

第一节　扬州雕刻艺术风格、题材

中国的雕刻艺术源远流长，自人类使用木材营造房屋时，就有这种艺术的介入，它是我国最具有文化特征的民间艺术之一，其生动、古朴、素雅的各类题材图案，以精致而美丽的表现形式，得到了全国各族人民的热爱和广泛的运用与传承，在世界艺术史，中国的雕刻艺术风采展示着东方民族的古老文化艺术，深受世界各国友人的赞赏，成为我国对外文化交流和经贸中的亮点，扬州的工艺美术品是其杰出代表之一。雕刻艺术在宫殿、祠堂、庙宇、牌楼、厅堂、亭阁以及民居建筑中应用广泛在现代建筑中也得到了良好的传承和运用（图7-1-1、图7-1-2）。

扬州著称于世的"八刻"有砖刻、牙刻、漆刻、玉刻、瓷刻、木刻、石刻、竹刻等。在建筑中常用的为砖雕、木雕、石雕三类，砖雕是扬州传统建筑的重要标记。三类雕刻在技法、工艺上各有特点，但题材和艺术风格上都有相同之处。扬州地区的民俗观念根深蒂固，有着悠久的传统，通过雕刻因素表达的观念，其题材就是自然形态的人物、山水、花草、禽鸟、走兽，其中都有吉祥寓意，如祈求生育、祈功成就、祈五福等（图7-1-3、图7-1-4）。

组成吉祥图案的花类有：茶、梅、菊、荷、牡丹、萱花、玉簪等；果类

图 7-1-1　二龙戏珠雕刻图谱

图 7-1-2　草凤呈祥雕刻图谱

图 7-1-3　卷草狮子图

图 7-1-4　水麒麟望日鹤祥图

图 7-1-5a　各形石榴雕刻图谱　　　图 7-1-5b　各种叶子雕刻图谱　　　图 7-1-5c　各形菊花雕刻图谱

有：桃、李、柿子、石榴、葡萄、佛手、枇杷、橘子、荔枝、樱桃等；草类有：书带草、万年青和杂草（图 7-1-5）；虫鱼类有：蝴蝶、鲤鱼、鳌鱼等（图 7-1-6）；鸟兽类有：龙、凤、猫、鹿、仙鹤、鸳鸯、喜鹊、狮子、麒麟、绶带鸟及十二生肖等。还有连续性的几何图案有：回纹、卍（万）字、寿字、古钱、螭纹等（图 7-1-7）。还有八仙过海图。形象突出的暗八仙有：汉钟离的扇、吕洞宾的剑、铁拐李的葫芦、曹国舅的玉板、蓝采和的花篮、张果老的渔鼓、韩湘子的笛子、何仙姑的荷花（图 7-1-8）。还有"八宝"即为宝珠、方胜、玉磬、犀角、古钱、珊瑚、银锭、如意，有"八吉祥"即轮、螺、伞、盖、花、罐、鱼、长等。

雕刻是通过花、草、虫、兽等组成吉祥如意的图案，如莲花桂花（寓意连生贵子），石榴蝙蝠（寓意多子多福），枣枝栗子（寓意早立子），枣枝桂圆（寓意早生贵子），蝙蝠、寿字、如意（寓意福寿如意），蝙蝠、仙鹤、梅花鹿（寓

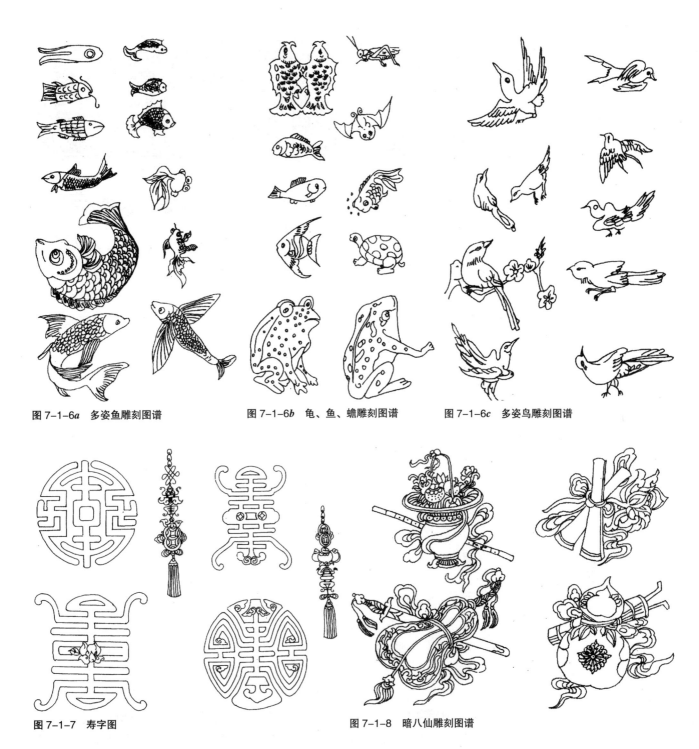

图 7-1-6a　多姿鱼雕刻图谱　　图 7-1-6b　龟、鱼、蟾雕刻图谱　　图 7-1-6c　多姿鸟雕刻图谱

图 7-1-7　寿字图　　　　　　图 7-1-8　暗八仙雕刻图谱

意福禄寿），寿桃、蝙蝠（寓意福寿双全），天竺、水仙（寓意天仙祝寿），石磬、绦结和双鱼合（寓意吉庆有余），万年青、花瓶（寓意万年太平），狮子盘球（寓意好事在后头），喜鹊登梅（寓意喜上眉梢）。梅兰竹菊等能够表达文人志趣的图案纹样也常常用于装饰门面，附庸风雅。还有白鹭、莲蓬和莲叶（寓意一路连科），雄鸡与牡丹（寓意功名富贵），荔枝、桂圆、核桃各三颗（寓意连中三元），以兰花、灵芝和礁石为图案（寓意君子之交），以松、竹、梅图案（寓意岁寒三友），松树菊花（寓意松菊延年）。表达祈福的还有五只蝙蝠围绕寿字（寓意五福捧寿），水仙和寿石或水仙与松树（寓意群仙祝寿），蝙蝠、桃子和两枚铜钱（寓意福寿双全及双钱），凤与牡丹图案（寓意富贵吉

图 7-1-9　戏曲镶板图

祥），二龙戏珠（寓意太平丰年）。还有僧人寒山、拾得"和合二圣"，一仙捧荷、一仙捧盒题为"和合图"，八仙与寿星在一起组成"八仙庆寿"的吉祥画。还有戏曲人物、现实生活场景，如渔樵耕读、僧人打坐等，可以说扬州地区的雕刻题材丰富多彩（图 7-1-9）。

木雕、砖雕、石雕和彩绘是中国古代建筑表示其文化艺术和装饰的一种重要手段，在扬州传统建筑中由于地域的因素，扬州不产石和木材，因此彩绘运用很少，石雕不多，木雕用于木装修有一些，青砖雕饰，千家万户，成为扬州建筑的地方特色。

第二节　砖雕

砖雕是扬州传统建筑的艺术元素之一，主要用于建筑室外构件，建筑的门楼、照壁、屋脊、博风、剎头、福祠、歇山山花以及景窗等部位，其研磨之精，清雅秀致，题材生动，装饰之巧，具有写实的地方风格，在扬州传统各类建筑中应用广泛。

一、砖雕用材

砖雕所用的砖主要来源于苏州吴县陆墓地区，该地区自宋元以来一直是优质用砖的生产基地，所烧制的"御窑金砖"名扬中华大地，还有称半金砖的材料，主要用于砖雕材料，是通过将泥土搅拌用清水过滤，反复沉淀后，晾干、踩压、做成土坯，经高温烧制而成，必须具有耐磨、耐湿、软硬适度的特点。

砖雕工艺流程：准备工作→砖料加工→起谱（画稿）→雕刻→收尾→安装。

砖雕所用的砖，是通过将泥土搅拌用清水过滤，反复沉淀后，晾干，踩压，做成土坯，经高温烧制而成，必须具有耐磨耐湿，软硬适度的特点。

二、常用工具

斧头、砖刨、刻刀、木敲手、刀砖、角尺、方尺、修弓、刷子，还有多类凿子。

砖雕不同于木雕，材料质地不同，使用工具亦不同。木雕工具刀口锋利，磨出度数小，刀凿上装硬质木柄；砖雕工具刀口不锋，磨出度数大，不装木柄。

三、雕刻的技法

砖雕技法与木雕刻大致相同。一是浅雕，即在一个材料的平面上进行图案雕刻，通过各种线条表达题材，通常以花草等纹样为主；二是浮雕，在一个平面上雕刻，按有凸凹的程度及不同的线条和块面，又分为浅浮雕、深浮雕和高浮雕三个层面。这种技法适用于表现花卉、人物、动物及戏剧题材。还有透雕，它可将纹样雕刻得细致、多层次，以增加作品的透视感和立体感。雕刻技艺主要有窑前雕刻和窑后雕刻，扬州地区大多数是窑后雕刻，窑后雕刻对工匠的技术要求比较高，工艺精致，造型明朗（图 7-2-1、图 7-2-2）。

四、工艺流程

（一）准备工作

民居建筑的砖雕工艺流程主要有定料、修砖、出样、画样、打坯、出细、磨光、修补等。准备工作主要是材料准备和操作准备。雕刻工作主要在室内进行，安装工作由砖细瓦作去做。

雕刻前先选砖。雕刻用砖比砖墙、墁地用的砖要求严格，应选质地均匀、细腻密实的砖。凡裂纹、砂眼、缺楞掉角的砖均不能用。挑选时可以把砖的一角拎起，用钢凿敲试，声音清脆者为好，否则在雕刻时会碎。最终先用"敲之有声，断之无孔"的高质量砖材。同时还应准备一些辅助材料，如油灰、猪血料、砖粉、桐油、细石灰粉等。

（二）作业要点

画谱前，要进行修砖工作，即按照设计要求的尺寸进行配料修整，采取刨面、夹缝、兜方，使雕刻面与侧面该垂直要垂直，该有斜面要有坡度，以保证刨面与侧面的平整。

谱起好后，将画移贴在砖上，用最小的錾子及刀将画好的纹样浅浅的"耕"出大体轮廓，此做法主要防止砖坯的画稿在雕刻时被抹掉。揭开样稿，用木敲手敲击刻刀，进行雕刻，雕刻顺序按照画理，由浅入深，同时将主体形象以外多余的部分除去，以突出主体形象。这一步叫"打坯"，为下一步工序打基础。

图 7-2-1　四岸公所

图 7-2-2　岭南会馆

191

之后，用凿子沿主体纹样进一步细化，对图样逐一进行细致的剔雕，叫作"出细"，这一步刻成之后，再将纹饰中细微处雕刻清晰，包括人物的须发、花草叶子的经脉、飞禽走兽的羽毛等，这一步叫"捅道"。然后，用刀修平底面，这一步叫"刊面"、"刊底"。最后，用磨头将纹饰内外的粗糙之处打磨平整、精细。如果可出粒粒的空洞，则用刀具挑净粒籽，用灰浆修补好，随补随擦干净、打磨、清序干净。砖雕用刀应把握分寸，工匠行话叫"用软硬功"。

拼装是将深雕好的砖拼成一体。砖雕的拼装有两种方法，整体砌筑和单体贴嵌的方式，整体砌筑是在墙体砌筑时一同安装。砖料后加工有凹孔，砌筑时用铁件或竹梢拉住并压在墙内，贴嵌的方式，主要是事先在需要安装的墙面位置上预埋铁件，在单块挂贴时，用木梢固定。拼装前应先把砖浸水至无气泡后，捞起晾干待拼。拼装时要用拼缝油灰（配合比为细石灰∶桐油∶水=1∶2.5∶1）。拼贴时把油灰铺满砖面，挤密，大块砖雕上墙，单靠浆灰黏按还不够，要在方砖的反面抠出下大上小的鸽尾形卯口，用木块削成榫头，插入卯口，木块另一端插入墙体，以承托方砖的重量。小型线条件则用竹钉在其单块线条件的下口。安装完毕，用猪血和砖灰搅拌成灰浆，填补缝隙，待灰浆干透，再用砂纸将砖面磨平。

（三）容易出现的问题

（1）雕时易掉块、缺角：主要原因是砖的质地有问题，或干燥程度差；还有是工具欠佳。解决方法是选砖和利器。

（2）修补痕迹明显：主要原因是缺陷太大，或修补技术差。解决方法是如缺陷在初刻时出现，则尽量重雕。修补后应多检查，注意细部磨光。

（3）过浆不均匀：主要原因是浆水未淘匀、涂抹不细。克服方法是在操作时工作要细致。

（4）砖雕题材

砖雕的图案纹样非常丰富，题材种类繁多，大致可分为：神祀、人物、祥禽、瑞兽、花草、山水、器物、锦纹以及字符。人们在设计砖雕和选用题材时，经常采用谐音、隐喻、借代、比拟等表现手法。

五、砖雕的运用

砖雕在民居建筑中，主要有门楼、福祠、照壁、垛头以及室外构件，还有山花板、屋脊头等构件（图7-2-3~图7-2-19）。

图 7-2-3　砖雕 1

图 7-2-4　砖雕 2

图 7-2-5 砖雕 3

图 7-2-7 湖南会馆

图 7-2-8 长乐客栈

图 7-2-6 砖雕 4

图 7-2-9 砖雕 5

图 7-2-10 砖雕 6

图 7-2-11 砖雕 7

图 7-2-12 砖雕 8

图 7-2-13　砖雕 9

图 7-2-14　砖雕 10

图 7-2-15　砖雕 11

图 7-2-16　砖雕 12

图 7-2-17　砖雕 13

图 7-2-18　砖雕 14

图 7-2-19　砖雕 15

第三节　木雕刻

一、雕刻概述

扬州民居木雕，分为大木雕刻和小木雕刻。大木雕刻就是大木构件梁、枋、斗栱上的花饰构件雕刻，是指萝双马板、雀替、斗栱昂头。昂头又分象鼻头、凤凰头、如意头、云朵头。小木雕刻俗称"细木雕"，是指装修及家具等装饰的雕刻。主要有大肚板、小肚、夹樘板。

二、雕刻工具

雕刻工具根据工艺分类，可分为斧、刀、凿、刨四类。

（一）雕刻工具

硬木槌和小斧头、雕花桌、刀具、磨刀石、钢丝锯。空花当先上，实花先用凿起底，除去图案以外多余部分。雕刀成为凿，主要有平凿、圆凿、翘头凿、蝴蝶凿、槽凿、三角凿等。刀口的宽度最大的可达 4cm，最小的不足 1cm 不等，总之根据需要决定工具，如遇特殊自制刀具（图 7-3-1）。

（二）磨凿的方法

浙江工匠大部分左手用小斧头，其他各处右手多用硬质方木槌，又称"敲槌"。凿是木雕中最主要的工具，因此，磨凿也是木雕工序中的一项重要技术。如果磨凿不好，会给雕制成品打坯和修光等工序带来很大的障碍，影响整体的效果。磨凿时首先检查磨石是否平整合型。如不平整，凿的锋口就会磨得歪斜或者弓背，影响了使用。其次，要正确掌握磨凿的方法。如磨平凿，右手仰握凿柄，左手中指和食指按住凿口附近，前后推磨，用力要均匀，不能左右摇摆。凿口斜面（铁面）同磨石平面要贴平，铁面可重磨，钢面则轻荡（即轻轻磨平）。因为铁面厚，钢面薄，如重磨钢面，容易使钢面磨损。磨时先放在粗磨石上磨，待凿锋没有缺口和锯凿形时，再在细磨石上反复细磨轻荡。每种凿都须经过粗细两种磨石，一种粗为油石，另一种为刀砖。只有这样，才能达到凿的锋利适用。各种凿的形状不同，磨法也不同。平凿的凿口两角要磨尖，使其锋利。用圆凿和反口凿的凿口两角则要磨圆，不能尖。由于圆凿的钢面在弓背，铁面在凹槽里，因此，磨石要呈现凸圆形。用左手握住，右手则把凿的凹槽铁面覆贴

图 7-3-1　木雕工具

在磨石的凸圆形上进行前后推磨，待磨好后，再把弓背钢面翻过来，横放在平面磨石上，用右手的中指、食指和拇指夹住圆凿的柄头，左手的中指和食指按在凿口附近，以摆荡式旋转磨之，才能使圆凿锋利和适用。三角凿是凿中之冠，经常要用到它，磨时应格外小心。凿的凿口呈三角形，是最难磨之凿，倘若歪了一面就不使用。其磨法要先把粗细两种磨石依照欲磨的三角凿的大小、形状，放在磨石上进行"以石磨石"的推磨，使两种磨石都分别磨出凸尖式的三角形，然后拿过三角凿，先在平石上进行推磨，把三角凿的两侧（铁面）贴在很平的磨石上磨锋利后，再将凿的三角形钢槽放在三角形凸尖式的磨石上轻轻推磨，再经过细磨石的加工后，仔细观察三角凿口，倘不偏，锋正无卷便适用了。这里要注意的是三角凸尖形磨石的大小形状是正确挺括，要和三角凿的大小符合，其尖角要扎，倘不合要求，则磨出的三角凿尖角的锋口上便会出现圆槽形的舌头，凿便报废了。磨合各种凿时，一定要带水拖磨，千万不能干磨，以致造成凿口转锋。

磨石的类型

磨凿之石，又称刀砖，有两种之分，粗为异形油石，根据磨凿只需要有大元、中元、小元、细元之分。大元凿走园经 10cm 左右，中元凿走园经 5cm 左右，小元凿走园经 5mm 左右，细元凿走园经 2mm 左右，如细分则排列更多。

油石粗磨石后上细刀砖。刀砖扬州地区用"孩涘"刀砖为甚。

三、雕刻用材

雕刻用材十分讲究，要求选用木质坚韧、质地细腻、纹理线雅、木色纯洁、不易变形的木材。主要有樟木、椴木、白杨木、长白松木、花梨木、柚木、银杏木、黄杨木、楠木、紫檀、檀香木、榉木、水曲柳、白桦木、柏木、水杉、红豆杉、云杉、红松、细杨木、丝棉木等。总之，木纹粗糙不宜雕刻，木纹细腻适宜雕刻；硬木作品存世长久，软木作品易损不久；樟木万年不烂，生虫时毁灭。

四、工艺流程

雕刻操作有其特殊的加工程序，木雕主要分为无画雕刻和按图稿设计雕刻，主要工艺流程，从选料开始，进行画样，又称起谱子、绘稿、上样、刻样，经剔地、粗坯雕、细坯雕、修光又称出细、打磨、刻线、装配、检验等工序（图7-3-2~图7-3-11）。

设计是木雕工艺的第一步：其图稿设计要求一是绘画造型美观大方，图案布置合理，富有艺术特色；二是内容必须主题突出，层次分明，主次分清，富有装饰性；三是设计必须在材料和技艺许可的范围内，保证体现设计意图。起谱，即画稿，也称"拓印"，起谱有直接用笔墨在板面上画出所要雕刻的图案和在纸上画好图案后，把纸贴在木材进行雕刻，当雕刻立体感要求较强的，可以先定出轮廓的形象粗刻一层，再细绘图案，进行细部雕刻，即一层层地绘，一层层地雕。

打坯包括粗坯雕和细坯雕，先行粗坯雕，再行细坯雕。打坯的一般工艺顺

图 7-3-2 木雕工艺 1

图 7-3-3 木雕工艺 2

图 7-3-4 木雕工艺 3

图 7-3-5 木雕工艺 4

图 7-3-6 木雕工艺 5

图 7-3-7 木雕工艺 6

图 7-3-8 木雕工艺 7

图 7-3-9 木雕工艺 8

图 7-3-10　木雕工艺 9　　　　　　　　　　　　　　　图 7-3-11　木雕成品

序为：先将图稿复印上雕刻件面上，以便行刀时作大体的分层分面。再按图稿要求，自上而下，由浅入深，连续打出各层次画面物象的前后、左右、远近交错的参差关系，打出相应的高低、厚薄、深浅的大层次。接着分大面，从大处着眼，顾及整体效果，按画面物象的结构和大体比例，打出基本形体，并对各个局部——人之五官、衣纹、花卉之茎、叶、瓣，鸟类之羽毛及桥梁、山石、房屋等，逐一处理好层次变化，刻出物象各自的基本特征。粗坯雕是考虑木雕工艺的大效果，即构图、层次、块面和造型艺术。制坯人动刀凿之前主要吃透画面的思想内容，掌握住人物各自的特征以及物象之间的位置关系，做到心中有数，行刀开凿就会笔走龙神，作品中的人物就能变化有序，神态各异，富有动态表情。如有底纹花草衬托协调，则能达到层次分明，深浅得当，凿迹清楚，线脚平直挺括之目的，为修光打下坚定基础。

修光是木雕工艺的最后一道工序，它在打坯的基础上，做进一步的细微加工。修光是对粗坯雕、细坯雕后的半成品整修、充实和提高，使之更加洁净、光滑和细腻。修光功在精细，意在神怡。修光者在落刀之前，需要充分领会设计的意图，理解构图内容和处理手法，再行刀清除制坯时残留的疤痕和毛刺，以整体到局部以至细节，一刀不漏、一丝不苟地进行艺术加工，要求作品平整光洁，线条流畅，做到"粗不留线、细不留纤"。修光工艺应循序渐进，在切好修好框边线、外线和轮廓线以后，即可先大后小地剔平"底地"，然后分清情况，从上层到底层，或从底层到上层，依次将物象精雕细刻，把制坯时处于歪斜不正的楼台、亭阁等建筑物，通过对一些扣直线条的"手术"，使之整体完美，对千人一模，或五官不整，老幼不分，歪嘴斜目，众多人物，通过"整容"使之人物形象个性突出，表情各异，眼能传神，栩栩如生。对凌乱歪斜的水波纹，按水平线刻成近疏远密，远细近粗。

木雕制品的装配方式，主要有胶结合、木销钉结合、接件结合、圆钉连接、榫卯连接。为确保质量，装配时要做到接合牢固，榫孔恰到好处，几何形和弧形角度正确，平面平直光滑。

五、雕刻的技法

扬州的木雕应用比较广泛的是以线面结合来表现物象形体的雕刻技法。雕刻二字，雕是雕，刻是刻。刻为线条文章，雕分带底实雕，浅雕，深雕，浅浮雕，深浮雕。透空雕即用钢丝锯空再雕，又分浅浮雕、深浮雕。深浮雕即高浮雕，高到极致又称半圆雕。圆雕与浮雕是两码事，两种手法。

浮雕，主要技法是薄浮雕、浅浮雕和深浮雕。薄浮雕主要是以线为主，以面为辅，雕刻深度在 10mm 以内，主要通过以线带面的作用，需要严谨的艺术功底，体现其立体感，适用于构图简约、层次不多的稿样。浅浮雕应用比较广泛，一般雕刻深度为 15mm 左右，以面为主，深浅结合，以疏衬密，层次一般在三层，先深后浅，立体感仍需力功才能充分体现。深雕，一般不低于 20mm 的浮雕，往往采用圆雕手法，层次分明，立体感强，艺术效果逼真。

透空雕，一种以钢丝锯锯空后再进行正反面的技法，板料在 40mm 原左右，既要透空深雕，又要玲珑剔透，既要平整牢固，又要布景合理、疏密有致、工艺精湛。

阴雕，又称"皮雕"，是一种以刀代笔，深度在 5mm 以内，一个层次，效果近似写意中国画的雕法。扬州漆器用品常用的手法，类似于国画写意的雕法。

六、题材

扬州地区木雕刻的题材丰富，雕刻内容为主体思想服务，是提升大作品的文化品位服务，具有较高的文化性、趣味性、艺术性、装饰性、实用性，学问很深。佳作之成，要修炼多年，刻苦钻研，细心揣摩，潜心研究（图 7-3-12~图 7-3-17）。

图 7-3-12　木门

图 7-3-13　木雕

图 7-3-14　木天花　　　图 7-3-15　木窗

图 7-3-16　皮雕

图 7-3-17　木雕

第四节　石雕

一、工具

建筑石雕的主要工具有錾子、凿子、锤、剁斧、刻刀、墨斗、直尺、线坠、竹签等。扬州工匠石雕制品在建筑中运用比较普遍，有石牌坊、石塔、石桥、石亭等建筑，在民居中，有礓石、栏杆、门枕石、台基等石雕装饰构件。通过将各种体裁雕刻出各种不同图案，增强其文化和装饰效果。

二、用料

石雕创作过程中选料是一个很重要的步骤。创作一件完美的石雕，选料是最重要的，一般采用青石、花岗石、汉白石以及白矾石等。选料时应先将石料清理干净，仔细观察有无缺陷，用锤子边敲击边听，声音清脆的就是没有裂缝和隐残的石料。同时选料时还要注意构件的受力情况，如受拉构件石纹应水平走向，如阶沿石、扶手。受压构件石纹应当为垂直方向，如"柱子"等。

三、石雕技法

石雕的技法有平雕、浮雕（分高浮雕、浅浮雕）、透雕、圆雕。

平雕又称平活，它包括"阴、阳活"，用凸线表现图案花纹的称为"阳活"，用凹线表现图案的称为"阴活"。平活的做法，简单的题材，可直接将图案画在石料的面上，图案复杂的可以先用谱子画出纹样，再用錾子沿图案凿出浅浅的小沟，这道工序简称"小穿"。阳活即把线条以外的部分刻下去，并用凿子将其铲光。阴活则用錾子沿小沟出的图样进一步把图纹雕刻清楚，最后进行全面修整。

浮雕，又称"凿活"，浅浮雕称为"浅活"，高浮雕称为"深活"。它的加工程序，也是先根据题材画谱子，先将图案画在较厚的纸上，即用针沿着画好的图案在纸上轧出许多针眼，然后将纸贴在石面上，用棉花团黏红土粉等色料在针眼的位置上不断地打拍，使图案的痕迹留在石材的表面，然后用錾子沿着线条"穿"一遍，即可开始雕刻了。当图案高低较大时，一般先雕高处的后雕低处的。通常先根据"穿"出的图案把要雕刻的纹样雏形凿出来，叫"打糙"，然后用笔将图案的局部如植物的花瓣、人物的脸部和毛发、动物的羽毛等画出来，再用錾子和凿子加工细部，最后检查整体雕刻图案的有无欠缺之处，进行修整。

透雕，又称"透活"，是指比浮雕活更真实、立体感更强的透视效果的雕刻。它的操作工艺和浮雕基本相似，但层次较多，需多次画谱，凿刻程序分层进行。

圆雕，又称"圆身"，是一种立体雕刻。雕刻手法和程序，一般是打出坯子，根据雕刻图样凿出图样轮廓。然后根据雕刻图样的部位比例，画出大体的轮廓，再凿出大致的形体，即需要挖空的地方勾画并雕空挖掉，接着再打细，在大致的体形基础上将细部线条全部勾画出来，并雕刻清楚，最后一步用磨石、剁斧或铲子将需要修理的地方修整干净。粗凿应从上部向下部操作，细部一般随画随凿。

四、工艺流程

石雕工艺的工序与砖雕基本相似，主要是材质的硬度不同，一般工序由选料、起谱、刻样、打坯、粗凿、细凿、出细、打磨等程序，其主要程序，第一步选料重点注意色质一致，运至现场后铲子将石材荒料凸起的部分凿掉，第二步再将石材表面用凿子粗略地通打一遍，使凿痕深浅大致相平，第三步是对石料进行细加工，使凿痕逐渐变浅，第四步，用刀斧将要雕饰的石材斫1至2遍，使石材表面平整。第五步，用砂石加水磨去石材表面的斫纹。总之经历"画"、"打"、"凿"等工序，做到交叉作业（图7-4-1、图7-4-2）。

五、雕刻题材

民间的石雕创作有广泛的题材，它与民间匠人的雕刻技艺相关，题材都是广大百姓在生活中总结出的，反映的是思想意识、价值观念、审美情趣和习俗习惯，归纳起来可分为传统故事、山水风景、祥禽瑞兽、仙花芝草、吉祥符号和文字等。

图7-4-1　四大天王打模完毕　　图7-4-2　四大天王半成品

六、石雕运用（图 7-4-3~ 图 7-4-10）

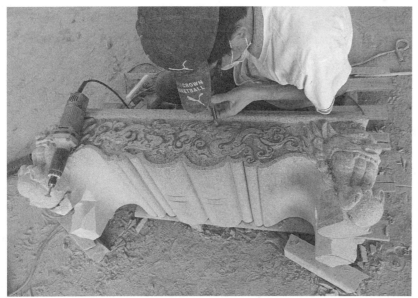

图 7-4-3 气动楔操作

图 7-4-4 手打粗荔枝面

图 7-4-5 自在观音加工

图 7-4-6 自在观音成品与树脂稿效果对比

图 7-4-7 石牌

图 7-4-8　石雕栏杆

图 7-4-9　抱鼓石

图 7-4-10　石础

第五节　泥塑

　　泥塑是用普通的砖瓦砌出大致的轮廓,再用灰浆抹出更进一步的轮廓,以便用抹刀按照图样进行修剪,制作所需造型的图形,亦称"软刀",苏州称为"水作",也称"堆塑"。

　　泥塑的主要材料为石灰膏、细低筋、粗筋、麻丝、钢丝,所使用的工具与抹灰相同,相对小而精一点。

　　泥塑的运用也比较广泛,分为民居泥塑、宗教泥塑、园林泥塑等,其中宗教泥塑主要是佛像,民间泥塑主要应用于屋脊头、屋中堂、垛头,园林泥塑主要用于艺术品等。泥塑的题材基本同砖雕、石雕、木雕相近,通常为宗教人物,福、禄、寿、喜、财,屋脊主要有"三星高照"、"松鹤延年"、"龙凤呈祥"等。

　　大型的泥塑主要工序是先扎骨架,骨架材料传统用木材、砖石,现在用铁件、钢筋,仍然按照图样先绑扎或刮草坯、细塑、压光、做色,在用料与做工方面,一遍比一遍细,一遍比一遍精,以体现生动逼真,同时还要注意耐久性(图 7-5-1)。

图 7-5-1　泥塑

第八章 宅 园

第一节 造园艺术

扬州造园大约已有两千多年的历史，《宋书·徐湛之传》中记载"广陵城旧有高楼，湛之更加修整，南望钟山。城北有陂泽，水物丰盛。湛之更起风亭，月观，吹台，琴室，果竹繁茂，花药成行。召集文士，尽游玩之适，一时之盛也"。这是有记载的扬州造园最早的活动，在历史的长河中不断提炼，扬州园林已自成独特的风格，它与扬州经济文化发展的脉络是相一致的。初盛于汉，盛于唐，再盛于清，形成了以瘦西湖为背景的湖上园林。以古城民宅的造园活动构建了城市山林。扬州园林的主要特征，首先是宅园的布局方式，基本上先列厅堂作为整个园林活动中心，对面设置假山、花木作为对景，厅堂四周空间与山水环境形成一个景区，点缀亭台楼阁，环以回廊组成一个供观赏、游览、居住为一体的建筑环境。以建筑、叠石、理水、植物作为造园要素构建富有"诗情画意"的景观艺术空间，所以李斗《扬州画舫录》卷六中引刘大观音："杭州以湖山胜，苏州以市肆胜，扬州以园亭胜，三者鼎峙，不可轩轾也。"（图8-1-1）

一、建筑

中国园林建筑，是古典山水园构成的要素之一。园林中的亭、台、楼、阁，不仅能够满足人们的生活和游趣，而且与山水、花木等造园要素等组合在一起，创造了"虽由人作，宛自天开"的景观空间。扬州园林与江南及北方园林大体相近，由于南北工匠及徽派工匠的交融，创造出"南秀北雄"的独特风格。主要建筑类型有：

厅堂是园主人进行会友、谈事、礼仪等正式活动的主要场所，是园林的主体构图中心，内外装修复杂而华丽，主要观景方向安装落地长窗扇，室内空间

图 8-1-1a 静香书院

图 8-1-1b 街南书屋

图 8-1-2 宜雨轩

图 8-1-3 何园

图 8-1-4 盆景园 舫

图 8-1-5 瘦西湖 舫

陈设家具、楹联字画；采用落地门罩等进行空间分隔，厅堂内的前后廊架普遍使用"轩架"，方形用料，称之为"厅"，圆形用料，称之"堂"（图 8-1-2）。

楼、阁建筑一般位于园林的四周，上下两层。楼面阔五间以上，屋顶为歇山式或硬山式。面向园林的一面装长窗，外绕栏杆。阁与楼相似，一般为两层，四面开窗，造型更为轻盈，阁的屋顶为歇山顶或攒尖顶，平面为方形或多边形，较为灵活。有些阁或依山或临水而筑，有一、二层。仅有一层，虽名为阁，实则更像亭或榭，主要起到点景、观景的作用（图 8-1-3）。

榭、舫却是一种临水建筑。榭常作歇山顶，屋角起翘，一半在岸上，一半列于水中，造型别致，身近水池，榭的临水面设有栏杆可供凭栏远眺，是临水观景之佳处。舫是一种船形建筑，亦称"不系舟"，三面临水，通过平桥与岸相通。舫的平面分为前、中、后三个部分，前舱较高，中舱平缓，尾舱有两层作法，可供眺望（图 8-1-4、图 8-1-5）。

亭、廊在园林游览中起到了导游线和观赏点的作用，亭点缀在园林中，供人们驻足休息。廊将园林建筑串联起来，便于使用，也形成人们的游览路线。亭的种类很多，有四方形、长方形、六角形、八角形、圆形、扇形等，也有单、重檐之分。廊的形状多种多样，有游廊、叠落廊、复道廊等，总之根据地形、使用需要千变万化（图 8-1-6）。

园林中还有围墙，起到划分景区、丰富层次的作用，漏窗、洞口、门洞又起到框景的作用（图 8-1-7、图 8-1-8）。

图 8-1-6　小盘谷

图 8-1-7　梅岭

图 8-1-8　小盘谷

二、叠石

　　扬州地处淮上平原，四季分明，有野林修竹，森树奇花，却无崇山峻岭，峭壁悬崖的山林。因此扬州在园林中叠石造山，将叠石艺术作为园林兴造的基本构成要素之一，体现了人们充满山林情趣，又是表现出造园家对扬州天山的一种补充。据《扬州画舫录》卷二记载："扬州以名园胜，名园又以叠石胜"（图 8-1-9~ 图 8-1-17）。

图 8-1-9　个园　春景

图 8-1-10　个园　夏景

图 8-1-11 个园 秋景

图 8-1-12 个园 冬景

图 8-1-13 片石山房

图 8-1-14 小盘谷

图 8-1-15 卷石洞天

图 8-1-16 大明寺西园

图 8-1-17 石壁流淙

三、理水

扬州园林大多为模拟自然风光的山水园林，于是，水就成了园林中不可缺的基本物质形态之一，造园者想模仿自然，于是园林多一些自然山水之态，或者常存濠濮之想，或者要仿拟瀛壶，园中却必须有一定的水面，位置全园的中央，同时园林不但能以水面调节和改善园中的小气候，还能借助水面，扩大园林的空间感，增加造景的纵深效果。所以，无论是涟漪清漾，还是波平如镜，无论是水波浩渺，还是一带潆洄，无论是一方曲池，还是几道悬瀑，只要水的存在，园林就会显得空灵明净，清晰秀丽，妩媚亲切。通过建筑、山石、花木的组合，通过大小、开合、高低、明暗等变化营造出步移景异的静观与动观的空间序列（图 8-1-18~图 8-1-20）。

四、花木

扬州属于亚热带季风性湿润气候向温带季风气候的过渡区，四季分明，水系纵横、土地肥沃，花木生长体现出季相变化。因其兼长江、运河交通之利，历史上几度兴旺，商业繁荣，人文荟萃，从而引发了人们对古树名木的热爱与需求，促进了生产与发展。扬州自古以来既是一座绿杨之城，又是一座以琼花，芍药等为代表的花城。扬州盆景为我国五大流派之一，素有"花木之乡"之称（图 8-1-21~图 8-1-24）。

图 8-1-18 何园

图 8-1-19 瘦西湖

图 8-1-20 盆景园

图 8-1-21 琼花

图 8-1-22 荷花

图 8-1-23 月季

图 8-1-24 腊梅

第二节 假山

假山是指用人工叠起来的，模拟真山的一种做法，是中国自然山水营造的组成，大体可以归就为土山、石山和土石混合三种类型，置石则可分为特置、对置、置叠、群置。在漫长的历史长河中，历代匠师吸取了多方面的工程技术，结合中国山水画的传统理论和技法，创造了我国独特优秀假山作业工艺。

一、假山的材料

（一）湖石

太湖石大多来自于苏南老湖周围，常州、镇江、高资、句容、龙潭及皖南一带，具有透、漏、瘦、秀的特征，产于水中的太湖石色泽于浅灰中露白色，产于土中的湖石于灰色中带青灰色，计成在《园冶》中说老湖石"性坚而润，有嵌空，穿眼，宛转，险怪势。一种趋白，一种色青而黑，一种微黑青。其质纹理纵横，笼络起稳，于面遍坳坎，盖因风浪中冲激而成，谓之'弹子窝，扣之微有声'"（图 8-2-1）。

（二）黄石

黄石主要来自于苏南、皖南，是一种带橙黄颜色的细砂岩，其石形体之夯，

图 8-2-1 太湖石

图 8-2-2 黄石

图 8-2-3 宜石

图 8-2-4 灵璧石

见棱见角，节理面近乎垂直，雄浑沉实。计成在《园冶》中说黄石"其质坚，不入斧凿，其文古拙"（图 8-2-2）。

（三）宜石

产于宁国市，其色有如积雪于灰色石上，由于为赤土积渍，而又带些赤黄色，非刷净，不见其质，因此愈旧愈白，俗称为"雪石"（图 8-2-3）。

扬州园林中还有笋石，乌峰，灵璧等品类石料，大多来自西南及皖北，宿州，灵璧等处（图 8-2-4）。

二、置石

1. 特置，主要是孤峰之石，也称峰石。

2. 对置，即沿建筑或园路两侧作对称布置山石。

3. 散置，主要是两块石组合成景石，其石料相对特置要求低一些，主要靠组合的效果（图 8-2-5）。

4. 群置，主要是沿着园路或水池边，连而不断，它在放置要点方面同散置有相同之处（图 8-2-6）。

三、假山的构造

假山的外观虽然千变万化，但仍具有科学性、技术性和艺术性，其结构构造分基础、中层和结顶三部分（图 8-2-7～图 8-2-12）。

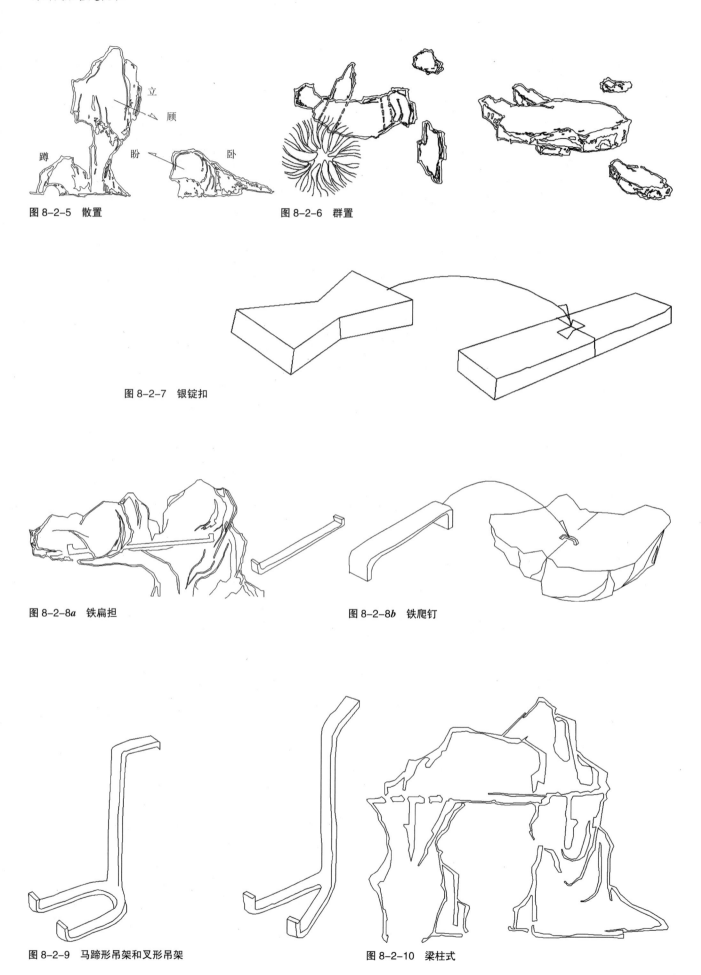

图 8-2-5　散置

图 8-2-6　群置

图 8-2-7　银锭扣

图 8-2-8a　铁扁担

图 8-2-8b　铁爬钉

图 8-2-9　马蹄形吊架和叉形吊架

图 8-2-10　梁柱式

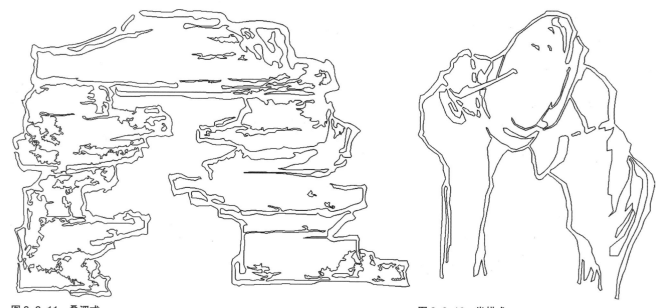

图 8-2-11　叠涩式　　　　　　　　　　　　　　　图 8-2-12　卷拱式

1. 基础：计成《园冶》曰"假山之基，约大半在水中立起。先量顶之高大，才定基之浅深。掇石须知占天，围土必然占地，最忌居中，更宜散漫"。说明先要有一个山体的总体轮廓，才能确定基础的位置与结构，传统的做法，一般使用木桩和灰土基础二种形式，木桩多选用柏木桩和杉木桩，一种是支撑桩，必须打到持力层，另一种是摩擦桩，主要是挤实土壤，桩长在 1m 左右，一般平面布置均按花型排列，故又称"梅花桩"。灰土基础通常在底下水位不高的条件下使用，多采用 3∶7 灰土拌和，分层夯实，灰土基础面积一般较假山宽 500mm。

2. 拉底：拉底是指在基础上铺叠最底层的自然山石；《园冶》所谓"立根铺以分镶石"的做法，底石不需要特别好的山石，底石的材料要求大块扁平的石料、坚实、耐压，不能使用风化过度的山石垫底。

3. 中层：中层位于底石之上，顶层以下的山体结构层，通过接石压茬，偏侧错安，等受力平衡等施工技法共造山洞、蹬道、峭壁、溪涧、窝岫、种植穴的要求，形成欣赏性的自然山水。

4. 结顶：结顶是处理假山最顶层的山石，起到稳定中层山体和画龙点睛的作用。收顶的山石要求体量大，以便凑合收压，因此要选用轮廓和状态都富有特征的山石，收顶的方式由分峰，峦和平顶三种类型。

四、山石结构的基本形式

假山有峰、峦、洞、壑等各种组合单元的变化，但就山石相互之间的结合而言却可以概括为 9 个字，即叠、竖、垫、拼、挑、压、钩、挂、撑图 8-2-13~图 8-2-21。

五、施工工艺

（一）主要工具

锹、镐、夯、碨、筛子、筐、手推车、水桶、灰桶、拌灰板、灰池、杠、绳、链、撬、锤、把杆及葫芦等。

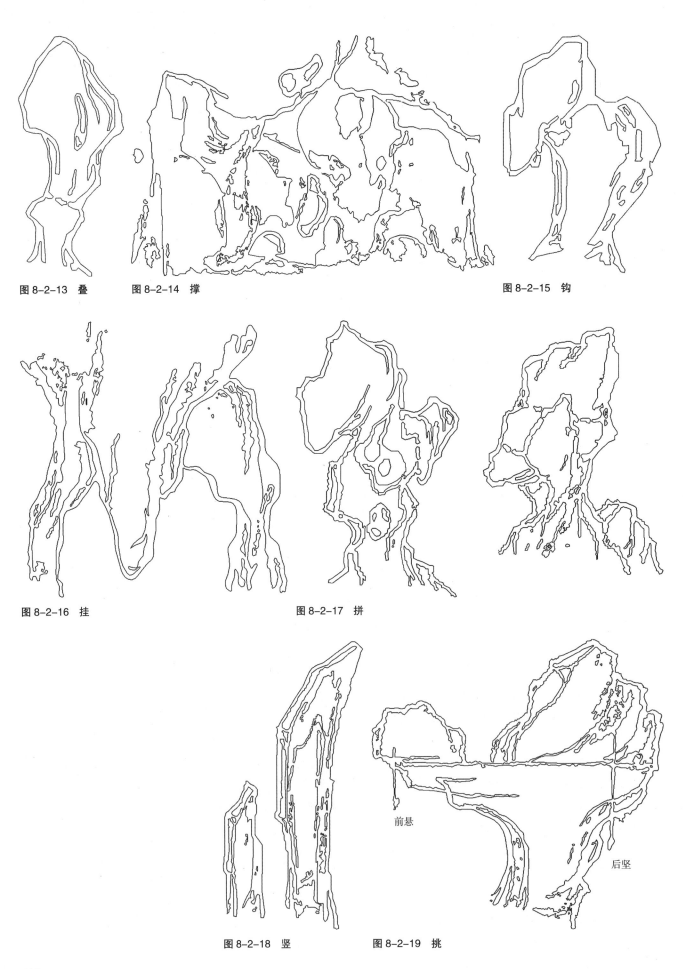

图 8-2-13 叠　　图 8-2-14 撑　　　　　　　　　　　　　　图 8-2-15 钩

图 8-2-16 挂　　　　　　　图 8-2-17 拼

前悬

后坚

图 8-2-18 竖　　　　图 8-2-19 挑

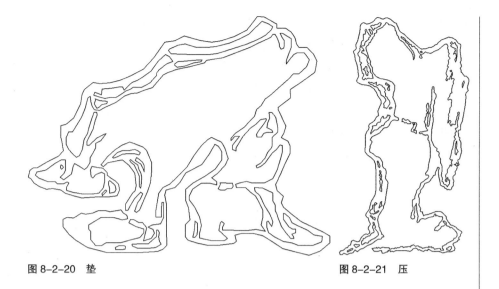

图 8-2-20 垫　　　　　　　　　　　　　　　图 8-2-21 压

（二）工艺流程

按照要求做好基础后，放好拉底石，进行中层作业。

1. 选石。在充分掌握假山的设计图后，由业主、设计师、叠石技师共同去原产地进行原料选择，需要做到大小搭配，思考造型，功能结构进行有意向的选择，以合适使用和搭配，注意对山石纹、色、形等方面的要求，以达到设计风格要求。

2. 相石。相石是指山石从产地运到现场后，根据设计风格，按山体部位、造型的不同进行初步筛选的方式，在叠石过程中选石。

3. 分层堆叠。根据假山的结构确定作业先后顺序，山石搬运之时可用粗绳结套，如一般常用的"元宝扣"使用方便，也称"活节"，结活口靠山石自重将绳紧压，绳子长度可以调整，山石基本到位后因"找面"而最后定位移动为"走石"。走石用铁橇操作，可前、后、左、右转动至理想位置，在构造上注意整体艺术效果，在结构上要注意叠压、咬合、穿拉、配重、平稳等组合。

4. 吊装。主要使用三角木杆、独脚木杆，用葫芦进行起重，现在一般采用汽车起重机进行吊装。

5. 结顶。这是一个画龙点睛的顺序，需要注意山体的观察，对整个山体不足进行的一次弥补，手法可以多样，也称为"收顶"。

6. 补强措施。一是打刹与镶石，在叠石过程中，石与石之间由于不平的原因，因而要打垫石，也称垫片或重力石，匠师有"见缝打刹"之说；主要是要求每一块山石之间叠置平稳牢固，通过积聚到掇山体型结构力的中轴线，传递到基础上去。同时两石之间的空隙也要适当的用块石填补镶嵌，镶石是掇石中修饰表层的重要工作，根据选型主要由阴角镶石和补镶两种方法，如镶石勾缝极致，有即看不出石缝的效果。二是铁活加固设施，铁活加固是在山石本身稳定的前提下用以加固，主要常用熟铁或钢筋制成。铁活要求隐藏在石头内，传统的方法主要有银锭扣、铁爬钉、铁扁担。三是勾缝和胶结，《营造法式》中有记载用灰浆掇山，并用粗墨调色勾缝的记载。清代时，勾缝的做法有桐油石灰加纸筋，石灰纸筋，明矾石灰，糯米浆拌石灰等多种。湖石勾缝再加青灰等，黄石勾缝后刷铁屑盐卤等，使之与石色协调。

六、叠石技法

叠——指掇山较大的，料石就得横着叠石，即为"岩横为叠"。

竖——指叠石壁，石洞，石峰等所用直立式或拼接之法，即"峰"立为"竖"。

垫——卧石出头要垫，核心作用是对山石的固定。

拼——选一定搭配的山石，拼成有整体感的假山或组合成景，拼成主次的配合关系，即"配凑则拼"。

压——"侧重则压"与"石横担伸出为挑"，相对应，相辅相成。

钩——用于变换山石造型所采取的一种手法，即"平出多时立变为钩"。

挂——石倒悬则为"挂"。

撑——"撑"也称"戗"，是指用斜撑的支力来稳固山石的一种做法，即"石偏斜要撑"，"石悬顶要撑"。

第三节　种植

一、植物品种

植物是园林中营造小气候和造景的要素之一，花木的取舍涉及多方面的因素，有民族的，地域的，文化和自然，气候以及植物的生长特性等。扬州园林花木种类大约有二百多种，在传统园林中，遵循"适时适地"的原则，以"乡土"树种为主，注重传统的文化特色和生态特色，大致如下：

柳树是扬州一条明媚的风景线，杜牧诗说："街垂千步柳，湖上园林中"，"两岸花柳全依水"的十里烟柳长卷，陈从周《园韵》中说："经过千年的沿袭，使扬州环绕了万丝千缕的依依柳色，装点成了一个晴雨两宜，具有江南风格的淮左名都，这不能不说是成功的。"

扬州的银杏，以它高大挺拔、苍绿古茂、直上苍穹的姿影，与杨柳一起成为扬州市树，还有槐树，柏树等名木古树，在传统城市山林中，常用的还有白皮松、瓜子黄杨、女贞、朴树、石楠、紫薇、白玉兰、国槐、绿球、园柏、桂树、罗汉松、广玉兰、枫杨、枸杞、赤松、冷杉、五针松、银杏、山核桃、加罗木、雪松等。

扬州自古多有竹，唐代诗人姚合《扬州春词》中就有"有地惟载竹"的描述。《扬州画舫录》记述，清代乾隆年间扬州园林中，"处处修篁绿缘，片片青碧竹海"。扬州园林中也有以竹为名的园、馆、堂、阁和亭等，主要品种有菲白竹、铺地竹、头石竹、曙筋矢竹、黎竹、黄金条竹、白哺鸡竹、大明竹、孝顺竹、黄皮刚竹、变竹、紫竹、斑竹、龟甲竹、罗汉竹、螺节竹等。除大片群植的竹丛之外，在园林内小片散植的和孤植的也很多，石涛，板桥是画竹高手，板桥题画诗有"画竹何须千万枝，两三片叶峭撑持"、"一块峰峦耸太行，两支修竹画潇湘"，说的就是以简代繁，以少胜多的趣意。

扬州园林的花品也十分繁多，园林中有代表性的有梅花、桃花、紫藤、荷花、菊花、桂花、书带草，还有芍药、琼花为两朵奇葩，为扬州市花。

二、种植方法

种植就是人为的栽种植物，扬州传统种植形式趋于野趣。施工工序可分为种植、养护两部分。扬州地区的落叶树的种植，一般在2月中旬到3月下旬，在11月上旬至12月下旬均可以，早春开花的树木，应在11月至12月种植，常绿阔叶树以 3 月下旬最宜。霉季(6~7 月)，秋冬季(9~10 月)进行种植也可以。香樟等以春季种植为好，针叶树春、秋都可以栽种，但以秋季为好，竹子一般在 9~10 月种植最好。

（一）种植前的准备

一是明确设计意图及工程量、工期、场地、定位放线的依据等；二是要了解施工现场的土质情况，以及需要土量、编制施工作业计划；三是施工现场的准备，主要施工现场有垃圾、渣土等要进行清除。

（二）定点放线

主要有自然式配置乔、灌木放线法。还有整形式（行列式）放线法和等距弧线的放线。

（三）掘苗

首先选苗，除了根据设计提出的规格和树形要求外，还要注意选择生长健壮、无病虫害、无人员损伤、树形端正和根系发达的苗木。苗木选定后要记号挂牌。二是掘苗前的准备工作，起苗时间适宜，选择在苗土休眠期，生理活动微弱，起苗对它影响不大，起苗时应做到随起随栽。起苗方法，要保证苗木根须完整，一般情况下，乔木根须可按其高度的 1/3 左右确定，而常绿树带土球移植时，其土球的大小可按树木胸径的 10 倍左右确定，起苗的方法有裸根起苗和土球起苗两种（图 8-3-1 ）。

（四）包装运输和假植

落叶乔、灌木在掘苗后装运前，应进行粗略修剪。苗木的装车、运输、卸车、假植等各项工序都要保证树木的树冠、根系、土球的完好，不应折断树枝，擦伤树皮和损伤根系。如到场不能及时栽植，裸根苗木平放地面，覆土或盖湿草即可。其他事先要挖好宽 1.5~2m、深 0.4m 的假植沟，将苗木码放整齐，逐层覆土，将根部埋严。如假植时间过长，则应适量浇水，保持土壤湿润。

（五）挖种植穴

在栽苗木之前应以是定点为中心进行开挖，带土球的应大出 15~20cm，深10~20cm，坑为圆形（图 8-3-2、图 8-3-3 ）。

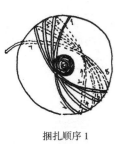

捆扎顺序 1

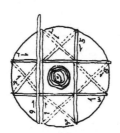

捆扎顺序 2

捆扎顺序 3

橘子包装法

井字包装法

五角包装法

图 8-3-1　捆扎方法

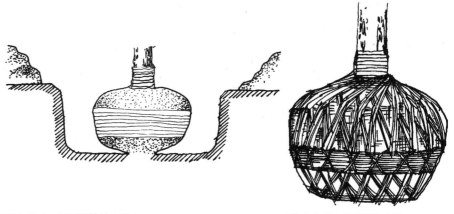

图 8-3-2　打好腰箍的土球　　　　　　　　　　　图 8-3-3　包装好的土球

图 8-3-4　支柱的方法

（六）栽植

1.修剪

苗木栽植前应进行修剪，对于常绿针叶树及用于植篱的灌木不宜多剪，只剪去枯病枝，受伤枝即可，对于较大的落叶乔木，尤其是生长势较强，容易抽出新枝的树木，如杨、柳、槐等可进行强修剪。树冠可剪去 1/2 以上，对于花灌木及生长较偏慢的树木可进行疏枝，短截去全部也或部分叶，去除枯病枝、过密枝，对于过长的枝条可剪去 1/3~1/2。修剪时要注意分枝头的高度。灌木修形，保持内高外低。同时栽植前还应对根须进行适当修剪，主要是将断根、劈裂根，病虫根和过长根剪去，修剪口要平面光滑并及时涂抹防腐剂以防过分蒸发、干旱、冻伤及病虫危害。

2.栽植方法

种植裸根乔、灌木的方法是一人用手将树干扶直，放入坑中，另一人将坑边的好土填入，在泥土填入一半时，用手将苗木向上提起，使根茎交接处与地面相平，这样树根不易卷曲，然后将土踏实，继续填入好土，直到与地平或略高于地平为止，并随即将浇水的土堰做好。栽植带土球树木时，应注意使坑深与土球高度相符，以免来回搬动土球。填土前将包扎物去除，以利根系生长，填土时应充分压实，但不要损坏土球（图 8-3-4）。

（七）养护

栽植较大的乔木时，在栽植后应设支柱支撑，以防浇水后大风吹到苗木，栽植树木后 24 小时内必须浇上第一遍水，水要浇透，使泥土充分吸收水分，树根紧密结合，以利根系发育。养护浇水以及施肥的方法可根据季节情况，因树而定。

第四节　盆景艺术

根据史载，扬州盆景最初见于北宋，在长期的实践中，扬州盆景逐渐形成了特色，成为国内五大派系之一，是扬州园林造景的主要组成部分之一。

扬州盆景多用松、柏、榆、杨（瓜子黄杨）等观叶植物，自幼培育，不断加工整饰，剪扎成形。其技法，其一是扎片，将细嫩的枝条——用棕丝扎缚拿平，使叶叶平仰，诸小枝相聚则成平整云片。其二是根据"枝无寸直"的画理，用棕丝将寸长之枝，扎缚为"一寸三弯"的姿态，最上为云片，即顶片，多为圆形，椭圆形。中，下云片向两侧伸展，多呈掌形。绑扎用的棕丝粗细多种，扎法运用变化，都要随材料、季节等因素而制宜，其营造艺术已代代承传。扬州观花类的盆景，材料与造型姿采纷呈，迎春多提根老桩，碧桃多三弯五层，紫藤多根出枝柔，春梅则有单干、双干、三干诸种，有如意、提篮、疙瘩等式样，而以疙瘩或盆梅最为著名。疙瘩式者即将盆梅于苗期从根部圈绕、纠结，如疙瘩，有单疙瘩、双疙瘩式，最多有三疙瘩。另有顺风梅也很著名，即蟠扎梅枝向一方朝下倾斜，好似梅枝被风吹响一边，造型十分独特雅致。半竹、虎刺等则一盆多株，疏密有致，高下参差，点苔植峰，俨然有林野风貌，银杏、杜鹃、六月雪、金雀、蒲草等却是扬派盆景的制作材料。陈从周说："扬州盆景刚劲坚挺，能耐风霜，与苏松不同,园艺家的剪扎功夫甚深,称之为"疙瘩"云片"及"弯"等，都是说明剪扎所成的多种姿态特征，这些却非短期内可以培养……又有山水盆景，分旱盆，水盆两种，咫尺山林，亦多别出心裁，棕碗菖蒲，根不着土，以水滋养，络平青葱，为他处所不及（图 8-4-1~ 图 8-4-8）。

图 8-4-1 盆景 1

图 8-4-2 盆景 2

图 8-4-3 盆景 3

图 8-4-4 盆景 4

图 8-4-5 盆景 5

图 8-4-6 盆景 6

图 8-4-7　盆景 7（左）
图 8-4-8　盆景 8（右）

第五节　花街

　　花街是园林中的园路的又称，是造园艺术的重要组成，在铺筑的选材和色泽上，既能体现自然界的特色，又不失人工加工的艺术创造力，也能满足使用功能。主要材料有石、砖、瓦、卵石等不同的材料，采用不同的做法显示出多样式图案和周围的环境、意境相融合。

一、花街类型

（一）石材铺地

　　室外天井、园路等大多用石材铺设，石材的铺设形式主要有条石、石板、片石及冰纹铺筑（图 8-5-1、图 8-5-2）。

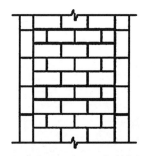
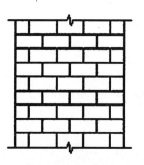

图 8-5-1a　条石　青砖铺地

图 8-5-1b　冰裂纹　乱石铺地

图 8-5-2a　条石铺地

图 8-5-2b　青砖铺地

（二）砖铺地

扬州的室外地面常用条砖、黄道砖铺地，铺设形式一般人字、间方、席纹式等多种图案，其共同特点全部竖铺，其目的是增加砖铺地的耐磨性和稳定性。传统做法的结合层采用砂灰浆，熟灰浆抹灰泥或直接摊铺河沙（图8-5-3、图8-5-4）。

（三）花街铺地

扬州传统建筑的庭院中用砖、瓦、石组合成多种花饰图案的地面叫花街地面，必须按图放大样（图8-5-5、图8-5-6）。

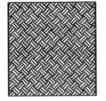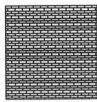

图 8-5-3 砖铺地纹样 1

图 8-5-4 砖铺地纹样 2

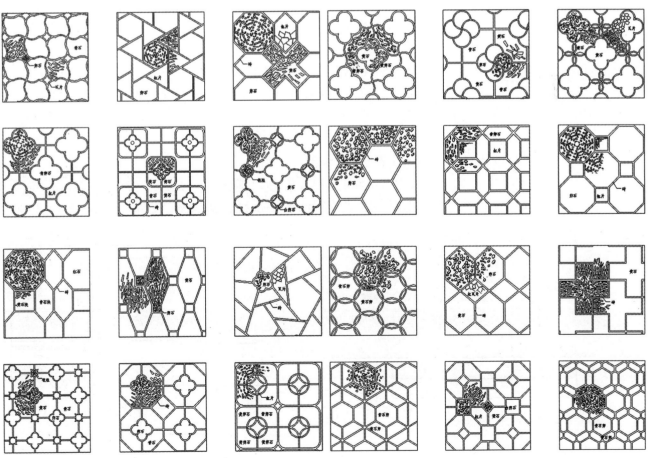

图 8-5-5 花街 1

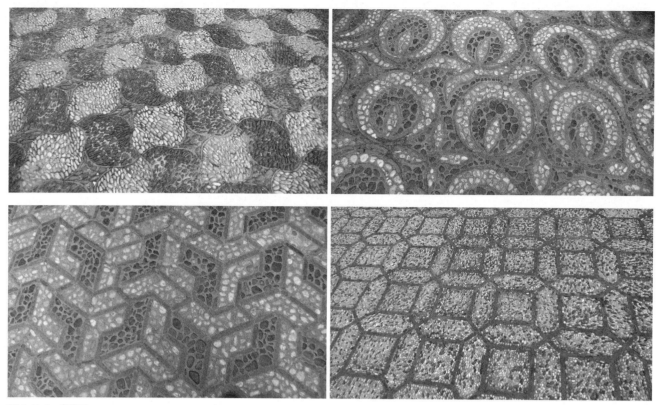

图 8-5-6　花街 2

（四）阶沿石和砖细明沟

当屋面为出檐时，室内地面也相应延伸到檐柱的外侧，这一段地面称为台基，地面台基的边缘与室外地面形成高差，阶沿设置在高差处。一般阶沿采用青条石制作，也有采用青砖侧铺。

阶沿石（图 8-5-7、图 8-5-8）。

巷道之间的对面铺设沿墙部位均做砖细明沟（图 8-5-9、图 8-5-10）。

二、铺贴方法

（一）黄道砖铺地方法

黄道砖的铺设常用人字、席纹、间方和斗纹铺设。砖必须直立。采用河沙、熟灰浆掺灰泥作为结合层，室外铺设时，先将纹样两边纹沿砖铺好，然后铺中间。

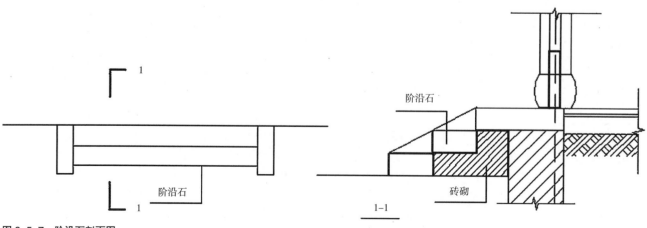

图 8-5-7　阶沿石剖面图

图 8-5-8　阶沿石

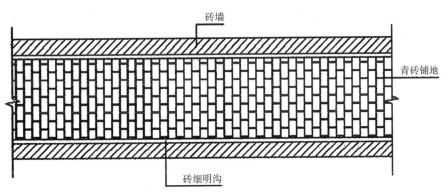

图 8-5-9　砖细明沟

图 8-5-10　砖细明沟

为有利排水，铺设时中心线要拱起。室内铺设时，保证入口处地面一定要完整。

（二）方砖铺地方法

方砖一般用于亭、廊等园林建筑的室内，先进行拉线、试铺找出铺贴的规则，用以确定块数、缝隙的大小和边砖的切割尺寸。仍然自门口开始按开间方向由外向内摊铺结合层，摊铺面积不宜过大，其厚度按水平线高出 1~2mm。将方砖铺设在结合层上时，应注意水平拉线的高度检查砖面水平。用预先调好的桐油抹在砖的侧面，然后在砖面上铺木板，一木槌轻击木板面，使方砖平实、对缝，对挤出砖面的桐油灰浆及时清理。仍然进行补眼、磨光。最后一道工序是在铺好的砖面上刷两道生桐油。

（三）石板铺地方法

石板铺地首先要弹好标高线，以及在垫层上弹互相垂直的控制十字线，作为找到方正的水准，再进行试排，随后核对板块与周围墙面、柱、洞口的相互位置关系。铺灰浆时按水平线高出 1~2mm。铺贴地要拉线，用水平靠尺边铺边靠，保证铺贴平整，纵横缝要通顺。铺好后用木槌敲击以保证密实度，如有空鼓要掀起补浆后重新铺上。冰裂纹块的铺设一般密缝和留缝两种形式，冰裂纹块的形状原则上为五角以上，少用三角、四角。注意每个角都必须为阳角，加工要有大小形状的变化。

（四）花街铺地方法

首先根据图案准备镶嵌用的材料，同时按图案放大样。结合层的厚度要控制在 40mm 以上左右，在摊平的结合层上，用望砖、小瓦等铺设纹样，图案及线条；再用各色卵石、砾石、碎缸片、碎碗瓷及各种矿石镶嵌填充；最后拼成异彩的图纹。用直尺压平夯实，用干灰浆扫缝后清理，并注意养护。

（五）卵石铺地方法

鹅卵石铺地是使用规格相近的鹅卵石铺插而成的面层。结合层与花街铺地相同，在铺设鹅卵石路面时先要对卵石筛选，优选扁圆形的，铺插时要立插，铺插方向须一致而错落布置，不须整齐排列。铺设时必须铺一段，以木板压平压实以保证铺插表面的平整，待达到一定强度时进行表面清理，并做好管养工作（图 8-5-11）。

鹅卵石出自江滩河床，在我国分布很广，扬州的鹅卵石主要来自于六合、仪征两地。铺装前要对鹅卵石进行挑选，大小匀称，形状扁圆，色泽光滑，并按不同的色彩分类堆放。使用前要冲洗干净，施工时应按设计图案要求进行定位、画线并做好标高控制点，利用瓷砖、小瓦拼接图案时，应进行砖瓦加工，试拼后用墨斗在地上弹出规矩线，将砖，瓦用灰浆固牢，结到一定强度后，进行"参石子"卵石的结合层一种用干铺另一种用湿铺，干铺是灰浆干拌后，均与地散在园路的基层上，然后开始"参卵石"，砌满后用模板将其拍平压实，再用灰浆撒在面上用软扫帚扫进卵石缝隙间，卵石要露出 1/3 高，接着要喷洒一些水，浇水要适度，并及时清理卵石面的灰浆，保持卵石清晰干净。湿铺与干铺程序是一样的，灰浆是加水的，水分不宜过大，铺好后要做好养护，清污工作（图 8-5-11）。

图 8-5-11　卵石铺地

附录1 民居实例及特征

第一节 广陵民居风貌调查

一、汪氏小苑

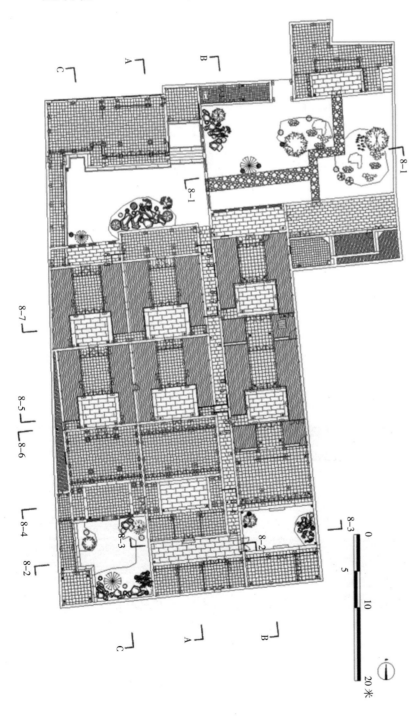

图1 汪氏小苑总平面图

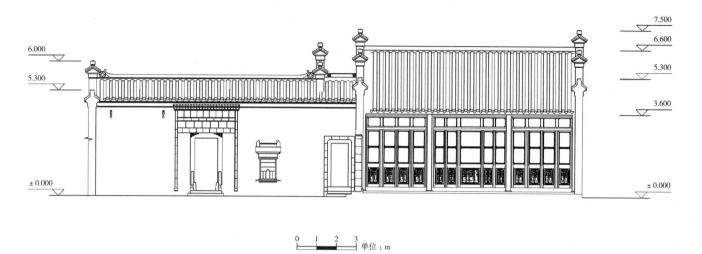

图2 汪氏小苑8-3剖面图

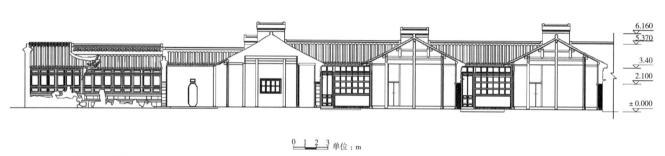

图3 汪氏小苑C-C剖面图

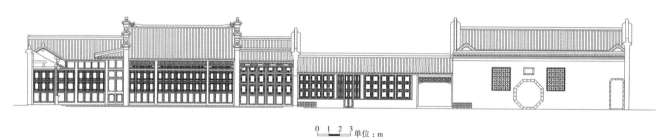

图4 汪氏小苑北部花园剖面图

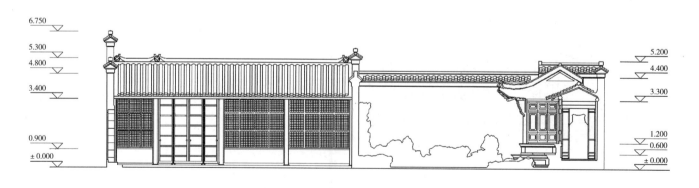

图5 汪氏小苑8-2剖面图

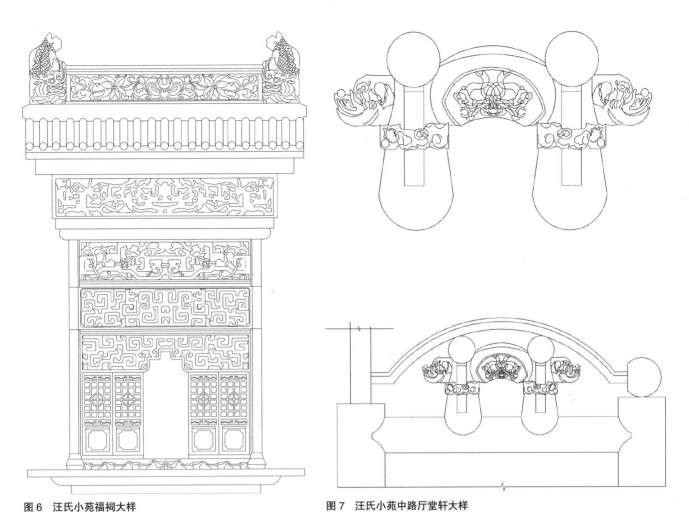

图 6　汪氏小苑福祠大样

图 7　汪氏小苑中路厅堂轩大样

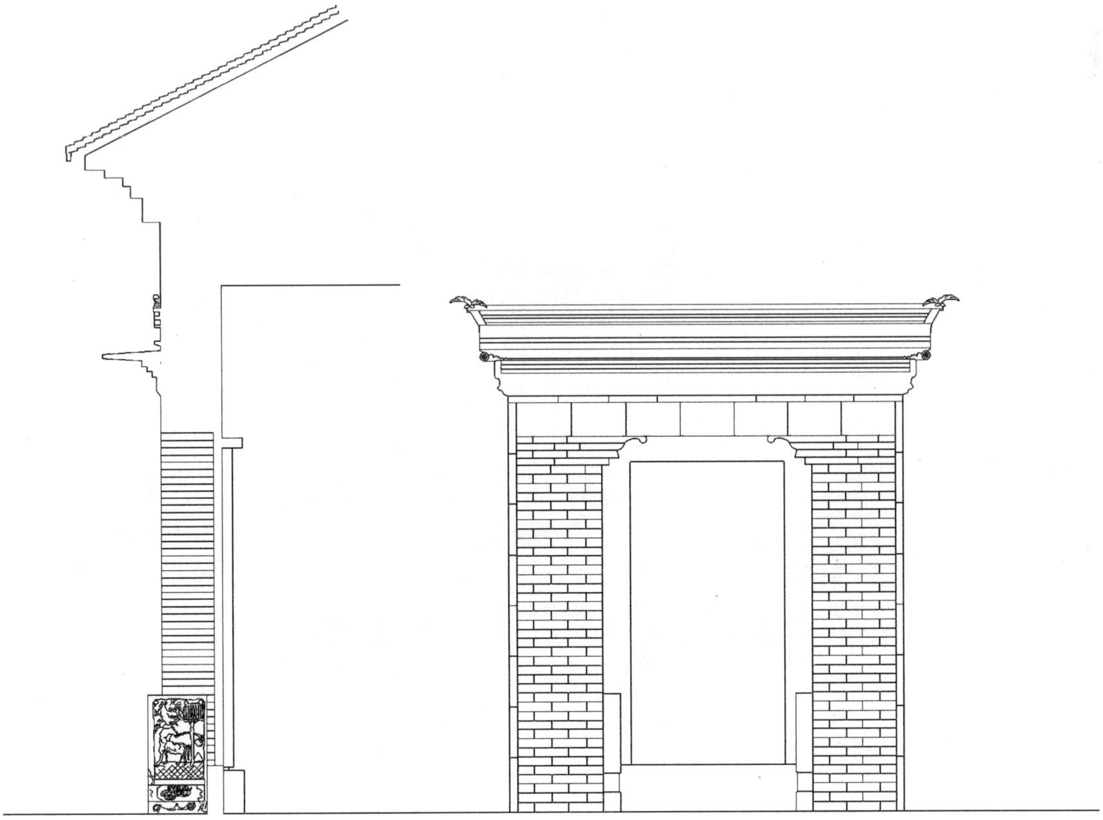

图 8　汪氏小苑
入口大门大样

二、朱自清故居

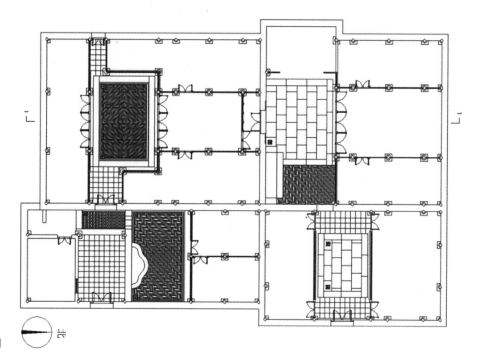

图 9　朱自清故居平面图

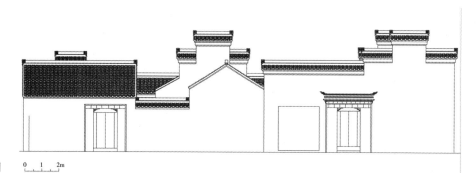

图 10　朱自清故居东立面图

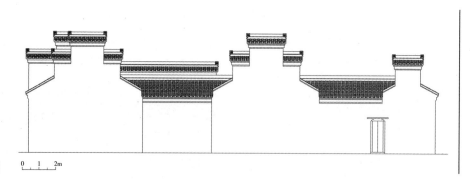

图 11　朱自清故居西立面图

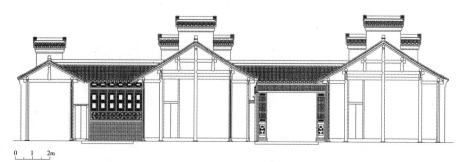

图 12　朱自清故居剖面图

图 13 朱自清故居木雕花

三、曹起溍故居

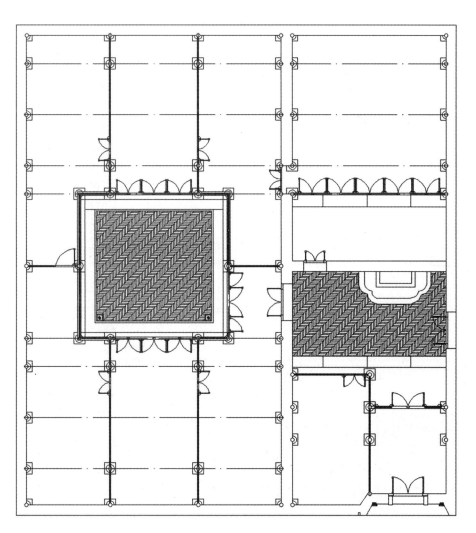

图 14 曹起溍故居平面图

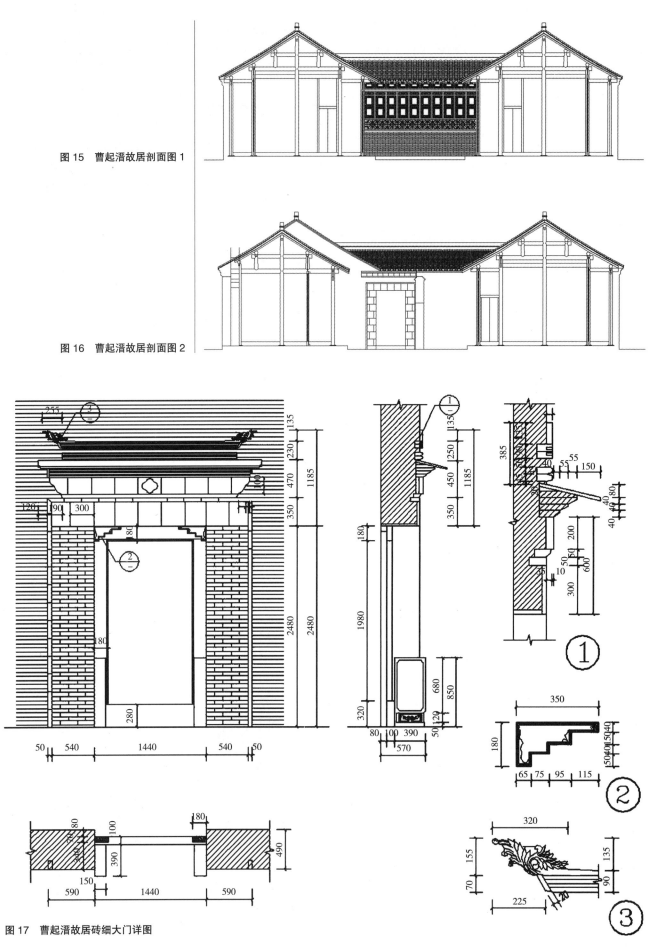

图 15 曹起潛故居剖面图 1

图 16 曹起潛故居剖面图 2

图 17 曹起潛故居砖细大门详图

四、刘文淇故居

图 18　刘文淇故居剖面图 1

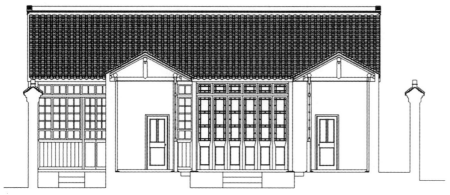

图 19　刘文淇故居剖面图 2

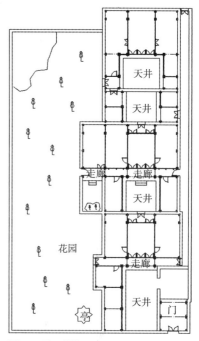

图 20　刘文淇故居平面图

第二节　邗江民居风貌调查

一、邗江概况

邗江区，是江苏省扬州市下辖，位于江苏省中部，长江三角洲腹部，长江与淮河交汇处，东依上海，西连南京，南临长江，北接淮水，中贯京杭大运河，是国家历史文化名城——扬州的重要组成部分。邗江因春秋吴王夫差筑邗城、开邗沟而得名，距今已有 2500 多年历史。

邗江传统民居建筑特征是扬州传统民居建筑的风貌的重要组成部分。同时亦见证当年民居主人物质财富与精神需求精致生活方式的个性特点和本质，对于当今城市风貌和雅致的人居环境乃有传承、借鉴作用。

邗江市在扬州的地理位置见图 1。

二、建筑特征

（一）平面特征

院落

民居院落主要通过单元与单元进行组合，形成了以正院为核心，向南北进行延长、组合，延生出两边厢房，中间天井的模式。平面布局示意图见图 2~图 4。

普通民众有小型宅房即可安居。小型宅房占地不大，常见的为三间两厢。正房三间中，中间为堂屋，左右为卧房，两厢则为厨房、书房。平民百姓家的大门多在旁侧厢房前，进门有过道，过过道即到天井。天井稍大的，在天

图 1　邗江区在扬州的地理位置图

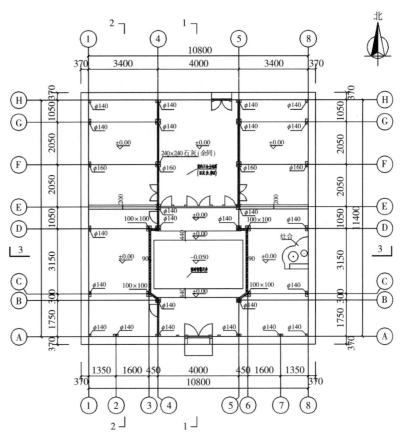

图2 蔡庄古民居平面图

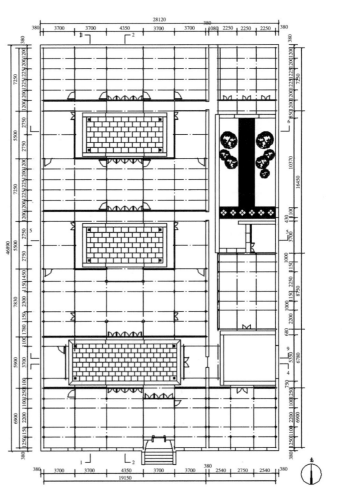

图3 胡笔江故居平面图

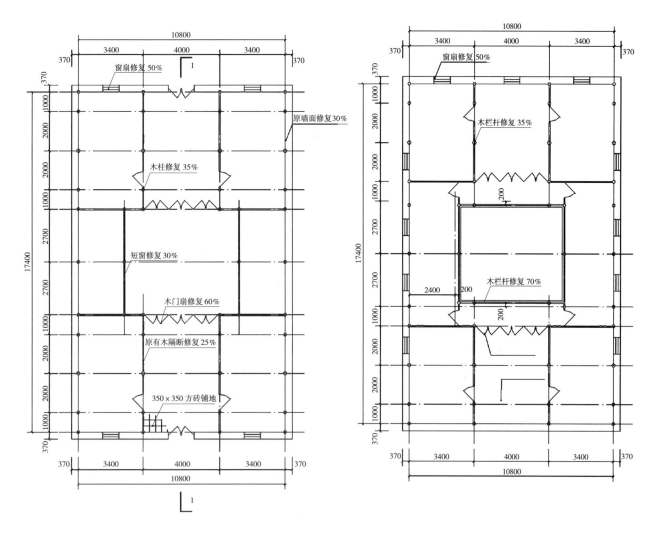

图 4　湾头陈氏故居平面图

井一角设有花坛，植以春兰秋菊，以示季节更替。小型宅院结构紧凑，经济实用。估计郑板桥舍弟所买的"严紧密栗，处家最宜"的房屋，就是这类小型宅房。

稍富裕的人家则拥有中型宅院了。中型宅院一般有正屋二至三进，有大门，也有后门。前进有门房、客厅，中进有厅堂、书房，后进有住房、卧室。再后有厨房、小院，小院为小花园，植有四季花木，稍大一点的，还筑有小亭、水池。每一进都有天井，天井两侧为厢房，厢房可与正房通联，以利通风采光。

（二）立面特征

一组院落中，各建筑部分（除街坊、作坊）的高度有着严格的秩序尊崇，由高往低依次为：正屋、正院厢房、门屋、外厢房、院墙。其中厢房高度最高不超过正屋金檩高度，院落高度一般与正屋檐口相当或更低。民居正院一般没有较大的植物，主要是因为院身不大所致（图5、图6）。

（三）建筑细部

1. 木构架

邗江传统民居多为砖木混合结构，以其中正屋为例，外围一般为两侧山墙加后檐墙，里面多设计成凹肚，除窗下可能设砖砌槛墙，其余部分多为木结构；内部一般为纯木结构，木壁板用来隔断明间与次间。木构架详图见图7、图8。

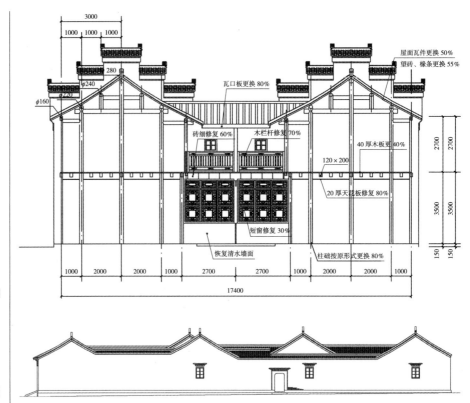

图 5　湾头陈氏故居剖面图

图 6a　胡笔江故居立面图

图 6b　胡笔江故居立面图

2. 大门

大门及仪门在整个建筑组群中的地位突出，也是最能综合体现邗江传统民居造型气质的部位（图 9~ 图 12）。这类门有屋宇式和墙恒式，以前者居多。并可依据檐部出挑方式分为 3 个极具代表性的类型：木椽加飞子出挑门面、砖仿木结构出挑门面、叠砖出挑门面。其中前两种为大出挑。

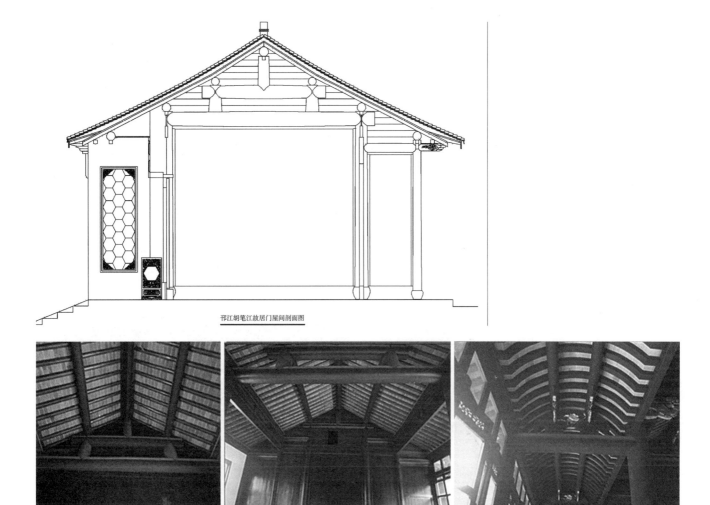

邗江胡笔江故居门屋间剖面图

图 7　木构架 1

图 8　木构架 2

3. 墙体

墙就使用部位来讲主要分为屋墙、院墙（图 13）、影壁（图 14）、封火墙，而屋墙又可分为两面山墙（图 15）和后檐墙。山墙一般分为上中下三段。上部：砖檐（图 16），由上而下依次为边托条（又叫披水）、捕风砖（又叫博缝）、拔檐砖。中部为墙身，下部墙裙。后檐墙与其区别体现在上部，一般为 3~5 叠砖出挑下或直接接墙身，或加捕风砖、拔檐砖接墙身。

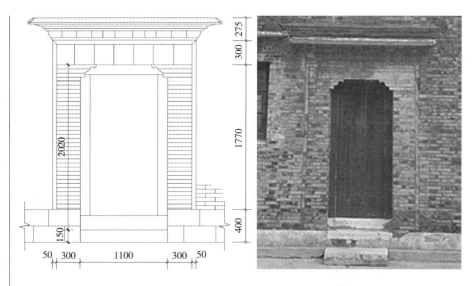

图 9　砖细大门

图 10　大门砖雕（左）
图 11　大门八字墙（右）

图 12　福祠

4. 屋顶

　　屋顶多为硬山，偶尔也会出现歇山、叠屋面、勾连搭、卷棚等，其中叠屋面多用于街铺的二层或进深较大的建筑，旨在加大室内采光。屋脊是区分房屋在院落群中地位的重要标志之一，尤其以正屋屋脊（图 17）最为讲究，比较具有代表性的形制为带陡砖的类似"通脊"的做法。

图 13　院墙

图 14　照壁

图 15　山墙

图 16　砖檐

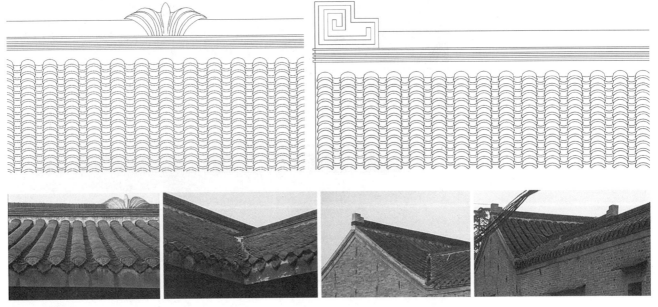

图 17　正脊

5. 其他特色节点

邗江传统民居道现还保存着传统的古井、木挂落、雀替、撑牙（图18）、木板拼门（老商铺）、漏窗、木格扇门窗（图19）、栏杆（图20）、封檐板（图21）、老翼角、飞椽、景门（图22）、柱础（图23）、额匾、对联（图24）、地面铺装（图25、图26）、阶沿石（图27）、木门槛（图28）、传统木家具（图29）等。正是因为有当地特色的石、木构件的点缀，才造就了高邮传统民居古香古色的气质，让游人寻觅在老街时，流连忘返，回味无穷。

清代的扬州城多为盐商筑居，邗江区亦有商贾的垂青。花窗呼应，轩廊相连，布局合理，构筑精良，是不折不扣的见证繁荣的印记。凡此种种，足够令人遥想当初。邗江传统民居的木结构多为抬梁式或穿斗式。外围砌较薄的空斗墙或编竹抹灰墙，墙面多粉刷白色。屋顶结构也比北方住宅为薄。墙底部常砌片石，室内地面也铺石板，以起到防潮的作用。厅堂内部随着使用目的的不同，用传统的罩、隔扇、屏门等自由分隔。梁架仅加少量精致的雕刻，涂栗、褐、灰等色，不施彩绘。房屋外部的木构部分用褐、黑、墨绿等颜色，与白墙、灰瓦相映，色调雅素明净，与周围自然环境结合起来，形成景色如画的水乡风貌。

邗江传统民居建筑尺度及建筑用材规模上都没有扬州城区的大，建筑工匠手法上与扬州城区有所相似。室内装饰与扬州城区相比，较为朴素。技艺上出现了三个体系：邗江北部地区与高邮、邵伯工匠交强，形成了北区工匠技艺；东南沿江李典、沙头、杭集工匠与江都嘶马、大桥工匠交流较多，直接受到泰州地区的影响，形成了东南沿江地区工匠技艺；瓜州地区与镇江相邻，受镇江工匠技艺影响较多，形成了瓜州工匠技艺派。三个体系均相辅相成，各有千秋，出手风格各异。

图18　木构件

图 19　门窗

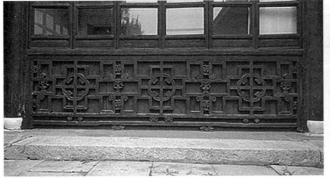

图 20　栏杆（左）
图 21　封檐板（右）

图22a　景门（左上）
图22b　屏门（左下）
图23　柱础（右上、
右中、右下）

图24　对联

图 25a 地面铺装（小青砖）　　　图 25b 地面铺装（混土）

图 26a 地面铺装（青石板）　　　图 26b 地面铺装（方砖）

图 27 阶沿石

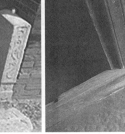

图 28 门槛

图 29 木家具

第三节　江都民居风貌调查

一、江都概况

江都区位于江苏省扬州市卜辖区，地处于江苏省中部，南濒长江，西傍扬州市广陵区、邗江区，东与泰州市接壤，北与高邮市毗连。江都区早在五六千年以前的新石器晚期，就有人类从事各项农业生产活动。春秋时期属吴国。秦楚之际，项羽欲在广陵临江建都，始称江都。

江都区域内的现存传统民居分布点较多。其中千年古镇有邵伯、大桥、丁沟、樊川等，当然也包括市区里的老城区（仙女镇）。

邵伯积极融入扬州旅游圈，欲将古镇打造成扬州第二个东关街。规划中，未来邵伯旅游将形成"一街三湖"格局。一街是邵伯古街，三湖指邵伯湖、渌洋湖、艾菱湖。渌洋湖和艾菱湖可以打造成以农家乐为特色的湿地游。

大桥民居是南方典型木结构民居，多半是三间两厢带小院式。客厅多是落地木窗格。屋沿有垂帘与滴水。多半是龙头或蝙蝠花纹。大门多半是黑漆大门居多。大桥古镇的石板街东西有中大街，南北有塌扒街。

丁沟的老街分布在丁沟中学的附近，莘莘学子就是在这古韵十足的建筑氛围中学习，并伴随着老三阳河的流水不息。不由让人想起风声雨声读书声，声声入耳；家事国事天下事，事事关心。

樊川古镇，因水而名，因水而盛。三里长街，一水中流，从西南奔向东北，注入板桥塘。街河两边是河房，别有一番情趣：结茅为庐，冬暖夏凉；水榭画阁，古色古香；临轩一啸，绿云如涌；冬日围炉，红袖添香。

郭村镇毗邻泰州市，是扬州、江都的"东大门"。郭村曾经最繁华的老街位于老郭村河北岸，依河势而建，宽4m，约有一里地长。老街西南角，在新中国成立前曾有居民多次挖掘到古老城墙的城砖。因为在南首河对岸有座远近闻名的古真武庙，当地人习惯称老街为庙头街。

相对更多的诗情画意，提起仙女镇的徐晓轩故居，不由让我们想起红色小说《红岩》，让后人深深地缅怀。这位革命烈士故居可以说是江都老城区传统民居建筑风格的代表。江都市在扬州的地理位置见图1。

二、建筑特征

（一）平面特征

院落

民居院落主要通过单元与单元进行组合，形成了以正院为核心，向南北进行延长、组合，延生出两边厢房，中间天井的模式。

正院为井院形制，一般由正屋（面阔三间或五间）、厢房（两厢或一厢）、檐廊或檐阶、井院构成；大多数民居中厢房的后檐墙与正屋山墙在一条轴线上；院身相对较小。

尽管住房大小不等，但每一户人家都有天井。天井的主要功能是通风、采光。但扬州人却另有一说："四水归堂"，是因为天井的四面是四间屋的屋面，屋面上的雨水都会淌到天井里。有的人家讲究"肥水不落外人田"，在天井一角备有大缸，专门用来存蓄雨水。这雨水又叫作"天落水"，用此水烹茶待客，

图1　江都在扬州的地理位置图

可为上宾之礼。这一大缸的雨水又有另外一种特殊妙用，万一有了火灾时，这缸水可解燃眉之急，逢凶化吉，遇难呈祥。平面布局示意图见图 2~ 图 5。

（二）立面特征

一组院落中，各建筑部分（除街坊、作坊）的高度有着严格的秩序尊崇，由高往低依次为：正屋、正院厢房、门屋、外厢房、院墙。其中厢房高度最高

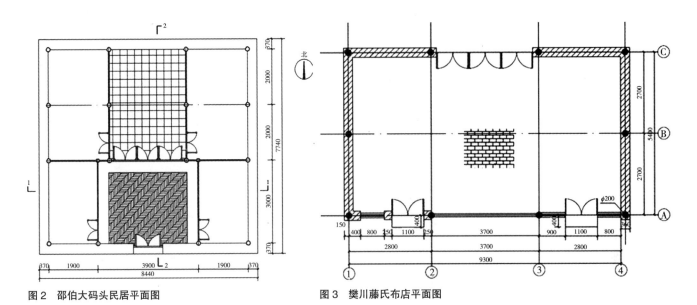

图 2　邵伯大码头民居平面图

图 3　樊川藤氏布店平面图

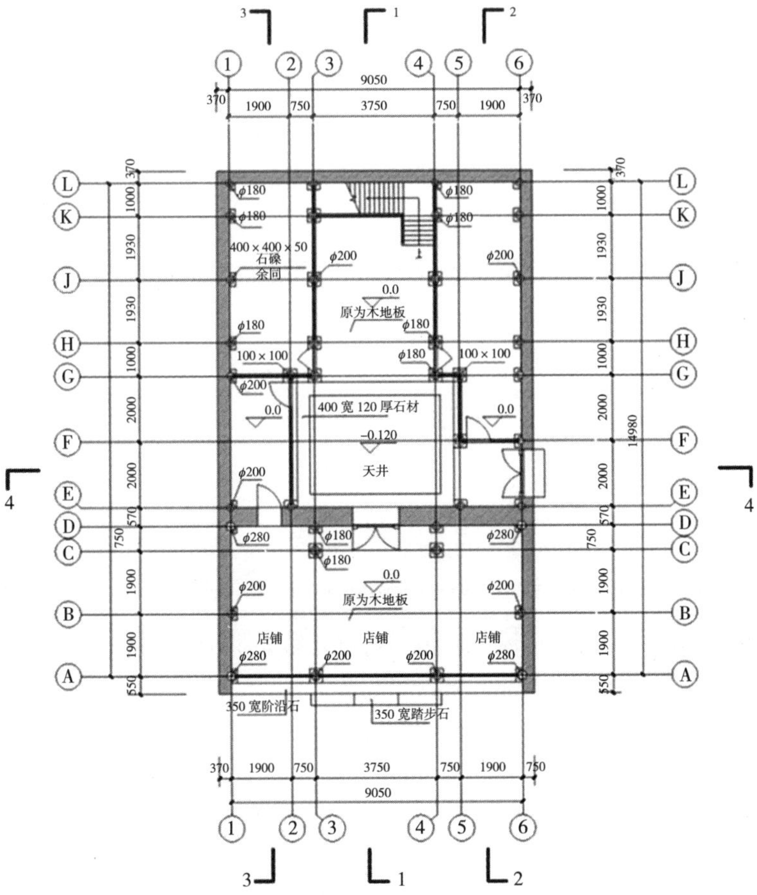

图 4　邵伯竹巷口老商铺平面图

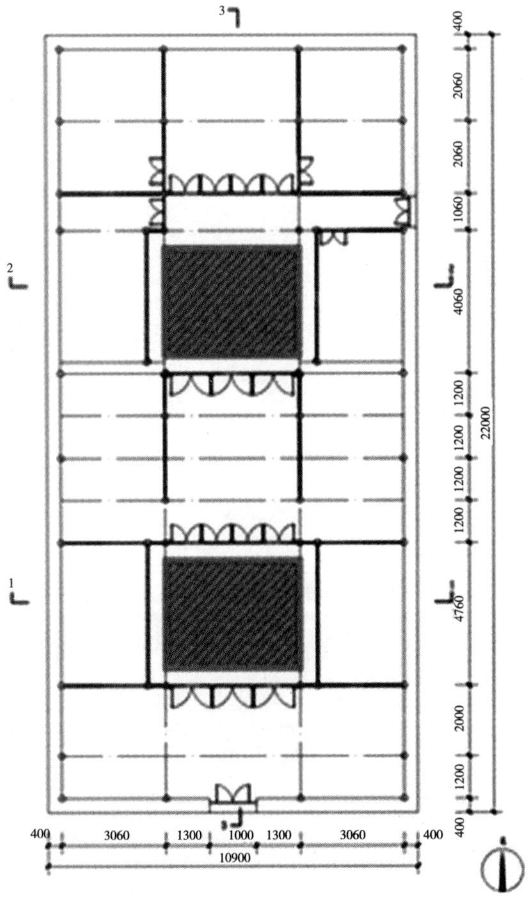

图 5　江都许晓轩故居平面图

不超过正屋金檩高度，院落高度一般与正屋檐口相当或更低。民居正院一般没有较大的植物，主要是因为院身不大所致。总体来说，江都传统民居建筑风貌的各项参数都略小于扬州。

江都的住宅建筑，外立面往往没有装饰而是用青砖堆砌而成，又因小巷一般较为狭窄，因此民居的外墙往往给人以冷峻、肃穆、高大的感觉，与同处江南，却莺歌燕舞的苏州的粉墙黛瓦不同，也与内敛却活泼的无锡高高低低的观音兜不一样。扬州民居的外墙给多给人的是"高"与"冷"的体验。建筑立面风格参见图6、图7。

（三）建筑细部

1. 木构架

江都传统民居多为砖木混合结构，以其中正屋为例，外围一般为两侧山墙加后檐墙，住里面多设计成凹肚，除窗下可能设砖砌槛墙，其余部分多为木结构；内部一般为纯木结构，木壁板用来隔断明间与次间。木构架详图见图8~图10。

2. 大门

大门及仪门在整个建筑组群中的地位突出，也是最能综合体现高邮传统民居造型气质的部位（图11）。这类门有屋宇式和墙恒式，以前者居多。并可依据檐部出挑方式分为3个极具代表性的类型：木椽加飞子出挑门面、砖仿木结构出挑门面、叠砖出挑门面。其中前两种为大出挑。

3. 墙体

墙就部位来讲，主要分为屋墙、院墙（图12）、影壁、封火墙（图13），而屋墙又可分为两面山墙（图14）和后檐墙。山墙一般分为上中下三段。上部：砖檐（图15），由上而下依次为边托条（又叫披水）、捕风砖（又叫博缝）、拔

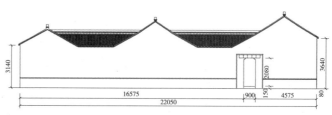

图6　许晓轩故居立面图

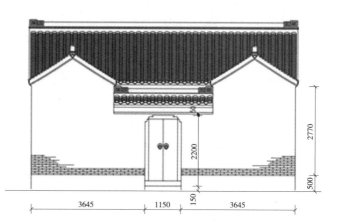

图7　实例邵伯大码头民居立面图

檐砖。中部为墙身，下部墙裙。后檐墙与其区别体现在上部，一般为 3~5 叠砖出挑下或直接接墙身，或加捕风砖、拔檐砖接墙身。江都传统民居墙体的砌筑方式（图 16）也是多姿多彩。

4. 屋顶

屋顶多为硬山，偶尔也会出现歇山、叠屋面、勾连搭、卷棚等，其中叠屋

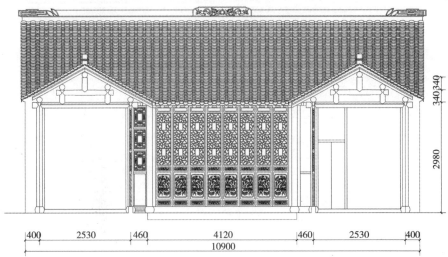

图 8 许晓轩木构架

图 9 天窗

图 10 丁沟明朝风格木构架

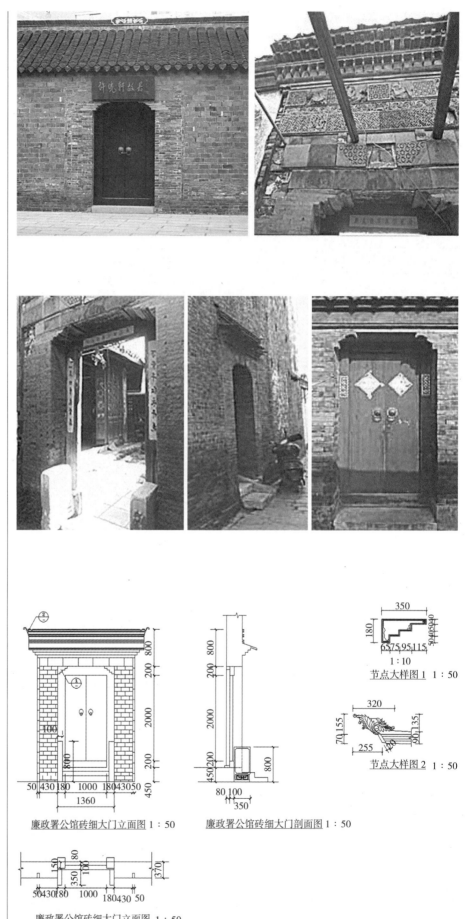

图 11　砖细大门

廉政署公馆砖细大门立面图 1∶50

廉政署公馆砖细大门剖面图 1∶50

节点大样图 1　1∶50

节点大样图 2　1∶50

廉政署公馆砖细大门立面图 1∶50

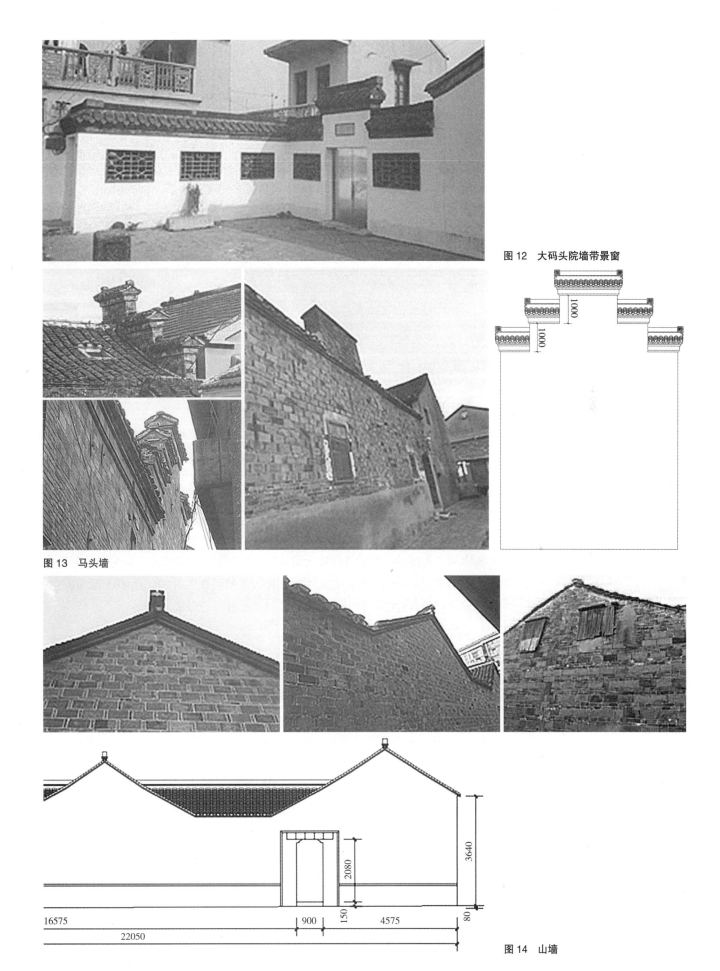

图 12　大码头院墙带景窗

图 13　马头墙

图 14　山墙

图 15　砖檐

图 16　砌筑方式

面多用于街铺的二层或进深较大的建筑，旨在加大室内采光。屋脊是区分房屋在院落群中地位的重要标志之一，尤其以正屋屋脊（图17、图18）最为讲究，比较具有代表性的形制为带陡砖的类似"通脊"的做法。

5. 其他特色节点

高邮老街道现还保存着传统的古井（图19）、木挂落、雀替、撑牙、木板老商铺拼门（图20）、木楼梯（图21）、木格扇门窗（图22）、木栏杆（图23）、封檐板（图24）、老翼角（图25）、飞椽、阶沿石、木门槛、传统木家具、柱础、地面铺装（图26）、景门（图27）等，正是因为有当地特色的石、木构件的点缀，才造就了高邮传统民居古香古色的气质，让游人寻觅在老街（图28）时，流连忘返，回味无穷。

江都这座拥有近2500年历史的文化名城，自隋炀帝开凿运河，促进了长江和黄河流域的经济文化交流，便奠定了江都的交通枢纽地位，不仅为江都带来了不断的战火、源源不断的财富和奢靡的社会文化，也为江都带来了各地的富商、官吏和能工巧匠。使得江都的传统民居不但具有典型的江南民居清雅秀丽的特色，也融合了北方大气磅礴的气质，这种兼容南北的设计风格，便形成了"洗尽铅华也从容"的扬派建筑特有的风韵。古镇老街，诗意永无穷。令人欣慰的是，如今江都的各个古街在大运河的江涛声声中，风采依旧，繁华依旧，不同的是在新时代的旋律里，更享呵护，更显生机……

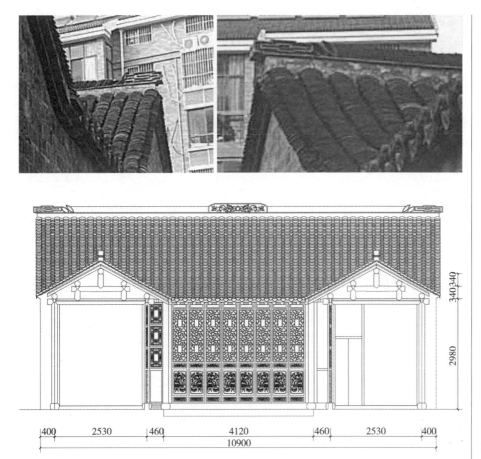

图 17 许晓轩故居屋脊

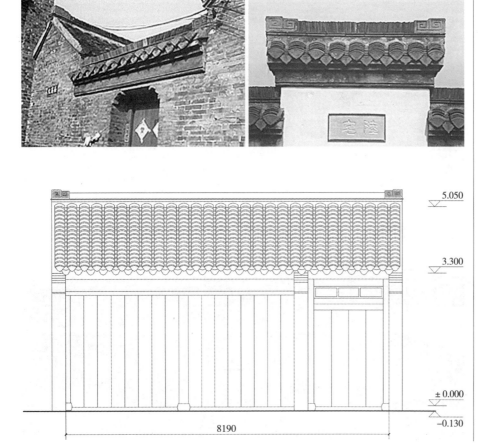

图 18 邵伯传统屋脊

图 19*a*　大桥镇古井（左）
图 19*b*　老街马头墙与砖雕栏杆结合（右）

图 20　木板拼门（左）
图 21　木楼梯（右）

图 22　木隔扇门窗

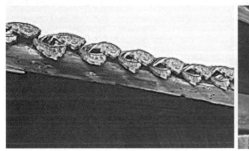

图 23　木栏杆

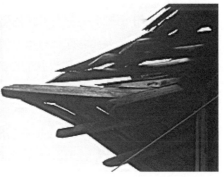

图 24　封檐板

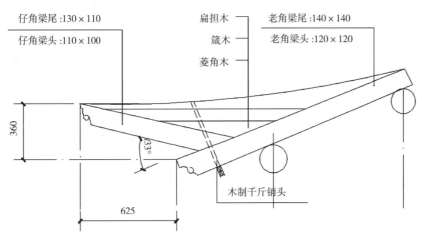

仔角梁尾 :130×110

仔角梁头 :110×100

扁担木

箴木

菱角木

老角梁尾 :140×140

老角梁头 :120×120

360

33°

625

木制千斤铺头

图 25　邵伯老翼角

图 26 室内地面铺装

图 27 大桥镇景门（左）
图 28 大桥镇老街（右）

　　江都工匠是古代扬州城，泰州城建设的主力军，为当今的"建筑之乡"奠定了基础，由于受到大运河与长江的滋润，建筑技艺方面因为邵伯、仙女、樊川段运河的影响，与北方匠师技术交流较多；因大桥与长江的影响，与江南匠师交流较多，从而形成了两个不同的工匠技艺体系。即邵伯工匠技艺、大桥工匠技艺。邵伯工匠参与扬州城的建设较多；大桥工匠参与泰州城的建设较多，二者技艺上有着不同的地域特征。从江都的建设风貌调查来看，西北地区及里下河地区的建筑风貌因工匠长期在扬州城区服务，因而风貌类似于扬州城区建筑风貌；同理，江都沿江地区及大桥地区的建筑风貌类似于泰州地区风貌。其构造及建筑技术特征差距较大，同时操作方法也有明显的不同。

第四节　高邮民居风貌调查

一、高邮概况

　　高邮市位于中国江苏省中部，京杭大运河沿岸，高邮湖畔。高邮历史悠久，代表江淮地区东部史前文化的龙虬庄遗址，表明 7000 多年前境内便有人类的璀璨文明。公元前 223 年，秦王政时筑高台、置邮亭，故名高邮，别称秦邮、盂城。高邮为江苏省历史文化名城，有丰厚的历史文化底蕴和丰富的文化旅游资源。高邮市在扬州的地理位置见图 1。高邮大街道体系代表图见图 2，小巷道体系代表图见图 3。

高邮区域内的现存传统民居主要集中在现高邮老城区，并高密度性地分布在市里街巷两侧。其中成街区完整保存的有南门大街、北门大街、焦家巷3个片区。

二、建筑特征

（一）平面特征

院落

民居院落主要通过单元与单元进行组合，形成了以正院为核心，向南北进行延长、组合，延生出两边厢房，中间天井的模式。

正院为井院形制，一般由正屋（面阔三间或五间）、厢房（两厢或一厢）、檐廊或檐阶、井院构成；大多数民居中厢房的后檐墙与正屋山墙在一条轴线上；院身相对较小。高邮的住房通常朝南，其堂屋采用敞厅式，堂屋南有隔扇门，隔扇门通常为六扇，可装可卸，夏日卸下可以通风纳凉，冬日装上能够遮挡严寒。堂屋北侧又有屏风隔扇，从左右两侧绕过屏风隔扇，为堂屋北门，由此可以进入后进宅院的天井。若家中有婚丧寿庆一类的大事，敞开南北隔扇，可使堂屋与前后天井通联，既扩大了活动的空间，又便利庞大物品的进出。平面布局示意图见图4。

（二）立面特征

一组院落中，各建筑部分（除街坊、作坊）的高度有着严格的秩序尊崇，由高往低依次为：正屋、正院厢房、门屋、外厢房、院墙。其中厢房高度最高不超过正屋金檩高度，院落高度一般与正屋檐口相当或更低。

民居正院一般没有较大的植物，主要是因为院身不大所致，院落中一般会有水井，但一般不设在正院内，高邮传统民居院中古井见图5。

（三）建筑细部

1. 木构架

高邮传统民居多为砖木混合结构，以其中正屋为例，外围一般为两侧山墙加后檐墙，里面多设计成凹肚，除窗下可能设砖砌槛墙，其余部分多为木结构；内部一般为纯木结构，木壁板用来隔断明间与次间。高邮建筑风貌结合了扬州和淮安各自的特色。规格略小于扬州。木构架详图（实例为高邮老正大布店）见图6~图10。

图1 高邮在扬州的地理位置图

图2 高邮大街道体系代表图（左）
图3 高邮小巷道体系代表图（右）

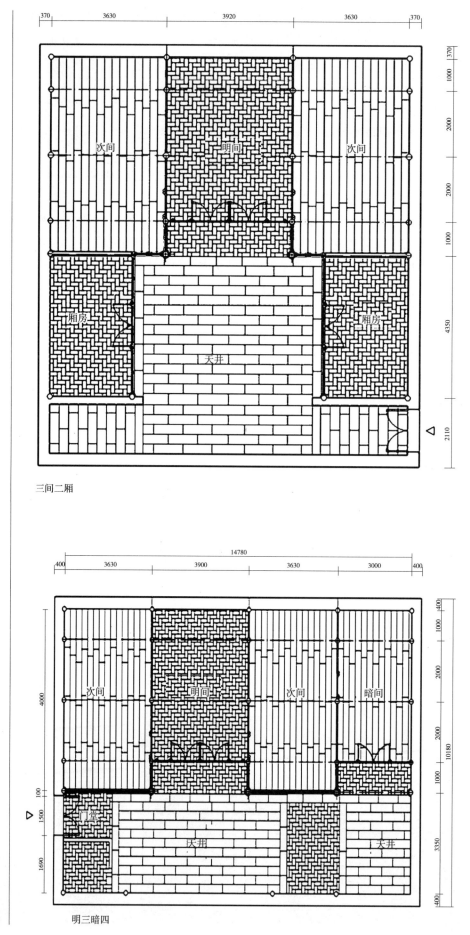

三间二厢

明三暗四

图4　建筑平面布局

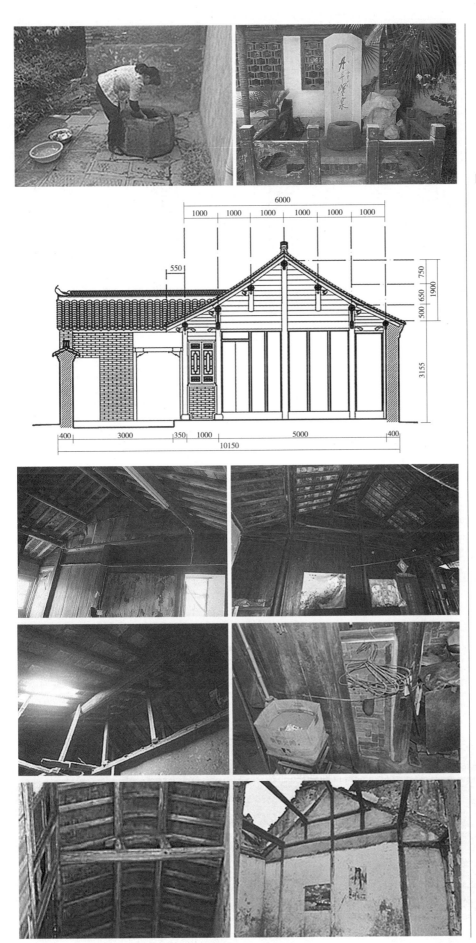

图 5　水井

图 6　建筑木结构

图 7　天窗（左）
图 8　窗下墙（右）

图 9　轩廊（左）
图 10　山墙举架（右）

255

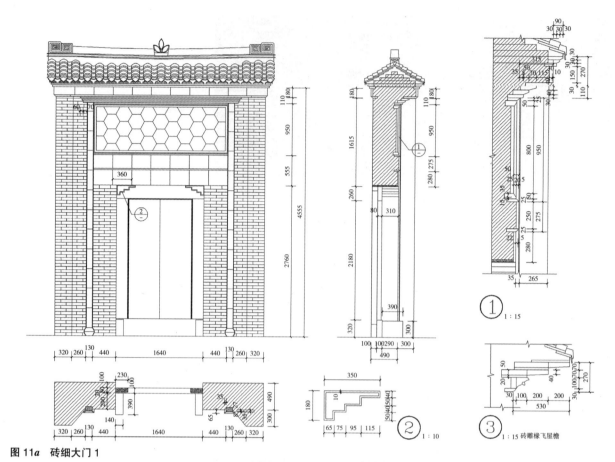

图 11a 砖细大门 1

图 11b 砖细大门 2

图 11c 砖细大门 3

图 11d 砖细大门 4

图 11e 砖细大门 5

图 11f 门顶砖雕

图 11g 竹板门

2.大门

大门及仪门在整个建筑组群中的地位突出，也是最能综合体现高邮传统民居造型气质的部位，有各种样式精美的砖细、砖雕（图11），下游门枕石及门鼓石。这类门有屋宇式和墙恒式，以前者居多。并可依据檐部出挑方式分为3个极具代表性的类型：木椽加飞子出挑门面、砖仿木结构出挑门面、叠砖出挑门面。其中前两种为打出挑。

3.墙体

墙就部位来讲，主要分为屋墙、院墙、影壁、封火墙（图12），而屋墙又可分为两面山墙（图13）和后檐墙。山墙一般分为上中下三段。上部：砖檐（图14），由上而下依次为边托条（又叫披水）、捕风砖（又叫博缝）、拔檐砖。中部为墙身，下部为裙肩（图15）。后檐墙与其区别体现在上部，一般为3~5叠砖出挑（图16）下或直接接墙身，或加捕风砖、拔檐砖接墙身。

4.屋顶

屋顶多为硬山，偶尔也会出现歇山、叠屋面、勾连搭、卷棚等，其中叠屋面多用于街铺的二层或进深较大的建筑，旨在加大室内采光。屋脊是区分房屋在院落群中地位的重要标志之一，尤其以正屋屋脊（图17）最为讲究，比较具有代表性的形制为带陡砖的类似"通脊"的做法。

图12 马头墙

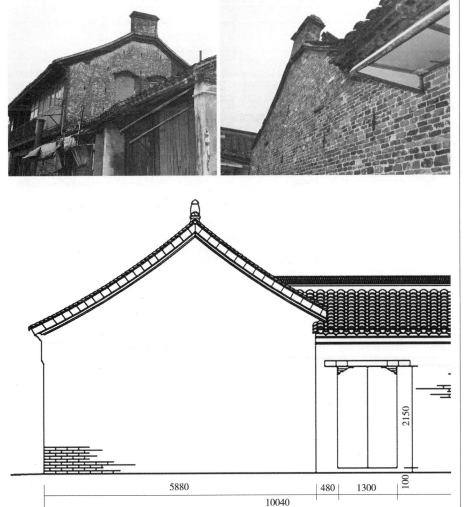

图13a 山墙

图13*b*　山墙（左）
图14　砖檐（右）

图15　特色墙裙——通风排水

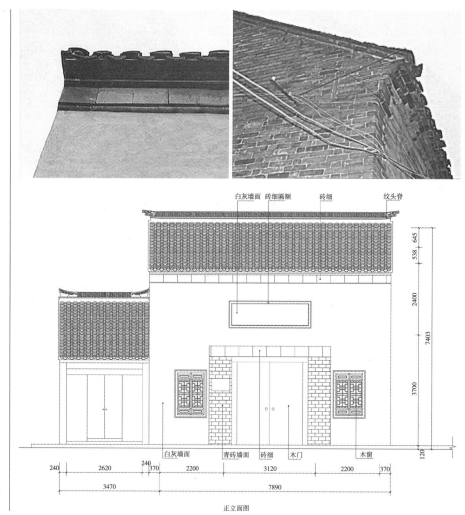

图16　高邮传统檐墙上部——叠砖出
挑、捕风砖

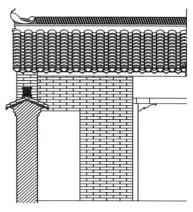

图 17   正脊

5. 牌坊

高邮北门大街的石牌坊（图 18）或许没有南门大街高邮驿站那么焕发着历史底蕴，但它与传统民居建筑联系得更加紧密，更接地气。透过牌坊看老街，仿佛回到了若干年前真实的老街画面。物换星移，沧桑几度，或许北门大街的石牌坊已黯然失色，但牌坊显示出独立的艺术美，仰望着北大门牌坊，这座古色古香的牌坊早已成为老街的标志和守护者的化身。

6. 其他特色节点

高邮老街道（图 19、图 20）现还保存着传统的木挂落、雀替、撑牙、木板拼门（商铺）、木隔扇门窗（图 21）、栏杆（图 22）、老翼角（图 23）、飞椽（图 24）、阶沿石（图 25）、木门槛（图 26）、柱础（图 27）、传统木床（图 28）、景门等，正是因为有当地特色的石、木构件的点缀，才造就了高邮传统民居古香古色的气质，让游人寻觅在老街时，流连忘返，回味无穷（图 29）。

高邮传统民居建筑的面宽与进深与扬州城区相比，略微小一点。其用料较少，不采用封闭性外墙，雕刻图案略显简单，建筑工艺水平有独特之处，但工艺水平较扬州城区比，较为一般。室内装修较为朴素，不过于追求豪华。街巷宽度与扬州城区相近，建筑风貌一定程度上受广陵和淮安的建筑风貌影响，是淮安与扬州风貌的结合体。

高邮市龙虬镇、界首镇的老街以及依然保持着明清年代的街市情趣：老街原貌——石板铺路、老字号回家，大红灯笼高高挂。茶店酒肆、书场墨庄、戏台棋院、古装模特、浴室跑堂、匾额旗招、朱阁重檐。马头墙鳞次栉比，石板路意境幽古，精致的木雕、飞檐回廊、几进几出的深宅大院，店铺楼参差错落，老字号流光溢彩，点缀着北门大街的以往的繁荣昌盛，和过去的南门大街（高邮驿站）相辅相成，彰显着丰厚的历史文化底蕴，成为高邮市旅游重要的对外窗口和旅游购物场所。

图 18　高邮北门大街牌坊

图 19　老街建筑之面

图 20　清初建筑梁架大样

图 21　木隔扇门窗

图 22　护栏

图 23　老翼角

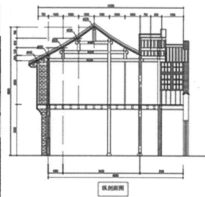

图 24　木楼飞椽

图 25　阶沿石

图 26　木门槛

图 27　柱础

图 28　木床

图 29　界首老街

第五节　宝应民居风貌调查

一、宝应概况

宝应县地处江苏承南启北、中心节点区域，与泰州、盐城、淮安市交界，东接建湖、盐城、兴化，南连高邮，西与金湖、洪泽隔宝应湖、白马湖相望，北和淮安毗邻。宝应县有着2100多年建城史,唐上元三年(762年),县境获"定国之宝",肃宗诏书,将安宜县易名为宝应县,一直沿称至今。2013年,宝应县泛水文体中心等一批镇村文体阵地项目投入使用。大运河宝应段遗产点整治和展示通过国、省验收。

宝应区域内的现存传统民居主要集中在现宝应老城区。《宝应历代县志类编》载：老街有：县前大街、学前大街、迎秀大街、南北大街、东西大街、东门大街、城隍大街、东岳庙街、痘神庙街、鱼头街,以及大石头街、西街等近20条街道。纵横交错的老街古巷密如蛛网,交织出安宜古镇昔日的繁盛景象。条条小河蜿蜒曲折襟带其间,座座小桥如虹卧波沟通往来,更添几分灵动秀美平安宜居的雅韵。

宝应县在扬州的地理位置见图1,宝应大街道体系代表图见图2,小巷道体系代表图见图3。

二、建筑特征

（一）平面特征

民居院落主要通过单元与单元进行组合,形成了以正院为核心,向南北进行延长、组合,延生出两边厢房,中间天井的模式。

正院为井院形制,一般由正屋（面阔三间或五间）、厢房（两厢或一厢）、檐廊或檐阶、井院构成;大多数民居中厢房的后檐墙与正屋山墙在一条轴线上;院身相对较小。平面布局示意图见图4~图6（实例周恩来少年读书处、同松药店、刘氏五之堂）。

（二）立面特征

整个老城区内的建筑多为一层建筑（图7）,因此,呈现在眼前的是一个被现代楼房包围的一片低矮的老旧建筑群。一组院落中,各建筑部分（除街坊、作坊）的高度有着严格的秩序尊崇,由高往低依次为：正屋、正院厢房、门屋、

图1　宝应县在扬州的地理位置图

图2　宝应大街道体系代表图1（左）
图3　宝应小巷道体系代表图2（右）

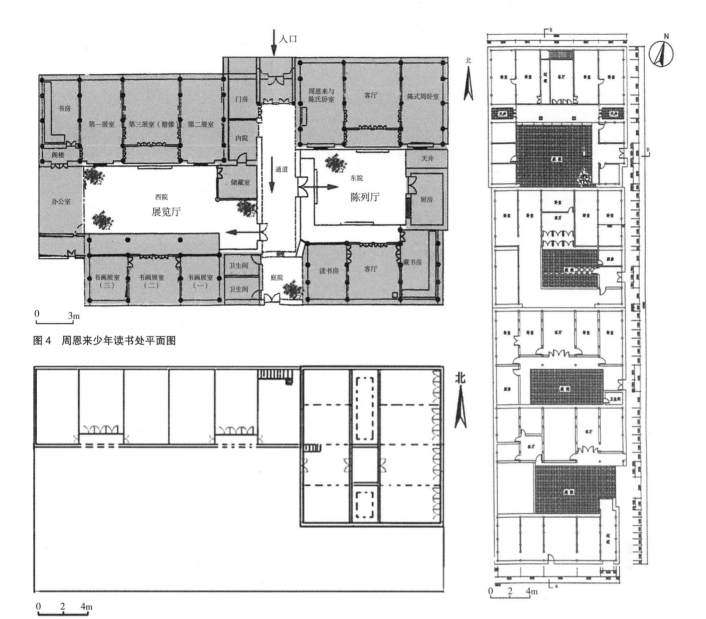

图 4　周恩来少年读书处平面图

图 5　同松药店平面图

图 6　刘氏五之堂一层平面图

外厢房、院墙。其中厢房高度最高不超过正屋金檩高度，院落高度一般与正屋檐口相当或更低。宝应建筑风貌总体上还是受到淮安建筑风貌的影响，规格较扬州风格偏小。

（三）建筑细部

1. 木构架

宝应传统民居多为砖木混合结构，以其中正屋为例，外围一般为两侧山墙加后檐墙，住里面多设计成凹肚，除窗下可能设砖砌槛墙，其余部分多为木结构；内部一般为纯木结构，木壁板用来隔断明间与次间。木构架详图见图 8。

2. 大门

大门及仪门在整个建筑组群中的地位突出，也是最能综合体现高邮传统民居造型气质的部位(图 9)。这类门有屋宇式和墙恒式，以前者居多。

图 7　建筑立面

图 8b　陈琳故居木构架图

图 8c　陈琳故居木构架图

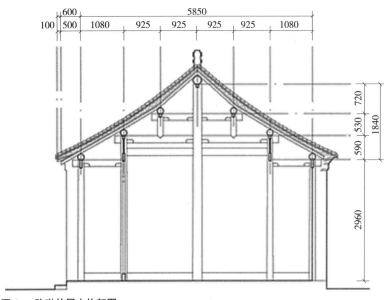

图 8a　陈琳故居木构架图

图 8d　天窗形式

并可依据檐部出挑方式分为 3 个极具代表性的类型：木椽加飞子出挑门面、砖仿木结构出挑门面、叠砖出挑门面。其中前两种为打出挑。当然门鼓石（图 10）、门枕石（图 11）也是当年宅子主人经济能力、社会地位的象征之一。

3. 墙体

墙就使用部位来讲主要分为屋墙、院墙（图 12）、影壁（图 13）、封火墙（图 14），而屋墙又可分为两面山墙（图 15）和后檐墙。山墙一般分为上中下三段。上部：砖檐（图 16），由上而下依次为边托条（又叫披水）、捕风砖（又叫博缝）、拔檐砖。中部为墙身，下部裙群（图 17）。后檐墙与其区别体现在上部，一般为 3~5 叠砖出挑下（图 18）或直接接墙身，或加捕风砖、拔檐砖接墙身。

图 9 砖细大门   图 10 门鼓石

图 11　门枕石

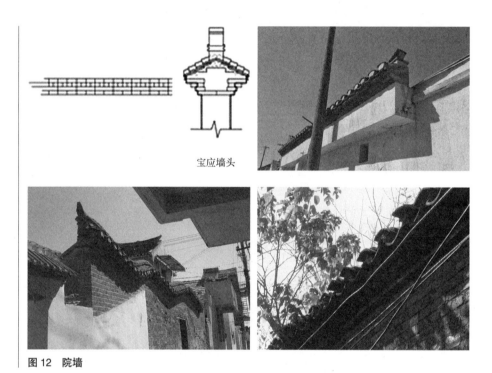

宝应墙头

图 12　院墙

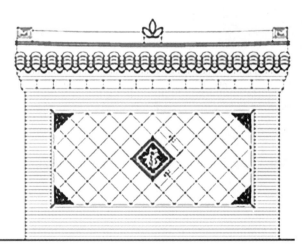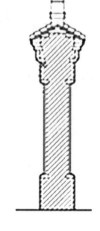

图 13　影壁

图 14　马头墙

图 15　山墙

图 16　砖檐

图 17　砖细墙裙

4. 屋顶

屋顶多为硬山，偶尔也会出现歇山、叠屋面、勾连搭、卷棚等，其中叠屋面多用于街铺的二层或进深较大的建筑，旨在加大室内采光。屋脊是区分房屋在院落群中地位的重要标志之一，尤其以正屋屋脊（图 19）最为讲究，比较具有代表性的形制为带陡砖的类似"通脊"的做法，也有少部分屋脊做法。

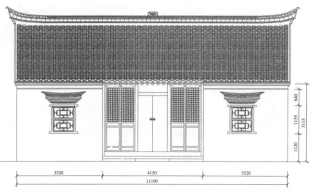

图 18 檐墙做法

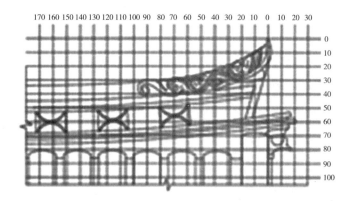

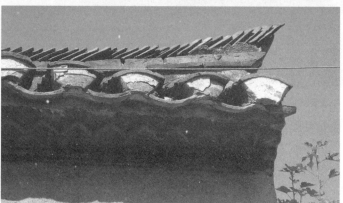

图 19 正脊

5. 其他特色节点

宝应老街道现还保存着传统的雀替（图 20）、撑牙（图 21）、木挂落（图 22）、木板拼门（老商铺）、木格扇门窗（图 23~图 25）、木栏杆（图 26）、老翼角、飞椽、阶沿石、木门槛、景门、柱础（图 27）、望板（草席图 28）、商铺特色额匾、巷子路面铺装（图 29）、老家具（图 30）、灶间（图 31）等，正是因为有当地特色的石、木构件的点缀，才造就了高邮传统民居古香古色的气质，让游人寻觅在老街时，流连忘返，感受老街深厚的人文情结，韵味十足（图 32）。

宝应老城区的主要特色可归纳为：

（1）"小"：传统建筑、街巷空间以及公共空间节点尺度小，给人以亲切宜人的感受。老城区面积约为 1.17km²；内部河道总长约 3.2km，平均宽度为 2~3m；传统风貌街巷平均宽度 1.2~2.5m。

（2）"水"：历史街区西临京杭运河，宋泾河在城内穿越。城市河不仅承载了老城繁荣的历史，还将继续见证当地居民的生活。

图 20　雀替（左上）
图 21　撑牙（右）
图 22　木挂落（左下）

图 23　长窗

图 24　下部竹板（左）
图 25　短窗（右）

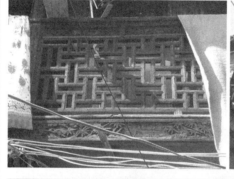

图 26　木栏杆

图 27　柱础

图 28　草席望板

图 29 道路铺装

图 30 老家具

图 31 灶间（左）
图 32 射阳城门遗址（右）

（3）"灰"：街区内历史建筑以青瓦和青砖为主要建筑材料，形成了历史街区灰色基调和宁静氛围。

总之，宝应的建筑体量与高邮相近，由于地理位置和气候的影响，建筑风貌受直接视同淮安建筑风貌，但在很多的细节构造受扬州风貌的影响，各种构造的做法比较凌乱，喜欢效仿，房屋院内空间及室内陈设较为简约。宝应传统民居前后左右的组合形式具有因地制宜，服从于当地人的生活方式的特点。

图 1　仪征市在扬州的地理位置图

图 2　仪征大街道体系代表图 1（左）
图 3　仪征小巷道体系代表图 2（右）

第六节　仪征民居风貌调查

一、仪征概况

仪征市是扬州市所属的一个县级市，位于江苏省中西部，地处长江三角洲的顶端，是宁镇扬同城化中心地带。长江岸线 27km，直顺稳定、深泓临岸是理想的建港岸线，长江、运河两条大动脉以及贯穿市区北部的国道 328，组成了水陆交通网，并随着润扬大桥和宁启铁路的兴建，仪征与上海、南京、扬州、镇江等大中城市的距离近在咫尺之间具有独特的地理优势，是江苏省五大重点经济发展带之一。仪征是一座有着 2500 多年悠久历史的古城，史有"风物淮南第一州"的盛誉。

仪征传统民居很有地方特色，它有别于北京的四合院，也有别于上海的石库门，它是扬州人按照自己的生活习惯和思想观念而创造出的一种封闭式院落结构，这种结构在江苏一带很有代表性，足以被列为我国有特色的民居样式之一。

仪征市在扬州的地理位置见图 1，仪征大街道体系代表图见图 2，小巷道体系代表图见图 3。

二、建筑特征

（一）平面特征

民居院落主要通过单元与单元进行组合，形成了以正院为核心，向南北进行延长、组合，延生出两边厢房，中间天井的模式。平面布局示意图见图 4。

仪征的传统民宅都是以木结构作为房屋的框架，每进多为三间，进深多为七架梁（也有小的为五架梁，大的为九架梁），檐高 3~4m，房屋通常都建得高大宽敞。由于扬州有梅雨季节，夏天又十分炎热，故有的人家采用降低出檐，外设走廊的方法，使房屋的主体部位处于阴影之中，既可遮阳，又能防雨。外临街巷的房屋山墙或后檐墙，为防偷盗，一般不开窗。若室内光线不足，多用

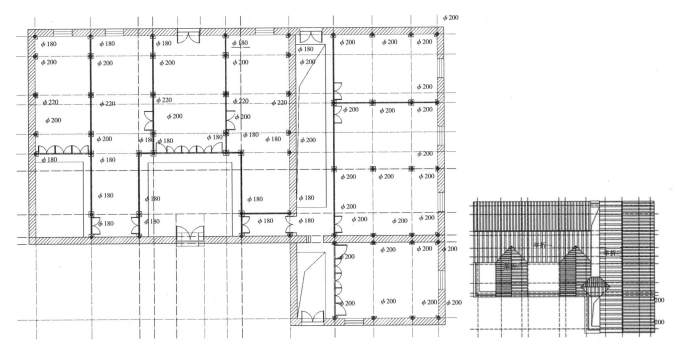

图 4　盛式兄弟故居平面布局示意图

开"天窗"的办法来补救,"天窗"是在朝南的屋面上开一窗洞,上覆玻璃遮雨。
"天窗"下悬挂有可活动的竹帘或布帘,冬日拉开,阳光直射室内;夏天遮上,
屋内又回归阴凉。

（二）立面特征

一组院落中,各建筑部分（除街坊、作坊）的高度有着严格的秩序尊崇,
由高往低依次为:正屋、正院厢房、门屋、外厢房、院墙。其中厢房高度最高
不超过正屋金檩高度,院落高度一般与正屋檐口相当或更低。民居正院一般没
有较大的植物,主要是因为院身不大所致。仪征建筑风貌总体上还是受到南
京建筑风貌的影响,规格较扬州风格偏小。局部节点做法较扬州而言,都是
适当地进行了简化。立面布局示意图见图5、图6。古井则为老宅子增添了
深厚历史文化底蕴（图7）。

（三）建筑细部

1. 木构架

邗江传统民居多为砖木混合结构,以其中正屋为例,外围一般为两侧山
墙加后檐墙,住里面多设计成凹肚,除窗下可能设砖砌槛墙,其余部分多为
木结构;内部一般为纯木结构,木壁板用来隔断明间与次间。木构架详图见
图8~图10。

2. 大门

大门及仪门在整个建筑组群中的地位突出,也是最能综合体现高邮传统民
居造型气质的部位（图11）。这类门有屋宇式和墙恒式,以前者居多。并可依
据檐部出挑方式分为3个极具代表性的类型:木椽加飞子出挑门面、砖仿木结
构出挑门面、叠砖出挑门面。其中前两种为大出挑。

3. 墙体

墙就使用部位来讲主要分为屋墙、院墙、影壁、与图不符（图12）,而屋
墙又可分为两面山墙(图13)和后檐墙。山墙一般分为上中下三段。上部:砖檐,

273

图 5　盛式兄弟故居立面图

图 6　代表建筑立面图

图 7　仪征状元井

由上而下依次为边托条（又叫披水）、捕风砖（又叫博缝）、拔檐砖。中部为墙身，下部墙裙。后檐墙与其区别体现在上部，一般为 3~5 叠砖出挑下或直接接墙身，或加捕风砖、拔檐砖接墙身。

　　4. 屋顶
　　屋顶多为硬山，偶尔也会出现歇山、叠屋面、勾连搭、卷棚等，其中叠屋

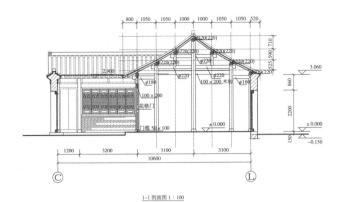

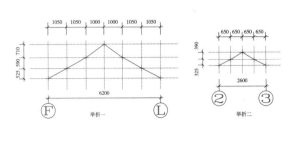

1-1 剖面图 1：100

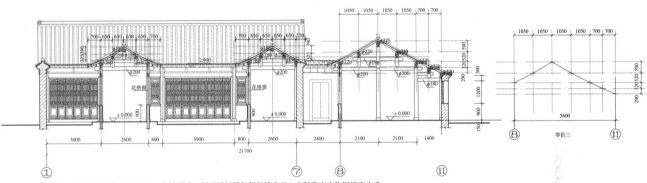

注：1 图中所注尺寸、用料大小、门窗形式、屋面举折等仅供估算参考，实际数字应依据原房为准。
　　2 图上门窗为设计意向类型，以现状为主。
　　3 所有外墙修理均应采用老方式和旧房砖块。
　　4 梁架损坏不能利用者一律更换。

2-2 剖面图 1：100

图 8　盛式兄弟故居木构架图

图 9　盛式兄弟故居特色木隔断

图 10　即将消失的传统民居的木构造

图 11 砖细大门

图 12 马头墙

图 13 山墙

面多用于街铺的二层或进深较大的建筑，旨在加大室内采光。屋脊是区分房屋在院落群中地位的重要标志之一，尤其以正屋屋脊（图 14）最为讲究，比较具有代表性的形制为带陡砖的类似"通脊"的做法。

5. 其他特色节点

高邮老街道现还保存着木挂落、雀替（图 15）、撑牙、木板拼门（图 16）、漏窗、木格扇门窗（图 17、图 18）、栏杆（图 19）、封檐板（图 20）、老翼角（图 21）、飞椽、阶沿石、传统木家具（图 22）、灶间（图 23）、柱础（图 24）、木楼梯扶手（图 25）、地面铺装（图 26）、砖雕（图 27）、放灯具的柜子（图 28）、墙体砌筑方式（图 29）、木门槛（图 30）等，正是因为有当地特色的石、木构件的点缀，才造就了高邮传统民居古香古色的气质，让游人寻觅在老街时，流连忘返，回味无穷。

《园冶》为明末造园家计成在仪征所著，为后世的园林建造提供了理论框架以及可供模仿的范本。从著作中，洞察细微者可以总结出：仪征传统民居建

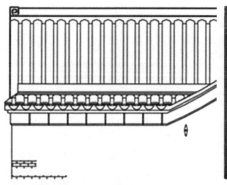

图 14　仪征正脊

图 15　特色雀替

图 16　老商铺木板拼门

图 17　长窗

图 18　短窗（左）
图 19　栏杆（右）

图 20　封檐板（左）
图 21　老翼角（右）

图 22a　正厅木家具（左上）
图 22b　卧室木床（下）
图 22c　木箱子（右上）

图 23 灶间（左）
图 24 柱础（右上、右下）

图 25 木楼梯扶手（左）
图 26 地面铺装（右上、右下）

图 27 仪征砖细

图 28　放灯具的柜子（左）
图 29　乱砖砌筑方式（中）
图 30　门槛通风洞口（右）

图 31　仪征典型徽派建筑

筑尺寸及用材上略小于扬州（广陵）地区，民居檐口高度略低于扬州（广陵）地区。建筑装饰不如扬州（广陵）。从地理位置上看，仪征工匠的建筑工艺明显受到西南方向南京市及西北方向滁州市徽派的建筑工艺的影响（图 31）。

　　仪征老街建筑是宁扬建筑风貌的合体，也是仪征城市最大的、不可忽视的、不可再生的资源。从建筑风貌保护，从匠术上来看，营造的工匠主要来自扬州、南京、安徽的工匠与本地的木匠强合，计成在仪征市主建过寝园，对整个地区的风貌影响较大，现在仍存的有东岳庙、水关遗址、鼓楼等传统建筑，充分佐证了上述观点。

附录 2

第一节　扬州乡土建筑概述

　　扬州地处江苏省中部,位于长江北岸,江淮平原南端,现辖区在东经119° 01′ 至119° 54′,北纬32° 15′ 之间,东部与盐城市、泰州市毗邻,南部濒长江,与镇江市隔江相望,西南部与南京市相连,西部与安徽省滁州市交界,西北部与淮安市接壤。总面积6591.21km^2,由三区、二市、一县,即广陵区、江都区、邗江区、仪征市、高邮市、宝应县,在20世纪60年代前,农村70%以上的农民居住着草屋、木构、土墙所建造的房屋,随着人们生活水平提高,对居住环境的质量的要求也越来越高,因此这些房屋已经几乎消失,却将其营造技艺、构造方式、营造习俗记录下来,具有十分重要的意义(图1、图2)。

一、扬州乡土建筑的形制

　　扬州乡土建筑主要分布在农村,以及城镇结合地区(称郊区),农民居住,由三间房(图3)、四间房(图4),三间一厢(图5)、三间二厢(图6)、三间一披(图7),三间二进二厢(图8)等形式。其支撑构架主要以木结构为主,还有土坯墙和木构架共同支撑的结构。用料相对城里构造要小,界深有三、五、七架梁,抬梁式和穿斗式结构(图9)。开间尺寸:明间一丈二尺六,又分一

图1　扬州区域图

图2　扬州乡土建筑

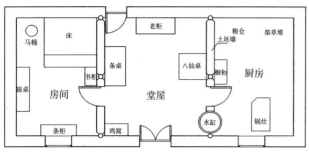

图3 搁山形式（三间）

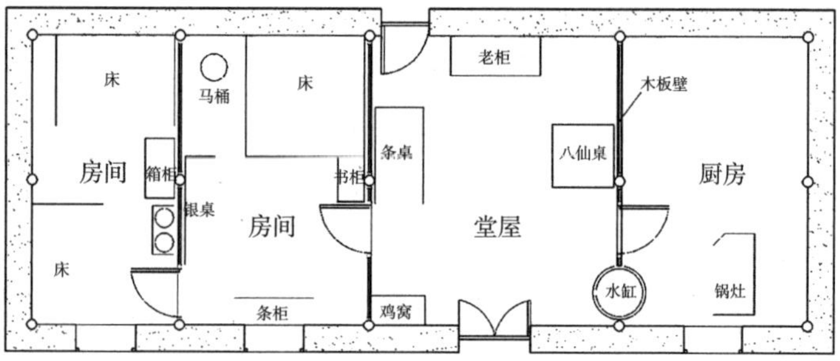

图4 木构架承重（四间）

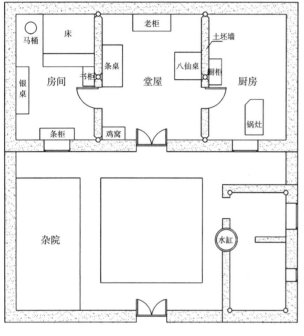

注：图为墙体承重结构。
    墙体内柱子截面很小，只是在立架时稳定排山之用。

图5 三间一厢

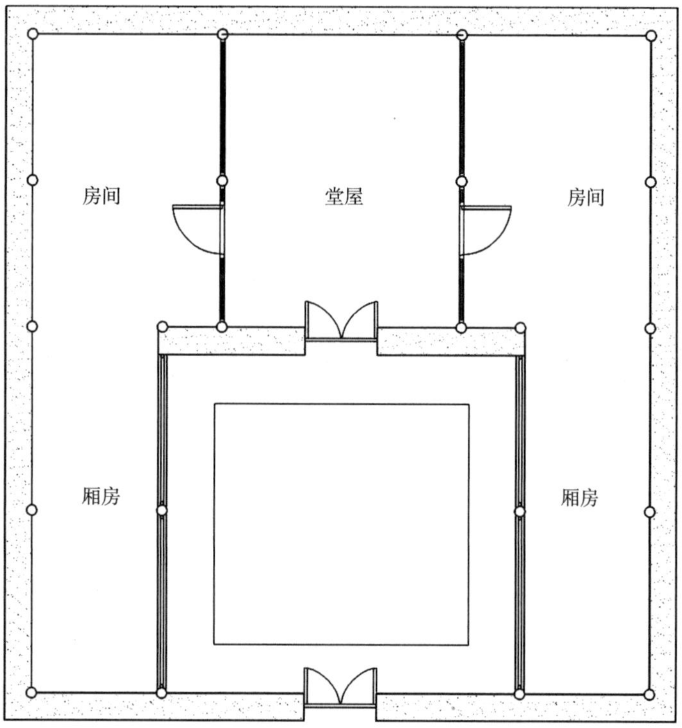

图6 三间二厢

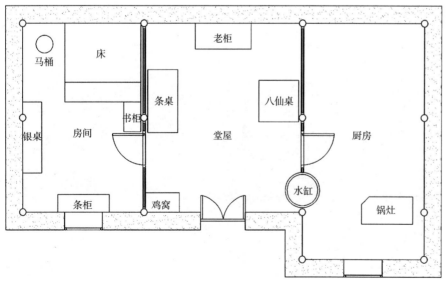

图7 三间一披式

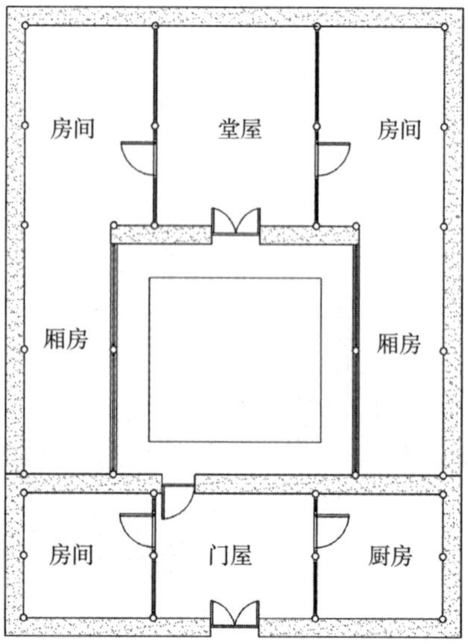

图8 三间二进二厢

图 9　五架梁横断面

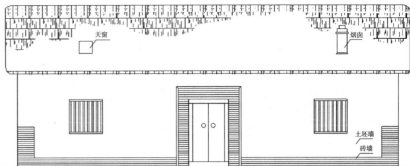

图 10　正立面图

丈大六，一丈小六。还有九尺六，房间一般为九尺六～七尺六之间，界深 3.06 尺 ~3.6 尺，檐高 7.26 尺 ~8.36 尺，屋面提算 6.5 以上（图 10、图 11、图 12），冬天不积雪，夏天易排水。各户依据自家的经济、人口状况、社会地位、生活习惯以及自有土地使用情况，因地制宜来选择不同的形制。一般房屋大多坐南朝北，方位随路、水口顺行，以便进出便利。

二、构造

（一）基础

基础为原土打夯，砖或乱砖干叠至 ±0.00，室内外高差 0.15~0.3m 之间。

（二）承重结构类型

1. 木构架承重结构

木构架承重结构历史悠久，房屋先竖架，后砌围护墙及分隔空间，木构架支撑屋顶荷载，墙体承担自身荷载，所以具有墙倒屋不塌的特点（图 13）。

2. 木构架与墙体共同承重结构

木构架与墙体共同承重结构的桁条直接搁在山墙上，通过山墙传递屋面荷载，简称搁山结构。

3. 墙体承重结构

墙体承重结构前后檐墙直接固定木排架，屋架中柱类似于穿斗结构，直接落地。檐桁只起固定椽子的作用，檐步架的一半荷载直接传递到前后檐墙上，山墙直接承托桁条，四面墙壁都承重，与墙体结合的柱不承重，只起构造作用。

（三）墙体

一是单一的土坯墙，规格为 300mm×150mm×900mm 和 200mm×120mm×90mm，与墙结合的柱不承重，墙体全部用土坯砌筑（图 14）；二是基础及墙角处用砖（图 15），其余部位用土坯墙；还有一种外用砖，内用土坯的墙体结构（简称包皮子结构），内隔墙由半砖土坯墙、木板壁和下部土墙上部木板壁混合形式。（图 16、图 17）

（四）屋面

屋面的基层椽子利用木椽或毛竹，上铺芦席（规格为 1200mm×1200mm）或芦笆，芦笆是芦秆大小头交叉排序，利用草绳编结起来（图 18），规格根据开间尺寸，每间有一张或两张。上盖草屋层，草屋用稻、麦草。

（五）地面

地面用锹先松动原土，适当浇水后，加草灰压实（图 19）。

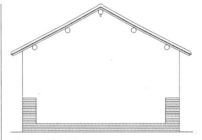

图 11　侧立面

图 12　横断面

图 13　七架梁横断面

图 14　全土坯砌筑墙体

图 15　基础及墙角处用砖墙体

图 16　下部土墙上部木板混合式墙体

图 17　木板壁墙体

图 18　屋面构造

图 19　室内地面

（六）内外粉刷（称堂粉）

用灰泥加稻草壳，殷实的人家外墙利用素泥粉刷，堂屋利用灰泥底，纸筋灰面（图 20、图 21）。

（七）门窗

门窗为木结构，大门宽 3.6 尺、高 5.76 尺至 6.36 尺；后门宽 2.66 尺，高 5.76 尺左右（图 22）。

（八）油漆

油漆均利用桐油，室内外亦用石灰水调白，石灰水加适当的食盐。

图 20 外墙粉刷

图 21 木门及内墙粉刷

图 22 木窗

图 23 杉木料

在扬州地区乡土建筑的用料规格相对城镇民居的用料较小，在结构承载上，出现了木构架与围护结构共同传递荷载的情况，因此在两山墙上木排架圆柱、枋的一半材料的结构，前后檐的檐桁规格变小的情况，是一种混合结构的形式。

三、营造流程及习俗

（一）筹划与备料

主家依据自身的宅基地情况（宅基地新中国成立前为私有，新中国成立后为自留地，邻居之间的用地可以商量调剂），确定房屋形制，请木工掌作师傅前来配料（也作"xu 料"，扬州方言），掌作师傅根据习俗、结构、宅基地形制、原房料利用情况，开出料单，并参与木柱、桁条、椽子等木料的选料。主家根据料单采购石灰、芦席、砖等。并准备在自家田里制作土砖（土坯），提前准备好稻草或麦草、芦秆等材料。这些材料的采购、运输是由家里有劳动能力的人参与完成。

（二）人员称呼

参加造屋的人员称呼主要有：主家即为东家主人；先生是指地理先生、风水先生；师傅是指匠人，瓦匠、木匠、漆匠、铁匠、铜匠、石匠等，各工种又分为掌作师傅（代班师傅）、大师傅、初作师傅、徒弟，徒弟需学三年徒才能为初作师傅。

（三）开工、定位、平磉

1.破土开工

开工时间一般在年度的秋收后（建好过年），或者春节过后，正月初。由木匠先提前开工。早者半年以上，迟者开工前，进行梁、架的制作。将木构件刷油，存放在室内及通风的地方。动土前，按照地方的习惯，选择每月农历的初六、十六、二十六日为开工日。请瓦匠进行定位放线，同时请地主先生定好方位，开始进行夯基平磉。室内地坪和檐高不准高左侧邻居，檐口高度要向平，具体事先要与邻居协商。建造顺序先主屋，后附屋，再配套。

2. 夯基平土

乡土草房多为草屋顶，自重轻，地基比较简单，包括挖地槽、打夯、平磉三个部分，基础挖至硬土力层。再回填至一定的基础埋深，回填打夯至虚土原高度。一般300cm左右，4人抬夯，层层夯实。新房屋需在满填时层层打夯，一般是8人抬夯。夯至一定高度时，进行找平。

3. 平磉筑基

找平的方式，将澡盆放在堂屋中间，盛一半的水，拉线控制四角水平，用红纸给木桩头定位，定标高。标高定好后，瓦匠开始柱础砌筑（简称平磉），下为基础，上压平石。完成后进行墙基砌筑，一般干叠，利用素土赶平、填缝。墙基砌好后，房屋的形状就形成了。

（四）竖屋架、砌墙

根据木匠与主家商定好的尺寸，进行现场制作。平磉后按照常规木构架安装顺序进行安装。且向瓦匠交底沿高。房屋开工，木工预先制作好尺杆，交给掌作瓦工，通常为3尺的尺杆。

1. 竖屋架及门框

基础完成后，由木工进行竖排山，掌作瓦工配合，以进一步了解上部结构。排山采用桁条固定，以及斜刀撑交叉支撑，采用箩筐内装砖等进行受力平衡，以保证排架稳定，不受松动。排架定位后，按照门的位置进行门框就位。完成后，瓦工师傅可以开始砌围护墙。

2. 砌墙

砌筑方式一般有两种形式，一种是全土坯墙，另一种是砖和土墙的混合砌法。这种形式的砌筑，在门两侧及房屋的四角在一定的高度利用砌筑。先由大师傅盘四角，依照排山柱定内外墙位置，吊内外竖线，外墙向内由2cm左右收分。依内外竖线，砌墙时墙里墙外均需按皮数带水平线。采用河泥砌筑，瓦匠内一个外一个（外为师傅，内为徒弟），同时砌筑，也有单面砌筑。正常掌作师傅和老师傅砌前檐墙，两山墙由大师傅砌筑，后檐墙由初作师傅砌筑。脚手简单，由主家根据情况，满足砌筑要求。

3. 制作土坯（也作"土 ji"，扬州方言）

制作土砖的方法由模制加工和农田铲制两种方式，选用黏土（小粉土）的农田技术含量低，自己动手便可做出墙体的砌块，不需要或很少花钱。第一种制作方法，制作固定的木模具，放在田埂上，采用相对湿度的湿土，加入少量稻秸以提高土坯强度，装入模具内压实，稍后即可脱模；第二种制作方法，将秋收后的稻田保留稻草根，相对铲平后，由牛拉动石磙子，经多次压实后，采用彻刀分割，再用平锹铲起，秋季制作，通过10天左右的晾干，即可使用。

4. 上梁

安装堂屋的正脊桁条的日子称为"上梁"，是建房最隆重的日子，上梁的时间多为双日，一是起早上梁，二是随梁上，主要是避免不吉祥的事情发生，又称"暖梁",丈母娘家挑盒担来暖梁,备香案敬香,梁上贴红对纸书写"吉星高照"等,两侧中柱上贴对联"竖玉柱喜逢黄道日,上金梁巧遇紫微星"等吉祥词。安装梁不能用钉,只能投榫。捆梁绳子不打死结,在上面梁上两端瓦木匠各一人,主家还要给上梁师傅红包,鞭炮齐鸣,梁上好后,由在上面的工人抛散(糕、馒头、糖),说吉话,喊热闹,随后进行钉椽子、做基层。晚上吃喜酒。

四、盖草屋

造屋一般在年度春秋二季建造,盖屋用的稻(麦)秸草预先准备好,屋面基层做好后,把在草堆上抽拔整理的草秸捆起来,运到屋前屋后,经浇水湿润后,传递到屋面上。盖屋前先搪屋,即抹基层,采用河泥(河中的淤泥),加入乱稻草,稀散而均匀地铺在草席上,抹一层 15~20mm 厚,再开始盖草顶层工序,盖草顶时,至少要两位瓦匠(正常一师一徒)一组合作,一人在檐口,一人坐在屋面上,也可以前后檐同步,将已梳理好的草秸,均匀地铺设,从檐口开始两行根部朝下,其余根部朝上,自左向右平铺,檐口做法有毛檐、光檐,光檐用刀将草修剪整齐,其他的用二道檐(挑出 60~70mm),修剪整齐;从檐口开始,横向铺盖,一行一行地向屋脊方向铺盖,先搪后盖,屋草要把贴进屋面的一端用河泥抹紧贴,每行的铺盖过程中保持平整,松紧一致,上下行顺直,为防止倒返水,用木爬子将屋草梳理顺直,保证排水通畅,铺到屋脊时,草秸前后交叉用河泥抹顶压实,汇交叉再用细草秸封顶,顺两边用河泥抹平整光滑,也可以用小瓦压顶或石灰浆抹实。天窗口,烟囱口以及山头收边是技术活,要有经验的瓦匠一把秸压一把秸用河泥封实。天窗口、烟囱口开洞,位置要准确,先将开好的洞口的侧面用河泥抹平,以后再砌烟囱、装天窗。然后用河泥及草秆密封洞口,应高出草屋面,上抹河泥,整个屋面成型后,掌作师傅站在前后地面上观看一下草顶,有缺陷时进行修整,为了保证美观效果,将屋面全面淋水,自上而下将草屋用木爬子梳理一次,保证上下流畅,檐口整齐,屋盖即完成。草屋顶的厚度为 100~120mm 厚。

主体完成后进行安装门窗扇,内外粉刷(亦称樘粉),回填土,做地坪,然后制锅灶,锅灶根据人口的多少,由三架锅型和二架锅型(图24),锅灶选双日由两个瓦工一天完成,晚上暖锅,双日进宅,全家庆贺一下。主体完成后的项目,可以根据经济状况分步实施。

图 24　锅灶

五、结束语

扬州乡土建筑已经几乎没有了，随着时间的流逝，技艺也相应失传，笔者经过近二十年来的收集整理以及工匠的交流，归纳总结了扬州乡土建筑的形制和工艺流程，掌握了其奥秘所在，他具有冬暖夏凉的特征，因此对扬州乡土建筑的文化遗产研究和技艺传承提供了依据，对当今的扬州新农村建设的农民所居住的乡土建筑的新创作有一定的启示与借鉴。

第二节　民间锅灶技艺

锅灶，是民间建筑的重要组成部分，是生活起居的必备建筑物品。随着人们物质文化生活水平的不断提升，电、气、煤的广泛应用，民间锅灶留存甚少，因而今人较为陌生。长期以来积累的民间锅灶之营造技术甚深。笔者通过对现存锅灶实例进行深入研究，同时与工匠进行面对面的交流，试图对扬州锅灶以图文方式挖掘、整理和分析，力求探明其类型、构造和营造技术。

1. 锅灶的类别和尺度

民间建筑的锅灶一般根据家庭人口和厨房间的大小来确定。其尺度一般为二架锅（两口锅）（图1）、三架锅（三口锅）（图2）。锅的直径可根据人口及日常使用情况而定，其燃料以草、柴为主，通风采取的是抽风形式。锅灶一般位于正房的东南位置。有厢房的一般于东厢房，坐南朝北。在房屋次间时，锅灶一般坐东朝西。其构造主要由炉座、炉膛、炉门、烟道、烟囱组成。炉膛四周、烟道、烟囱均用条砖砌筑，炉膛内用灰泥浆作内衬，考究的大户人家用望砖来内衬。炉座采用土砖或条砖砌筑，整个锅灶的外观有清水与混水两种做法

图1　二架锅（左）
图2　三架锅（右）

图3　炉座1（左）
图4　炉座2（右）

图 5 吸风灶 1

图 6 吸风灶 2

图 7 吸风灶 3

（图 3、图 4）。还有一种节能增效的形式，即锅灶与风箱组合。其中一口锅采用吸风灶的做法，其构造如图示（图 5~图 7）。

2. 锅灶的一般构造

1）三架锅（图 8~图 12）。

2）二架锅（图 13）。

3）吸风灶（图 14）。

3. 锅灶制作工序

工艺流程：准备工作→定位放样→拌制砂浆和胶泥→砌筑炉灶→试火→饰面补缺。

操作要点：

1）准备工作

（1）先要根据主人的意图来确定锅的数量和直径，同时估算所需要的材料。砌筑用砖，一般用新砖或老灶砖，不能使用杂砖、茅坑砖。常用材料有土砖、条砖、望砖、萝篼砖、小瓦、石灰、草灰、纸筋、土等。

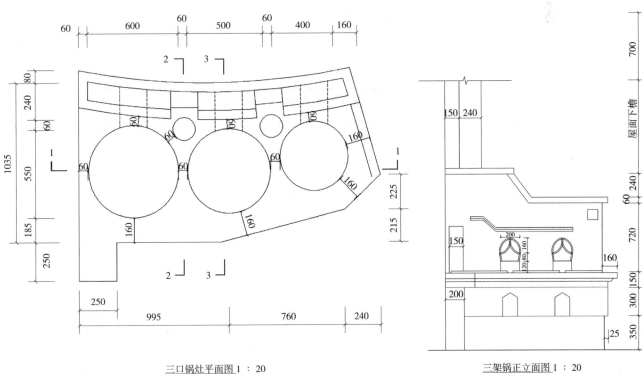

三口锅灶平面图 1：20

图 8 三口锅灶平面图

三架锅正立面图 1：20

图 9 三架锅正立面图

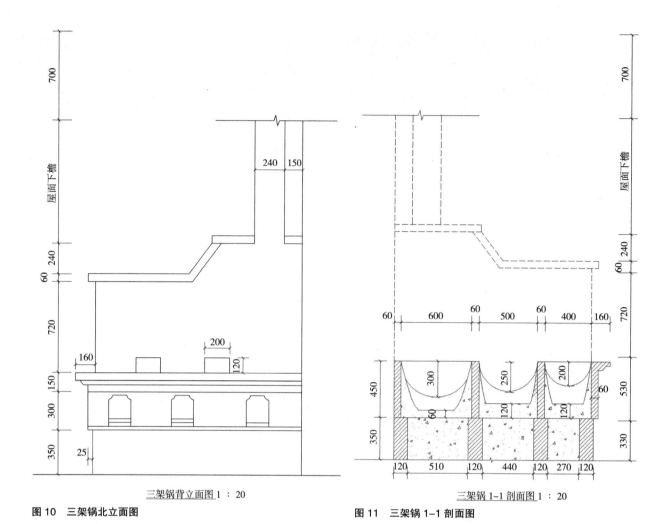

三架锅背立面图 1：20

图 10　三架锅北立面图

三架锅 1-1 剖面图 1：20

图 11　三架锅 1-1 剖面图

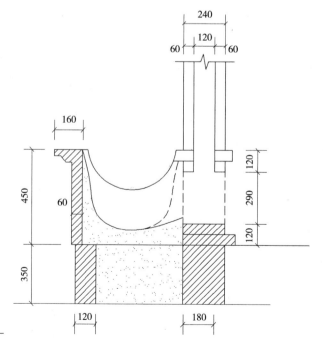

2-2 剖面图 1：20

图 12　三架锅 2-2 剖面图

三架锅 3-3 剖面图 1：20

图 13　三架锅 3-3 剖面图

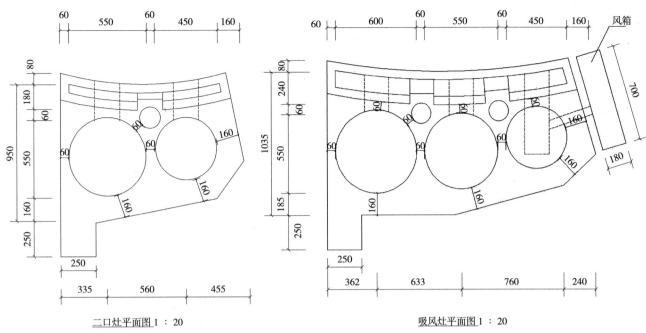

图 14　二口灶平面图　　　　　　　　　　　　　图 15　吸风灶平面图

（2）工具：除常用工具外，水平尺、直尺条、托线板是不能缺少的。

（3）用工情况：二口锅，一个技工、一个小工；三口锅，两个技工、一个小工。

2）定位放样：从屋面上吊线定位，主要控制烟道与屋面桁及椽的位置避开，根据吊线确定其烟囱的地面定位。炉座的大小根据锅的直径和数量来定，依据确定的地面控制点，以锅的口径依次排序，大锅在里、小锅在外。大锅称里锅，中间锅称中锅，小锅在外称边锅，通常以锅的口径外围扩大 50mm 排列。锅与锅之间的间距为 60mm 左右，确定其炉座的尺寸。

3）拌制灰浆：一般采用灰泥浆、青灰浆、纸筋灰浆、胶泥等灰浆，并依前顺序进行拌制。

4）砌筑炉灶：

（1）炉座，用木夯将土夯实至地面 -0.20 左右，检查灶基上平是否水平。如有偏差，应用灰泥抹平夯实，这尤其对摆基砖的水平更为重要。

（2）通常情况下，一技工在灶前操作，一技工在灶后操作。一般灶前技工技艺较高，称为掌作师傅，灶后的是一般技工，通常是学徒工，灶后技工服从灶前技工指挥。灶座一般高出室内地坪 350mm，地面以下采用土砖或青砖砌筑、灰泥浆砌筑。炉座一般采用混水做法，外饰纸筋灰面层。锅膛部分一般采用清水墙砌筑，也有少用混水墙后用纸筋饰面。当砌至灶台面时，灶前师傅加工灶台面，灶后师傅砌烟道。台面宽度一般为 160mm，大户人家的台面亦有使用砖细磨砖。烟囱出屋面 60~80cm 左右，其高度根据试火抽风情况而定。砌筑时一般不用挂线，主要通过水平尺、直尺、托线板控制，对技工的技艺水平要求较高。

（3）膛锅：炉灶的形状采用灰泥浆抹成近似于倒置的直截圆锥形，像缸体的样子。膛的大小和深浅由锅的大小来确定。考究的大户人家采用清水膛锅，即用望砖叠成圆形，其技艺较高，一般只有名师才有此技艺。挂火高度一般在 200mm 左右（锅底至锅基高度）。膛锅的技术技巧在于：小锅下口面要大，大锅下口面要小，用灰泥膛锅的锅灶每年均需要再次膛锅。

5）试火：当各种操作基本完备后，由掌作师傅进行试火，主要检查使用问题，如挂火高度、漏烟、排烟不畅等缺点，以便找补缺点。

6）饰面：试火成功后进行调止补缺和锅灶的装饰。

7）质量控制：清水砌砖加工尺寸必须精密、无缺角破砖。灰浆要求控制在 8mm 以内，砌筑时不断用水平尺、托线板、直尺进行检查控制。

8）注意事项：（1）条砖不能过湿，灰缝不宜过大，以防受力后下沉。（2）砌烟道时及时注意烟道内的烟灰截割，以防烟道烟火外排受阻、烟灰尘积。（3）汤罐与火接触面最大化。（4）使用稳固的脚手架。（5）尽量避免雨天筑灶。

4. 锅灶民俗

厨房起好后就要支锅，选择一个好日子（一般宜双日），找 1~2 个手艺好并夫妻双全的瓦匠来支锅（又叫制灶、打灶）。烟道下要有灶神之位，贴"上界言好事、下界保平安"联，与灶神像、香炉、蜡烛齐全，供日敬香。砌一个锅灶一般是一天时间，到了即将完工时，大师傅便说善话，"新锅支得亮堂堂，九天玄女下厨房；水缸不脱运河水，仓里聚有万年粮；办酒请来李太白，烧饭请来王母娘；省柴省草饭菜香，太平无事幸福长"等诸如之类的吉祥语。支锅当天，岳父母（或女儿女婿）要送礼品来"热灶"，所送的礼品主要有大肠豆腐（寓"长久平安"），还有用猪肉代替大肠，另有龙鱼、鞭炮等。晚上，放鞭炮，在锅灶上做饭等，吃酒庆贺。

5.结束语

随着人们的生活方式转变、节奏不断加快，传统技艺以师带徒的习俗正慢慢流失。民间的传统技艺已经基本无法进行传承，同时，再加上现代工匠流动性的增加，也造成了地区风格的混杂。面对这种情况，我们有责任研究、收录民间的营造技艺、地方特色风貌，对推动扬州工匠建筑绝技成为非物质文化遗产有所启发。

第三节 《扬州画舫录》工段营造录

造屋者先平地盘，平地盘又先于画屋样，尺幅中画出阔狭浅深高低尺寸，搭签注明，谓之"图说"。又以纸裱使厚，按式做纸屋样，令工匠依格放线，谓之"烫样"。工匠守成法，中立一张表，下作十字，拱头蹄脚，上横过一方，分作三分，开水池;中表安二线垂下，将小石坠正中心。水池中立水鸭子三个，所以定木端正。压尺十字，以平正四方也。

平基惟土作是任。土作有大小夯碢，灰土、黄土、素土之分，以虚土折实土，夯筑以把论。先用大碢排底，将灰土拌均匀下槽，头夯冲开海窝;每窝打夯头，筑银锭，余随充沟，充剥大小梗，取平。落水压渣子，起平夯，打高夯，取平。旋满筑拐眼落水，起高夯，高碢，至顶步平串碢，此夯筑法也。夯筑填垫房屋地面，海墁素土，每槽用夯五把，雁别翅四夯头，筑打取平，落水撒渣子，复筑打后，起高碢一遍，顶步平串碢一遍，此平基法也。平基之始，即今俗所谓动土日，陈希夷《玉钥》中，最忌犯土皇方。若刨槽压槽，另法有差；其房身游廊，诸柏木丁、桥桩、土桩，皆谓地丁。及刨夫壮夫，工用有制。若栅木墙、竹篱、柳药栏，刨沟子，每四丈用壮夫一名。

古者亭邮立木以文其端，名曰华表，即今牌楼也。大木做法、谓之"三檩垂花门"法：在中柱以面阔加四定长，面阔十之一见方。所用中柱、边柱、垂莲柱、脊额枋、棋枋、坐斗枋、正心檐脊枋、悬山桁条、檐脊檩木、麻叶抱头梁、穿插枋、檐额枋、檐椽、飞檐椽、连檐、瓦口、里口、椽椀、博缝板；两山博缝头、抱鼓石上壶瓶牙子、两山穿插枋下云拱雀替、三伏云子、拱子、十八斗。厢穿插挡用假雀替垫拱板，厢象眼用角背及象眼板，檐脊檩、柱头科大及斗科诸件，见方折数。

碑亭方圆互用，大木有四角攒尖。方亭做法，用檐柱、箍头檐檩、四角花梁头、桁条、抹角梁、四角交金橔、金枋、金桁、雷公柱、仔角梁、老角梁、戗枕头木、檐椽、翼角翘椽、飞檐椽、翘飞椽、脑椽、大小连檐、瓦口、闸档横望诸板。六柱圆亭做法：进深以面阔加倍定，面阔以进深减半定，用檐柱、圆柱、花梁头、圆桁条、扒梁、井口扒梁、交金橔、金枋、金桁、由戗、雷公柱、六面檐椽、飞檐椽、脑椽、大小连檐、瓦口、闸档望垫诸板，四柱八柱同科。

大木做法：以面阔进深宽厚高长见方，以斗口尺寸分数为准。如九檩单檐庑殿围廊翘昂做法，用檐柱、金柱、大小额枋、平板枋、挑突梁、随梁枋、挑檐桁枋、正心桁、里外两拽枋、两机枋、井口枋、老檐枋、天花梁、枋板、七价梁、柁橔、上下金枋、顺扒梁、四角空金橔、五架梁、土金瓜柱、角背、交金瓜柱、三架梁、脊瓜柱、脊角背、脊枋桁、扶脊木、仔角梁、老角梁、上下花架由戗、脊由戗、两枕头木、檐椽、上下花架椽、脑椽、飞檐椽、翼角翘椽、翘飞椽、椽仔、闸档板、连檐、瓦口、里口翘飞翼角，并垫望诸板。九檩歇山转角前后廊单翘单昂，做法与庑殿同。多采步金枋、交金墩、两山出梢、哑叭花架、脑檐、榻脚木、单架柱子、山花博望板诸件。次之七檩有转角，六檩有前出廊转角两做法：七檩转角房，见方以两边房之进深，得转角之面阔进深，柱高径寸，与两边房屋同，如檐柱、假檐柱、里金柱、斜双步梁、斜合头枋、金瓜柱、斜单步梁、斜三架梁、脊瓜柱、脊角背、檐枋、里外金檩、脊檩、仔角梁、老角梁、花架由戗、脊由戗、里掖角、花架由戗、角梁、脑椽、檐椽、仔角梁、枕头木、檐椽、花架椽、脑飞檐椽、翼角椽、翘飞椽、连檐瓦口、里口、闸档板、椽椀，并望垫诸板，见方尺寸有差。六檩前出檐转角，与七檩转角同法。如斜抱梁、斜穿插枋、递角梁、随梁枋，另科见方。至此以下，硬山、悬山做法：按柱高加三，出檐一丈以外，如将面阔、进深、柱高改放宽敞高矮，均照法尺寸加算。其耳房、配房、群廊诸房，照正房配合高宽。次之有九檩、八檩、七檩、六檩、五檩、四檩及五檩川堂之法。九檩做法，柱檩枋桁与六七檩转角法同，多抱头梁、悬山桁、帽儿梁、贴梁、单枝条、连二枝条诸件。八檩多顶瓜柱、月梁、机枋条子、顶椽诸件；七檩多山柱、单双步梁诸件；六檩多合头枋、后檐封护檐椽诸件；五檩同四檩，即为四架梁；五檩川堂，即用三五架梁法，增象眼板并脊，余同科。至于小式大木，则有七檩、六檩、五檩、四檩之分，与前法同，而无飞檐。

上檐七檩三滴水歇山正楼、下檐斗口单昂做法：明间例以城门洞宽定面阔，次梢间以斗科攒数定面阔，以城墙顶宽收一廊定进深，此楼制之例也。做法用下檐柱、里外金柱，下檐大额枋、平板枋、正斜采步梁、穿插枋、随梁承椽、仔角梁、老角梁、正心桁枋、挑檐桁枋、檐椽、飞檐椽、翼角翘椽、翘飞椽、翘飞翼角、里口、连檐、瓦口、椽椀、枕头木、顺望闸档板诸件。次之平台品字斗科做法：平台海墁下桐柱，即平台檐柱，法与下檐同。多挂落枋、沿边木、滴珠板门枋、承重、楞木、楼板诸件。次之中覆檐斗口重昂斗科做法，与下檐同。多擎檐柱、贴梁、海墁元花、四角顶柱。次之覆檐与中覆檐同。多桐柱、七五三架梁、上下金柁樽、脊瓜柱、金脊桁枋、后尾压科枋、两山出稍哑叭花架、脑椽、扶脊木、榻脚木、单架柱子、山花博缝板诸件。又重檐七檩歇山转角楼台四层做法：下檐面阔、进深以斗科攒数而定，用下檐柱、前檐金柱、山柱、转角房山柱、下中二层承重、转角斜承重、下层间枋、中上层间枋、上中下三层楞木、上层挑檐承重梁、斜挑檐承重、楼板三层、两山四角挑檐、采步梁、正心桁枋、挑檐桁枋、坐斗枋、采斗枋、仔角梁、老角梁、枕头木、承椽枋、檐椽、飞檐椽、翼角翘椽、翘飞椽、横望板、里口、闸档板、连檐、瓦口、椽椀、周围榻脚木。其上檐单翘单昂斗科做法，用桐柱、大额枋、平枋板、正斜三五七架随梁枋、两山由额枋、扒梁、采步金枋、递角梁、上下金柁樽、四角瓜柱、脊瓜柱、正心桁枋、挑檐桁枋、搜枋、后尾压科枋、转角诸桁枋、里掭角、外面假桁条、枕头木、四面脊由戗诸件。前接檐一檩转角雨搭做法：以正楼面阔与庑坐平分定进深，用桐柱、檐桁枋、垫板、靠背走马板、正斜穿插枋、里角梁、檐椽、博缝山花板诸件。雨搭前接檐三檩转角庑坐做法，用檐柱、大额枋、正斜承重、正斜五三架递角梁、柁樽、脊瓜柱、金脊桁枋、坐斗枋、采斗板、正心桁、挑檐桁枋、仔角、老角、里角诸椽，飞檐同。七檩歇山箭楼四层做法：以斗科攒数，定面阔进深，所用与角楼同。五檩歇山转角闸楼做法：明间以门洞之宽定面阔，梢间以明间面阔十之七定面阔，以瓮城墙之顶宽折半定进深，用上下檐柱、承重枋、楞木、楼板、坠千金栈转柱、转杆、两旁承重枋、上檐顺扒梁、采步金枋、四角交金樽、三五架梁、金瓜脊瓜诸柱、檐枋桁、垫板、金脊桁、两山代梁头、四角花梁头、仔角老角诸梁、枕头木及飞檐全。五檩硬山闸楼做法，与歇山闸楼同。

折料法则：柱以净径加荒，净长加小头荒；至不足之径，分瓣别攒，以瓣数加荒；十二瓣以外，加宽荒。一丈内以樟木加荒，一丈外用圆木。以本身高厚凑高，均分一半，用七五归及七归，得径寸，别楞长盖，加法加荒如柁梁、采步金角梁、由戗、平板枋、承重间枋、承椽枋、瓜柱、柁橔、斗盘、代梁、大小额枋、金脊檐枋、天花随梁、博脊压科、正心枋、机枋、挑檐枋、枋梁枋、采斗板、由额垫板、金脊檐垫板、天花垫板、井口板、桁条、帽儿梁、扶脊木、榻脚木、衬头木、角背、雀替、云拱、替木、草架柱子、圆方椽、飞罗锅连檐瓦口诸椽、椽椀、椽中板机枋条、燕尾枋、贴梁支条、穿带、沿边木、脊桩、顺望横望诸板、山花博缝、过木、楼板、榻板、滴珠诸板、上下楹、连楹、托泥、替桩、抱框、风槛、折柱、间柱、各边挺、抹头、穿带、转轴、拴杖、巡杖、横拴之属皆是也。如绦环、帘栊诸板、隔扇、槛窗、横披、帘架、支窗、顶格、横直棂子、穿条、琵琶柱、连二楹、单楹、拴斗、荷叶橔、插关、门楄壶、银锭扣、门簪、门枕、蹼头、鼓子、引条之属，均用楠木。其门心、余塞、走马、棋枋、隔断、装板、壁板、山花、象眼、间板诸件，与顺望同科。若菱花槅心，用椴木。大抵圆径木概加长荒五寸，橄木五尺内加长荒一寸，一丈内加长荒二寸。其楠、柏、椴、杉、桧、檀诸木不与焉。鱼胶见方，折料有差。

斗科做法，有平身科、柱头科、角科，及内里棋盘板上安装品字科、隔架科之分。算斗科上升斗栱翘诸件长短高厚尺寸，以平身科迎面安翘昂斗口宽尺寸为度，有头等寸至十一等寸之别。头等六寸，以下降一等减五分。凡桁碗及头二昂、蚂蚱头、撑头木、斗科分档，各为法乘之；所算名件如大斗；单重翘、正心瓜栱、万栱、头二昂、蚂蚱头、撑头木、单材瓜栱、万栱、厢栱、把臂厢栱、十八斗、三才、槽升、挑尖梁头、斜头二翘、搭角正头二翘、搭角闹头二翘、斜角头二昂、里连头、贴斜翘昂升斗、盖斗板、斗槽板、斜盖板、宝瓶、挑金溜金平身斗科、麻叶云母、三福云、秤杆、夔龙尾、伏运捎、菊花头、荷叶、雀替之属，安装有法，以层数分件数；其斗口单昂、斗口重昂、单翘单昂、单翘重昂、重翘单昂、重翘重昂、里挑金、一斗二升交麻叶、三滴水品字、内里品字科、隔架科，其法有差；至斗口单昂、平身科、柱头科、角科、斗口，自一寸名件尺寸起，至六寸止，凡十有一条；升一等，增五分，用料则按斗口之数以丈橄。

自喻皓造《木经》，丁缓、李菊，遂为殿中无双。后世得其法，揣长楔大，理木有偊，削木有斤，平木有铲，析木有锯，并胶有榼，钉木有槛，隳括蒸矫，以制其拘。凡不得入者利其拴，不得合者利其榫。造千庑万厦于斗室之中，不溢禾芒蛛网于层楼之上。估计最尊，谓之料估先。次之大木匠，而锯工、雕工、斗科工、安装菱花匠随之，皆工部住坐催觅之辈。大木匠见方折工，举榫眼、榫窍、椽椀、下槽头、圆平面、开口、交口、旧料锛砍、油皮剔补、刮刨诸活计以折算。锯工二八加锯，以面数加飞头见方折算，及四号拉扯，有葫芦、人字、丁字、十字、一字、拐字、平面、过河、三四五岔之制，并旧料锯解截锯诸活计。雕工司山花、博缝、雀替、云栱之属。斗科匠以斗口尺寸折算，加草架摆验诸活计。安装匠司斗科装修诸活计。历代宫室，各有其制，本朝工部厘定营建制造之法，刊定则例，供奉内廷，而圆明园工程又按现行则例，较之部司之例为详。至于朝庙、宫室、名物、典章，考古则见之焦里堂循《群经宫室图》，证今则见之吴太初长元《宸垣识略》，可坐而定也。

木植见方之法：每一尺在松橄三十斤、椴杉二十斤、紫檀七十斤、花梨五十九斤、楠二十八斤、黄杨五十六斤、槐三十六斤八两、檀四十五斤、铁梨七十斤、楠柏三十四斤、北柏三十六斤八两、椴三十斤、杨柳二十五斤，桐皮槁以根计。入山伐木，忌犯穿山日，宜定成开明星黄道月德。入场忌堆黄杀方，起工、架马，分新宅、旧宅，坐宫、移宫，日宜黄道天成，月空天月德。

搭材匠，木瓦、油漆、裱画诸作之所必需者也。殿宇房座坚立大木架子，皆折方给工，所用架木、撬棍、扎缚绳、壮夫、以架见方有差。打戗、拨直桁条径一尺外者，挂天枰，有坐檐、齐檐、踩盘、脚手、平台诸架子。搭戗桥，凡重覆檐上檐，折卸檐步椽望、头停锭、椽望，找补大木，拆宽头停，找补连檐瓦口、旧琉璃、头停锭、天花板、支条、贴梁、安装斗科、堆云步、高峰、高泊岸、旧布瓦、歇山、挑山、庑殿诸房，座下桥桩，房身桩，竖棋杆，皆用之。砌高式墙，以五尺至八尺为一撒，八尺至一丈三尺为二撒，以此递增。牌楼、大门、琉璃大式门座、安上重大过木、调脊、宽瓦、石角梁、斗科、石科、井栏、胡同、拴挂天秤、诸作搭架子，皆以见方折工料。一秤用秤头绳一，秤纽绳一，秤尾绳一，涩索绳一。凡大料重至千斤用二秤；千五百斤用三秤。千五百斤以外，日上料四件；二千以外，日上料三件；三千以外，日上料二件；四千以外，日上料一件。挈杆以上，吻兽九样，琉璃曲脊，及不拆头停、搬罾、挑垛、拨正、归安榫木，抽换柱木、打戗顶柱。其贯架、吻架、菱角、券洞、碢盘诸架子，各见方有差，随油漆、裱画、作脚手架子亦同科。油画遮阳缝席，用竹竿大席连二绳，折料以见方论。偏厦遮阳棚、墙脊、仰尘、吊箔、铺地，皆用席棚，座头停席墙。见方按层折料，以十五层为率。凡此皆搭材匠之职。而折卸工用有差，如绑夹杆圈席，落井桶，掌罐掏泥水，则用杉槁、丈席、扎缚绳、井绳、榆木滑车，职在井工，拉罐用壮夫。

营舍之工，黄河以北称为泥水匠，大江以南称为瓦匠，瓦匠貌不洁，皮皴肤瘃，不为燥湿寒暑变色。缘高如都卢国人，搜述索偶，与木匠同售其术，瓦之器，唯鈣而已。

宽瓦，以面阔得陇数。头号筒板瓦口宽八寸；二号筒板瓦口宽七寸；三号筒板瓦口宽六寸；十样筒板瓦口宽三寸八分。以宽定陇，以进深出檐加举得长，安瓯加瓶，压七露三，以得露明，俗谓阴阳瓦。每坡每陇除滴水花边分位，头号筒瓦长一尺一寸，二号筒瓦长九寸五分，三号筒瓦长七寸五分，十样筒瓦长四寸五分。每陇每坡，除勾头分位，以得其数，瓦垂檐际。瓯瓶有雷，上曰檐牙，下曰滴水，古谓瓦头。"长毋相忘"、"长年益寿"诸瓦头是也。古者刻龙形于椽头，水注龙口，其下置承雷器，一名重雷，即今勾漏。其在后檐墙出水者，即古匽猪彪池之属，今谓天沟。至苫、山黄、草苫、席箔、苇子、棕片、桦皮，折料各有差。至瓦色，则王府用绿瓦，余平房用朱漆筒瓦。贝勒用朱漆筒瓦，贝子用朱漆板瓦，工部常制有差。

墁地，以进深面阔折见方丈，除墙基、柱顶、槛垫石、阶条石加两出檐、马尾、礓磜。以明间面阔定宽，以台基高加二定长。踏垛背后，随踏垛长宽，以台基高折半，除踏垛石一分定高，垫囊以进深分路，有七路、十二路、十八路、二十五路、三十二路之别。砌阶沿、月台、甬道、台基、踏垛、礓磜及用石做细做糙，凿做花兽，皆以见方折料。宽石片板、鱼鳞石、虎皮石、冰纹石、墁石子、石望板、盆景树、池山，皆以丈见方尺。虎皮石掏丁当一方，用白灰千五百斤；打并缝一方厚一尺者，用油灰五十斤，铁丝四斤；厚二尺五寸者，用白灰千五百斤；其糙砌折并缝，工用有差。

大脊，以通面阔定长，除吻兽宽尺寸各一分为净长，用板瓦取平，苫背沙滚子砖衬平。瓦条，混砖、斗板、脊筒瓦，层数、背馅灌浆有差。吻座用圭角一、麻叶头一、天混一、天盘一、吻一、剑靶一、背兽一、其混砖斗板两头中间则花草砖、统花砖、龙凤诸类无定制。垂脊，以坡之长分三分，上二分为垂脊，所用瓦条、混砖、停泥、通脊板层数有差；扣脊筒瓦一层，方砖凿兽座，垂兽一，兽角二。下一分为岔脊，用瓦条混砖各一层，上安狮马式五件、七件，圭角一，尚风头一。清水脊，长随面阔加山墙外出，板瓦苫背，瓦条二层，混砖一层，扣脊筒瓦一层。每头鼻子一、盘子一、撺头二、勾头二。琉璃脊有二样、三样、四样、五样、六样、七样、八样、九样，脊料瓦料，料以件计，件以折工。工在筒罗、勾头、夹陇、提节、分陇、花边，属之瓦匠；剔系顺色，属之窑匠。白灰、青灰、红土、麻刀、江米、白矾，折料有差。布通脊，以头二三号为例；花脊、墙顶、摆筒板瓦，又花脊、清水脊制法，各有分科。

墙脚根曰掐砌，拦上柱顶石下柱曰码磉墩。墙有山墙、檐墙、槛墙、隔断墙诸成砌之别。成砌有砖砌、石砌、土坯砌及群域另砌上身之分。砖砌始于发券。发券以平水墙券口加折归除，得头券砖块之数，五券五伏；次分纯灰插泥二种，及透骨灰抹饰，泥底灰面抹饰，插灰泥抹饰、拘抿诸类，碎砖碎石做法有差。歇山、硬山、山墙、码单磉墩、码连二磉墩，以柱顶石定长见方；拦上按进深面阔定长；地皮以下埋头，以九檩深一尺，按檩递减；台以阶条石定长；硬山群肩以进深定长，柱径定厚；上身随群肩，山尖随山柱；悬山山墙伍花成造，以布架定高，柱径定厚；砌悬山山花象眼，以步架定宽，瓜柱定高；两山折一山，前后檐墙，以面阔定长，檐柱定高，以柱径厚出三之二，封护加平水檩径椽径各一分，望一寸。凡用砖，皆除柱径、柁枋、门窗槛框、榻板木料，及角柱、压砖板、挑檐石，各分位核之。以顺水立墙肩分位，衬脚取平，随墙长短，而高随墁地砖分位。其次扇面墙、槛墙、隔断墙、廊墙各有差。如大中小三才墀头，随出檐收线砖、混砖、器砖、盘头饿檐、连檐、雀儿台层数尺寸定长，随檐柱加平水檩径一分。除停泥滚子砖、砍做线砖、乾摆混砖、器砖、盘头饿檐层数尺寸定高外，加连檐厚一分半，以做饿檐斜长入榫，分位有差。排山勾滴，以进深加举定长，按瓦料之号、分陇得个数。抹饰以长高见方丈。白灰、青白灰、泥底灰、插灰泥、红黄泥提浆铲旧，剔去拘抿、灰道灰梗描刷，折料工用又有差。

砍砖匠，瓦匠中之一类也。金砖以二尺、尺七为度；方砖以二尺、尺七、尺四、尺二为度；新旧样城砖长一尺三寸五分，宽六寸五分，厚三寸二分。临清城砖同。停泥滚子砖、沙滚子砖，长八寸，宽四寸，厚二寸。停泥斧刃砖，与停泥滚子同。沙斧刃砖，与沙滚子同。砍砖工作，在砍磨城角转头、搪白、截头、夹肋、剔浆、齐口、挂落、券脸及车网、立柱、画柱、垂柱、圭角、角云、兽座、照头、捺花、龙头、鼻盘，桁条、耳子、素宝顶、云拱头、花垫板、脊瓜柱、花垂柱、花气眼、花雀替、博缝头、古老钱、马蹄磉、三岔头、花搪扒头、花通脊板、牡丹花头、额枋、四面披、小博缝、松竹梅、花草、须弥座花柱、圆椽达望板、窗户素线砖、垂花门立柱、箍头枋、方椽、飞檐椽、连檐、里口、线枋花心、转头香草云、垂脊板、如意头、象鼻头、天盘、西洋墙、宝塔、宝瓶诸活计。凿花匠，又砍砖匠之一类也。凿花工作在槛墙下花砖、花龙凤、分心云头、岔角、梅花窗、海棠花窗、草花圆窗、线枋砖花窗、云子草、八角云各色，又三十三号物背兽、剑靶、吻座、垂兽、兽座、饿兽、仙人走兽。而刹磨、铲磨、磨平、见方、计工，仍职在瓦匠，所谓水磨也。湖上水磨墙、地文砖，亚次规矩者，为藻井纹，横斜者为象眼纹，八方者为八卦纹，半斧者为鱼鳞纹，参差者为冰裂纹，一为肺碎纹，上嵌梅花，谓之冰片梅。

琉璃瓦九样什料，自二样始。二样吻，每只计十三件，高一丈五尺，重七千三百斤，为剑靶背兽、吻座、兽头连座、仙人、走兽、赤脚黄道、大群色、垂脊、搏头、搪扒、大连砖、套兽、吻匣、博通脊、满面黄、合角兽、合角剑靶、群色条、钩子、滴水、筒瓦、板瓦、正当沟、斜当沟、压带条、平口条诸件。

三样吻，每只计十一件，高九尺二寸，重五千八百斤，什料同。四样吻，每只高八尺，重四千三百斤，什料同。五样吻，每只五尺三寸，尾宽八寸五分，重六百斤，多戗兽、戗脊、三连砖、挂尖托泥。六样吻，每只三块，通高三尺三寸，重三百二十斤，多狮马。七样吻，每只高二尺四寸五分，长二尺七寸，宽七寸五分，重一百三十斤，多罗锅、列角盘、鱼鳞折腰。八样吻，每只重一百二十斤，什料同。九样吻，每只高一尺九寸，长一尺五寸，宽四寸五分，重七十斤，多满山红，挂落砖、随山半混、罗锅半混、羊蹄筒瓦板瓦、双羊蹄筒瓦板瓦。此九样什料也。至迎吻于璃琉窑，迎祭于大清正阳诸门，典制綦重，载在工部。

糙尺七、尺四、尺二方砖，出细减一寸；糙新城砖，出细减九斤十二两；糙停砖沙砖，出细减一斤；头号、二号、三号、四号、十号筒罗勾头滴水板瓦，斤数有差。定磉日忌正四废天贼建破；拆屋用除日；盖屋用成开日；泥屋用平成日；开渠用开平日；砌地与动土同。

石有汉白玉、青玉、青砂、花斑、豆渣、虎皮诸类。拽运以旱船。计打荒、做糙、做细、占斧、扁光、摆滚子、叫号、灌浆，石匠壮夫并用。捧请座子入正位，壮夫至三百人。石匠职在做糙，谓之落坯工。出细则冲打、箍槽、打稻、钻取、掏眼、打眼、打边、退头、榫窃、起线、出线、剔凿、扁光、掏空当、细撕、洒砂子、带磨光、对缝、灌浆、构抿；旧石闪裂归垅、拴架、镶条、合角、落梓口、开旋螺纹诸役。石以长高宽厚见方论工：槛垫石以面阔除柱顶定宽；阶条石以出檐柱顶除回水定厚；硬山加堆头金边，连好头石，悬山加挑山、硬山两山条石，与阶条同；斗板石按露明处以台基高除石条厚定宽；土衬石按露明处以斗板厚加金边定宽；踏跺石以面阔除垂带一分宽，按台基分级数；燕窝石以石面阔加垂带金边定长；平头土衬石以斗板土衬金边外皮，至燕窝里皮定宽；象眼石以斗板外皮燕窝里皮定长；垂带石以踏跺级数加举定长；如意石与燕窝同；角柱石以檐宽三之一除压砖板定长，以檐柱径定宽，折半定厚；金山角柱石以柱径定宽，本身宽折半定厚；琵琶角柱石以金山角柱收二寸定宽，硬山压砖板出廊加墀头退一分定长；里外腰线石按山墙除前后压砖板分位定长；内里群肩下平头土衬石按进深出廊，除柱头分位定长；挑檐石以出廊加墀头梢定长，压砖石收一寸定宽；埋头柱脚石按台基高除阶条厚定长，阶条宽见方；分心石以出廊定长，金柱顶见方一寸半定宽；垂花门中间滚墩石以进深收分一尺定长，门口高三之一定高，方柱一尺加十之六定宽；门枕石以门下槛十之七定高，本身加二寸定宽，两头宽加下槛厚一分定长。折料灌浆用白灰、白矾、江米；粘补焊药用黄蜡、芸香、木炭、白布；补石配药较焊药增石面；石缝构抿白灰桐油。见方斤重、长短有差。须弥座则做圭角、奶子、唇子、掏空当、卷云落托腮、枭儿、束腰玛瑙金刚柱子、椀花结带、卷金卧蚕、水池荷叶沟、菱花窗；柱顶周围做莲瓣、巴达马、香草云花卉、行龙、麒麟、夔龙、八宝、搭袱子、滚墩开壶牙子、立鼓腔、掐鼓钉、鼓儿、门枕诸役。龟兽座三采叠落山峰、剔撕汪洋海水、寿带。花盆座法与须弥同，如意云、卍字迥纹锦、四面寿带、细撕筋纹，西番莲、莲子、花心、玲珑栏杆、石榴头、寿带、掏空当诸役。莲花盆座法与须弥同，剔山林花草宫灯出细，则如石榴头、伏莲头、净瓶头、麻叶头、珠子、莲瓣、荷叶、西番莲。龙分气云阳龙、掐鳞爪、撕鬃发腿、虎肚、火肚、鼓肚黄戗刺、海水江牙、村山撕水；玲珑口岔分齿舌、做须眉、凿扁、画八挂龟背锦衬、脊梁骨、尾巴。狮子分头、脸、身、腿、牙、胯、绣带、铃铛、旋螺纹、滚凿绣珠出凿崽子、西洋踏脚、琴腿、起口线、龙胎、凤服、凤毛、做管子、新云八宝、摔带子、象眼、落盘子、地伏头、古子滚胖、云子宝瓶、楞里禅杖、龙凤花卉、仰覆莲、通瓦陇沟、券脸石、番草、摔带子、六角、八角、花石角梁绳、出头兽、戏水兽面、桥翅柱子、前出角、后八角、抱鼓、云头、素线、桥面仰天、落色莲、开打壶瓶、牙口子、幞头鼓子、马蹄磉石、古老钱耳子、水沟、千斤石做沟头、披水、银锭桥瓦楞起线诸役。其法亦见方为科。

湖上地少屋多,遂有裹角之法。"角",古之所谓"荣"也。东荣、西荣、北荣、南荣,皆见之《礼》及司马相如《上林赋》。宇不反则檐不飞,反宇法于反唇,飞檐法于飞鸟；反宇难于楣,飞檐难于椽；楣若衫袖之卷者则反,椽若梳栉之斜者则飞。其间增桴重栌,不一其法,皆见之斗科做法平身科、柱头科、角科三等。屋多则角众,地少则角犄,于是以法裹之;纵横迴旋,正当面,顾背面,度四面,邱中举维精展；结隅利稜锋,柧造计秒忽,至增一角多,减一角少,此裹角之法也。叶梦得判案有云："东家屋被西家盖,子细思量无利害。"此语可与裹角法参之。然薛野鹤尝曰："住屋须三分水,二分竹,一分屋。"顾东桥尝曰："多栽树,少置屋。"二说又可为裹角者进一解也。

顶为浮图,其名本金制。一品伞用银浮图,二三品用红浮图,四五品用青浮图之属。今湖上亭塔顶多鎏金,次则砖顶、磁顶。景德镇秘色窑得一朱砂窑变,价值千金。近恒以花瓶倒安于上,其法称便。

装修作司安装门楅之事。楅以飞檐椽头下皮,与隔扇挂空槛上皮齐,下安隔扇,下槛挂空槛分位,上安横披并替桩分位。挂空一名中槛,一名上槛,替桩一名上槛。安装隔扇,以廊内穿插枋下皮,与挂空槛下皮齐,次梢间安装槛窗,上替桩横披挂空槛,俱与明间齐。上抹头与楅上抹头齐,下抹头与楅群板上抹头齐,余系风槛墙榻板槛墙分位。所用名物,有上槛、抱框、腰枋、榴柱、边挺、抹头、转轴、拴杆、支杆、楅心、平棂、棂子、方眼、支窗、推窗、方窗、圆光、十样、直棂、横穿、横披、替桩、帘架、荷叶、拴斗、银锭、扣架心、蚂蚁腰,及绦环、滴珠、帘笼、揭板,群板诸件,单楹、连二楹有差。凡楠柏木隔扇,以用碧纱厨罩腿大框为上线,以卷珠为上混面。凹面有门尖、花心、玲珑之制；楅心有实替、夹纱之分；花头有卧蚕、夔龙、流云、寿字、卍字、工字、岔角、云团、四合云、汉连环、玉玦、如意、方胜、叠落、蝴蝶、梅花、水仙、海棠、牡丹、石榴、香草、巧叶、西番莲、吉祥草诸式。工兼雕匠、水磨烫蜡匠、镶嵌匠三作。至菱花楅心之法,三交灯球六椀菱花、三交六椀嵌橄榄菱花、丈叶菱花、又三交满天星六椀菱花、古老钱菱花、又双交四椀菱花诸式,则属之菱花匠。实替一日"糊透",夹纱一日"夹堂"。

古者在墙为牖,在屋为窗。《六书正义》云："通窍为囧,状如方井倒垂,绘以花卉,根上叶下,反植倒披,穴中缀灯,如珠窈窈而出,谓之天窗。"《太山记》云："从穴中置天窗是也。"今之蓬壶影、俯鉴室,均用其法。古者牖穿壁孔,两旁植櫎,以三寸为度。今则有柱有枋,中起棋盘线、剑脊线、扩线、关花牙、三湾勒水、出色线、双线、起双钩，极阴阳榫之变，有方圆圭角之式。中实扇，大曰疏，小曰窗，相并曰方轩。槅心花样，如方眼、卍字、亚字、冰裂纹、金缕丝、金线钩虾蟆之属。一窗两截，上系梁栋间为马钓窗，疏棂为太师窗。门制上楣下阈，左右为枨，双曰阖，单曰扇；有上、中、下三户门，及州县、寺观、庶人房门之别。开门自外正大门而入，次二重，宜屈曲，步数宜单；每步四尺五寸，自屋檐滴水处起，量至立门处止。门尺有曲尺、八字尺二法。单扇棋盘门，大边以门诀之吉尺寸定长，抹头、门心板、穿带、插间梁、拴杆、槛框，余塞板、腰枋、门枕、连槛、横拴、门簪、走马板、引条诸件随之。古者外门内户，《文选》注："大门为门，中门为闳。"《说文》云："半门曰户。"《玉篇》云："一屏曰户。"诸说异解同趣。门有制，户无制。今之园亭，皆有大门，门仿古制。至园内房栊、厢个、巷厕、藩溷，皆有耳门，不免间作奇巧。如圆圭、六角、八角、如意、方胜、一封书之类，是皆古之所谓户也。曲尺长一尺四寸四分，八字尺长八寸，每寸堆曲尺一寸八分，皆谓门尺，长亦维均。八字：财、病、离、义、官、劫、害、本也。曲尺十分为寸：一白，二黑，三碧，四绿，五黄，六白，七赤，八白，九紫，十白也。又古装门路用九天元女尺，其长九寸有奇。匠者绳墨，三白九紫，工作大用日时尺寸，上合天星，是为压白之法。

建造桥梁，有木桥做法：以宽长丈尺桥孔数目，折料计工。尺五桩木，连入土长二丈七尺，一木一桩；二尺管木长一丈二尺，一木二根；尺六桥面，楞木长一丈五尺；签锭桩木，安装管头楞木，用八六寸扒头钉，斤两有差。铺墁桥面砖，以宽长丈尺，除引条分位，横铺立墁，铺墁先用土垫平，折方有差。盘硪打夯，搭脚手，用麻斤两，及木匠刨砍桩尖，做出錾凿管头，铺锭面木桥板，关砖引条，安装栏干，定间柱、戗柱，瓦匠铺墁，日记夫、油漆匠油饰关砖引条，露明栏干、间柱戗柱。桐油、陀僧、定红斤两，熬油打杂各有差。裹头雁翅，亦以宽长折料计工；石硪、跳板借用不估。此木桥做法也。石桥做法：以金门由身、雁翅宽高折料计工。雁翅迎水，顶底牵长，下分水顶底，用石陡砌，每里计长九十六丈四尺。底石下铺锭梅花桩，安顿底石，每丈用桩二十段。尺五木一木三桩，迎面排桩；尺四木一木二桩。砌面石每丈油灰二斤，里石每丈灌浆石灰一百斤，米汁有差。扛抬上住，每丈壮夫二名，此石桥做法也。石岸做法，与雁翅同科。若堤坝工程，筑堤先牵顶宽、底宽、高、长丈尺用土见方，底宽以入水丈尺，除水深丈尺折方。宽有筑宽帮宽，高有筑高帮高。帮宽帮高，谓之帮筑；在旁帮筑，谓之帮戗；平面加高，谓之普面；水深用柴铺垫，谓之二面防风，以备积筑。柴以束计，谓之正柴；用料以土方数目折束，搬柴厢柴，夫工有差。取土以道路远近折料，谓之新土。隔河取土，及湖中捞挖，用船运送，均于土方加料筑坝，以面底宽、长丈尺，中心填土见方。坝长于水面，每丈用排桩七、槭木一、芦芭二、纤缆一。工完销土，属之日记夫。

雕銮匠之职，在角梁头、博缝头、顺梁额枋箍头、挑尖梁头、花梁头、角云、拱番草素线雀替、角背、绦环、拖泥、牙子、四季花门簪、荷叶枕橼、净瓶头、莲瓣芙蓉垂头、柱连槛、疙疸楹雕座、荷叶帘架橼、大小山花结带、麻叶梁头、群板满雕夔龙凤博古花卉、起如意线、三伏云、素线响云板、菱花梅花钱眼、起线护炕琴腿、圈脸番草云、隔扇捱眼、象鼻拴、玲珑云板、连笼板、琵琶柱子、荷叶、壶瓶牙子、支杆荷叶、采斗板、伏莲头、燕尾、折柱，并斗口各科，工用有差。水磨、烫蜡、乾磨诸匠，与雕銮互用，皆属之楠木作。凡楠木匠一百，加安装匠十，锯匠二十。做旧装修，另折方以计工。烫蜡物料，用黄蜡、剉草、白布、黑炭、桃仁、松仁有差。此外包镶匠，别楠、柏、紫檀、海梅、花梨、铁梨、黄杨，木植以折见方计工。镟匠职在鼓心、圆珠帘、滑子、净瓶、大垂头、仰覆莲、西番莲头、束腰连珠、镟牙、粗牙诸役。水磨茜色匠，职在象牙净瓶、阑杆、柱子、凹面玲珑夔龙书格、牙子、如意、画别诸役。雕匠有假湘妃竹药栏做法，楠柏木挖做竹子式，挂檐上板贴半圆竹式，竹式有如意云、圆光、连环套、卍字团诸名。攒竹匠职在刮黄、刮节、去青、去网成开，做榫宆有十三合头、九合头、五合头攒做之分，胶以缝计。锭铰匠职在铁箍拉扯、大铁叶、角梁、由戗、宝瓶桩钉、剐锭枋梁、钓搭、双爪铷锁提挦、挺钩、钻三四寸钉椽眼连檐、博缝、山花、过木、沿边木、诸铜签锭、斗科升耳包昂嘴、门叶锭、门泡钉、门钹、门桥、铁叶、雨点钉、梭叶、铅钣、双卓拐角叶、双人字叶、看叶、兽面带仰月千年钓、寿山福海、钉钓、菱花钉、风铃、吻铜、檐网、剪叶、天花钉、大小黄米条、铜铁丝网，挂网剪碗口，以尺寸折料，以料数折工。

琉璃转盘鼓儿影壁，高六尺三寸五分，宽三尺六寸，用柱子二，间柱二，抹头二，腰枨二，夹堂余腮板、四面绦环群板二，里口框一；四抹转盘大框，高三尺五寸七分，宽二尺八寸。群板绦环，采间柱余腮绦环、雕凹面香草夔龙，有镶嵌、素镶、并镶、门桶之别。夹层落堂如意瓶式：高五尺二寸，宽二尺三寸，二面贴落金边，中嵌夔龙团草。扇抹头、推门隔扇拴杆、琵琶柱子、栏干、起线雕艾叶、净瓶头、连珠束腰、西番莲柱头四、托泥、地伏、琴头、捎子、踢脚、隐板、栏干心，床上笔管栏干皆备。飞罩有落地明、连三飞罩、连十五飞罩、单飞罩诸做法。碧纱厨柱子，与影壁同，槅心用夹纱做法，皆属之楠木作。

覆橑，今之木顶格也。《梦溪笔谈》云："古藻井即绮井，又曰覆海，今谓之斗八，吴人谓罳顶，盖后至坏，前至檐，左右至两垆，上合群板，下横经纬，中如方罫，所以使屋不呈材也。"木顶槅周围有贴梁、边抹、棂子、木钓挂，一棂六空，横直两头，进深面阔有常制。上画水草，说者谓厌火祥，茎皆倒垂殖，其华下向反披，古谓井干。《天台野人存论》云："仰卧室中观藻井，得古井田法。"谓此。

铜料做法：门钉九路、七路、五路之分。铅钣兽面，每件带仰月、千年钓；门钹带钮头圈子。包门叶有正面铅钣、大蟒龙；背面流云做法：寿山福海，钩搭钉钓，门槅同科；隔扇有云寿铅钣、双拐角叶、双人字叶、看叶诸式。看叶带钩花钮头圈子，若云头梭叶、素梭叶，则宜单用；其他菱花钉、小泡钉、殿角风玲、琉琉吻、合角吻、琉璃兽、八样铜瓦帽、大小黄米条、铜丝网；物料重轻有差。

亮铁槽活：什件为大二门钹、云头裹叶拴环、搭钮榻板云头、合扇支窗云头、葵花齐头诸合扇、板门摘卸合扇、墙窗仔边合扇、隔扇屏门槛窗鹅拐轴鹅项、碧纱厨鹅项、槛斗海窝拴斗、起边凹面鹅项、帘架掐子、回头钩子、丝瓜钩子、西洋钩子、八宝环、八字云头叶、支窗云头、齐头里叶、有无楼子、西洋拨浪、各色挺钩捎子、各色直子钓边、钉钓、折叠钉钓、各色钩搭、过河钩搭、圆捎子、纱帽捎子、扫黄捎子索子、大小冒钉、单双拨浪、各色挺钩、鹤嘴挺钩、寿山福海、人字面叶、大小抱柱叶子、卍字式箍、双云头面叶、钮头钓牌、云头角叶、大样揂判门圈子、一二三寸圈子、五寸靶圈诸件，折价给工有差。

油漆匠三麻二布七灰糙油垫光油朱红饰做法：计十五道，盖捉灰、捉麻、通灰、通麻、苎布、通灰、通麻、苎布、通灰、中灰、细灰、拔浆灰、糙油、垫光油、遍光油十五道也。用料为桐油、线麻、苎布、红土、南片红土、银朱、香油，见方折料。次之二麻一布七灰糙油垫光朱红油饰，又次之二麻五灰、一麻四灰、三道灰、二道灰诸做法。其他各色油饰做法，如朱红、紫朱广花诸砖色；定粉、广花、烟子、大碌、瓜皮碌、银朱、黄丹、红土烟子、定粉、土粉、靛球、定粉砖色、柿黄、三碌、鹅黄、松花绿、金黄、米色、杏黄、香色、月白诸色。次之，油饰红色瓦料钻糙满油各一次，及天大青刷胶、柿黄油饰、洋青刷胶、花梨木色、楠木色、烟子刷胶、红土刷胶诸法。所用料为烟子、南烟子、广靛花、定粉、大碌、三碌、彩黄、黄丹、土粉、靛球、栀子、槐子、青粉、淘丹、土子、水胶、天大青、洋青、苏木、黑矾诸物。桐油加白灰、白面、土子、陀僧、黄丹、白丝、丝棉，油饰菱花加牛尾，其煎油木柴另法有准。挑水、劈柴、烧火、捶麻、筛碾砖灰，诸壮夫给工有差。斗科使灰用油，及头停打满地面砖钻夹生油，旧料錾砍，另法折工。若竹席、苇席、刷柿黄、罩白及搓清红黑油；又粉油上洒玉石砂子；又满糊高丽纸，搓油烫蜡金砂各砖，窗户纸上喷油，工料同科。

画作以墨金为主、诸色辅之，次论地仗、方心、线路、岔口、箍头诸花色。墨有金、琢烟、琢、细、雅五墨之用，金有大小点之用；地仗、方心沥粉及各色花样之用。线路、岔口、箍头贴金及诸彩色，随其花式所宜称。花式以苏式彩画为上。苏式有聚锦、花锦、博古、云秋木、寿山福海、五福庆寿、福如东海、锦上添花、百蝠流云、年年如意、福缘善庆、福禄绵绵、群仙捧寿、花草方心、春光明媚、地搭锦袱、海墁天花聚会诸式。其余则西番草、三宝珠、三退晕、石碾玉、流云仙鹤、海墁葡萄、冰裂梅、百蝶梅、夔龙宋锦、昼意锦、垛鲜花卉、流云飞蝠、袱子喳笔草、拉木纹、寿字团、古色螭虎、活盒子、炉瓶三色、岁岁青、瓶灵芝、茶花团、宝石草、黄金龙、正面龙、升泽龙、圆光、六字正言、云鹤、宝仙、金莲水草、天花、鲜花、龙眼、宝珠、金井玉栏干、卍字、栀子花、十瓣莲花、柿子花、菱杵、宝祥花、金扇面、江洋海水诸色。惟贴金五爪龙，则亲王用之，仍不许雕刻龙首；降一等用金彩四爪龙，贝勒贝子以下则贴各样花草，平民不许贴金。用料则水胶、广胶、白矾、桐油、白面、土子面、夏布、苎布、白丝、丝棉、山西绢、潮脑、陀僧、牛尾、香油、白煎油、贴金油、砖灰、木明、鸡蛋、松香、硼砂、酸梅、栀子、黄丹、土黄、油黄、膳黄、赭石、雄黄、石黄、黄滑石、彩黄、广靛花、青粉、沥青、梅花青、南梅花青、天大二青、乾大碌、石大二三碌、净大碌、锅巴碌、松花石碌、朱砂、红标朱、黄标朱、川二朱、银朱片、红土、苏木、胭脂、红花、香墨、烟子、南烟子、土粉、定粉、水银、光明漆、点生漆、生熟黑漆、西生漆、黄严生漆、退光漆、笼罩漆、漆朱、连四退光漆、血漆、见方红黄金、鱼子金、红黄泥金诸料物。

"六典"中装潢匠，今之裱作也；隔井天花，海墁天花，今之裱背顶槅也。裱做在托夹堂、裱面层、糊头层底。锭铰匠压锭、托裱纸、缠秫秸、扎架子诸法，其糊饰梁柱、装修木壁板墙隔扇次之。纸有棉榜、头二三号高丽、西纸、山西绢、棉方白、二方乐、竹纸、料连四、清水、连四毛边、连四抄纸、锦纸、蜡花、呈文、宫青、西青、皂青、方稿、裱料、银笺、蜡花、宫笺、甃红、朱砂笺、小青、倭子、京文、桑皮诸纸。所用白面、白矾、苎布、秫稭、雨点钉、线麻、耗纸、包镶、出线、镟花、对花、压条，工用有差。纱绢绫锦画片，以见方折工料，此所谓采饰纤缛，裹以藻绣，文以朱绿者也。近今有组织竹篾为顶蓬者，民间物耳。

花架有一面夹堂之分，方罫象眼诸式，盖以围护花树之用。诸园皆有之，多种宝相、蔷薇、月季之属，谓之架花。架以见方计工，料用杉槁、杨柳木条、薰竹竿、黄竹竿、荆笆、篦竹片、花竹片、棕绳。花树价值有常，保固有限。保三年者：千松、小马尾松、大小刺松、罗汉松、小柏树、青杨、垂柳、观音柳、山川柳、柿树、栗树、核桃树、软枣树、桑树、梧桐树、秋树、槐树、红白樱桃树、接甜枣树、苹果树、槟子树、李子树、千叶李、沙果子树、莎罗树、石榴树、小白果树、梨子树、红梨花、玉梨花、锦堂梨、香水梨、珍珠花、山里红、紫丁香、白丁香、红丁香、红白丁香、百日红、棣棠花、文宫果、山桃、白碧桃、红碧桃、波斯桃、粉碧桃、鸳鸯桃、千叶杏、大小山杏、接杏树、大玫瑰、马英花、兰枝花、白梅花、红梅花、黄刺梅花、佛梅花、采春花、红黄寿带、藤花、紫荆花、明开夜合花、十姊妹、爬山虎、山葡萄、芭蕉、贴根海棠、朱砂海棠、垂丝海棠、龙爪花、白玉棠花、菠子、长春花、金银花、沙白芍药、杨妃芍药、粉红芍药、千叶莲芍药、大红芍药、菠利诸种；保二年者：西府海棠；不保年者：大柏树、大罗汉松、头二号马尾松、大白果树、小山里红、小玫瑰、榛子果、欧子果诸种。京师以车载论，城内每一车给价二钱，出城十里内，加给一钱；十里外每里加给二分。如人夫抬运，照人数给工。湖上树木，多自堡城来者，无水通舟，故仅照人数给工之例。

匾有龙头、素线二种：四围边抹，中嵌心字板，边抹雕做三采过桥，流云拱身宋龙，深以三寸为止，谓之龙匾。素线者为斗字匾。龙匾供奉御书，其各园斗字匾，则概系以亭台斋阁之名。

厅事犹殿也，汉、晋为"听"，六朝加厂为"厅"。《老学庵笔记》云："路寝，今之正厅，治官处之厅多厂，今谓厂厅。"《灵光赋》云"三间两表"，即今厅之有四荣者；如五间，则两梢间设槅子或飞罩，今谓明三暗五，宋排当云"三间五架"，《辍耕录》云"三间两夹"，皆是也。湖上厅事，署名不一：一曰"福字厅"，本朝元旦朝贺，自王公以下至三品京堂官止，例得恭邀颁赐"福"字，各官敬装匾、供奉中堂，以为奕世光宠。南巡时各工皆赏"福"字，如辛未，则与石刻"坐秋诗"、"水嬉赋"同赏之类。工商敬装龙匾，恭摹于心字板上，择园中厅事未经署名者悬之，谓之"福字厅"。如皆已有名，则添造厅事，或去旧匾换"福"字，如冶春诗社之秋思山房，"荷浦薰风"之清华堂之属，皆是今之福字厅。其次有大厅、二厅、照厅、东厅、西厅、退厅、女厅。以字名如一字厅、工字厅、之字厅、丁字厅、十字厅；以木名如楠木厅、柏木厅、椒楞厅、水磨厅；以花名如梅花厅、荷花厅、桂花厅、牡丹厅、芍药厅；若玉兰以房名，藤花以榭名，各从其类。六面皮板为板厅；四面不安窗棂为凉厅；四厅环合为四面厅；贯进为连二厅及连三、连四、连五厅；柱檩木径取方为方厅；无金柱亦曰方厅；四面添廊子飞椽攒角为蝴蝶厅；仿十一檩桃山仓房抱厦法为抱厦厅；枸木椽脊为卷厅；连二卷为两卷厅；连三捲为三卷厅；楼上下无中柱者，谓之楼上厅、楼下厅；由后檐入拖架为倒坐听。

正寝曰堂，堂奥为室，古称一房二内，即今住房两房一堂屋是也。今之堂屋，古谓之房；今之房，古谓之内；湖上园亭皆有之，以备游人退处。厅事无中柱，住室有中柱，三楹居多；五楹则藏东、西两梢间于房中、谓之套房，即古密室、复室、连室、闺房之属。又岩穴为室潜通山亭，谓之洞房。各园多有此室，江氏之蓬壶影、徐氏之水竹居最著。又今屋四周者谓之四合头，对霤为对照，三面连庑谓之三间两厢，不连庑谓之老人头。凡此又子舍、丙舍、四柱屋、两徘徊、两厦屋，东西霤之属。其二面连庑者，谓之曲尺房。

正构皆谓阁，旁构为阁道。加飞椽攒角为飞阁，露处为飞道，露处有阶为磴道，磴道曲折纡徐者为步顿，是皆阁之制也。湖上阁以锦镜阁为最，阁道以篠园为最；飞阁、飞道、磴道、步顿以东园为最。

两边起土为台，可以外望者为阳榭，今曰月台、晒台。晋鏖曰："登临恣望，纵目披襟，台不可少。依山倚巘，竹顶木末，方快千里之目"，湖上熙春台，为江南台制第一杰作。

楼与阁大同小异。梯式创于黄帝；今曲梯折磴，极窈窕深邃，非持火莫能登，谓之"螺蛳转"。京师柏林寺大悲阁，最称诡制。湖上以平楼第三层梯效之，崇屋欹前为榭，盖楼台中之斜者，即"锦泉花屿"中藤花榭之属。

行旅宿会之所馆曰亭。重屋无梯，耸槛四勒，如溪亭、河亭、山亭、石亭之属。其式备四方，六、八角，十字脊，及方胜圆顶诸式。亭制以《金鳌退食笔记》九梁十八柱为天下第一，湖上多亭，皆称丽瞩。

古者肃齐，不齐曰斋。黄冈石刻东坡墨迹一帖，有"思无邪斋"。晋鏖曰："斋宜大雅，窗棂朗明，庭苑清幽，门无轮蹄，径有花鸟。"

浮桴在内，虚檐在外；阳马引出，栏如束腰，谓之廊。板上甃砖，谓之响廊；随势曲折，谓之游廊；愈折愈曲，谓之曲廊；不曲者修廊；相向者对廊；通往来者走廊；容徘徊者步廊；入竹为竹廊；近水为水廊。花间偶出数尖，池北时来一角，或依悬崖，故作危槛；或跨红板，下可通舟，递迢于楼台亭榭之间，而轻好过之。廊贵有栏，廊之有栏，如美人服半背。腰为之细，其上置板为飞来椅，亦名美人靠。其中广者为轩，《禁扁编》云："窗前在廊为轩。"

大屋中施小屋，小屋上架小楼，谓之仙楼。江南工匠，有做小房子绝艺。

古者依水为屋，谓之船房。凡三间屋靠山开门，概以船房名之，全椒金絮斋槊诗云："启关竟穿蒋诩径，入室还住张融舟。"谓此。

陈设以宝座屏风为首务。玻璃围屏用四抹心子板，腰围鱼门洞，镶嵌凹面口线；海棠式双如意鱼门洞镶嵌凹面口线诸做法。通景围屏，用绦环牙子上阴阳叠落，雕玲珑宝仙花诸做法。画片玻璃围屏，用大框、碎框、壁子、梓框、二画片、鱼门洞、心子板、玻璃转盘、方窗诸做法。三屏风，连三须弥座，上下方色连巴达马，束腰线枋，中峰雁翅四抹大框，内镶大理石落

堂板一分，替板一分，背板梓框，上下绦环，二面雕汉文夔龙搭脑立牙诸做
法。插屏门高六尺一寸，宽三尺一寸六分，内榻槿木二，二面雕凹面汉文夔龙、
柱子二、托枨一、锁砌枨一、背后闸档板一、二抹大框一、篷牙一、砧牙二
诸做法。四抹玻璃门，高五尺三寸三分，壁板一、绦环一、一面采台雕凹面
汉文夔龙捧寿诸做法。头号宝座，面阔四尺有奇，进深三尺有奇，高一尺六
寸有奇，三方靠背束腰、托腮方肚、蓬牙象鼻、捲珠湾腿、周围托泥、扶手
云头诸做法。平面脚踏，与座等，汉文腿、束腰托泥俱备。二号矮宝座，面
阔三尺六寸，进深二尺八寸六分，高七寸；上下方金莲、巴达马、束腰、杉口、
梓口、地平排捎、地平床面、包镶中为暖板诸做法。次之灯彩铺垫，灯以挂计。
锡灯有洋灯、三面、四面、六面、镜插、满堂红，高灯之属；建珠灯有山水、
花卉、禽兽、人物、字画之属；琉璃灯有四方、八方、冬瓜、荸荠、皮球之
属；玻璃灯有方架、滚子、大洋、小洋、五色、吹片之属。其余各色洋绉堆花、
耿绢画各旧稿、各色纱堆花、白云纱、银条纱、刮绒堆花、红金线、泥金纱罗，
上覆朱缨，角垂风带者，谓之宫灯；竹架上蒙绸绉者，谓之滕裤腿；蔑丝无影，
谓之气杀风；置铁竹长柄悬之者，谓之鹅颈项。彩子用五色绫，扎蛛网罘罳，
以为檐饰。

　　结彩属之官乐部，里中呼为吹鼓手。是业有二，一曰鼓手，一曰苏唱，有
棚有坊。民间冠婚诸事，鼓手之价，苏唱半之。苏唱颜色半伺鼓手为喜怒，其
族居城内苏唱街。

　　铺地用棕毡，以胡椒眼为工，四围用押定布竹片，上覆五色花毡。毡以黄
色长毛氆氇为上，紫绒次之，蓝白毛绒为下，镶嵌有缎边绫边布边之分，门帘
桌登椅炕诸套同例。炕有炕几、炕垫、炕枕、帽架、唾盂、搭脚诸什物；椅有
圈椅、靠背、太师、鬼子诸式；凳有圆、方、三六八角、海棠花及连凳、春凳
诸式。

　　民间厅事，置长几，上列二物，如铜瓷器及玻璃镜、大理石插牌；两
旁亦多置长几，谓之靠山摆。今各园长几，多置三物，如京式。屏间悬古
人画，小室中用天香小几，画案书架。小几有方、圆、三角、六角、八角、
曲尺、如意、海棠花诸式。画案长者不过三尺。书架下棂上空，多置隔间。
几上多古砚、玉尺、玉如意、古人字画、卷子、聚头扇、古骨朵、剔红蔗
葭、蒸饼；河西三撞两撞漆合、磁水盂，极尽窑色，体质丰厚；灵壁、太
湖诸砚山、珊瑚笔格；宋蜡笺，书籍皆宋元精椠本、旧抄秘种及毛钞、钱钞。
隔间多杂以铜、磁、汉玉古器。其白玉本于阗玉河所产，于阗有乌、白、绿，
三河所产之玉，如河之色，最胜于"狮子王"，为古玉关以西地。《游宦纪闻》
及《于阗行程记》载之甚详。今入版图，其玉遂为方物。贾人用生牛皮束缚，
人夫马骡，运至内地，以斤两轻重为换头。苏州玉工用宝砂金刚钻造办仙
佛、人物、禽兽、炉瓶、盘盂，备极《博古图》诸式。其碎者则镶嵌风屏、
挂屏、插牌，谓之玉活计。最贵者大白件，次者为礼货，最下者谓之老儿货。
他如雉尾扇、自鸣钟、螺钿器、银累绦、铜龟鹤、日圭、嘉量、屏风幨匣、
天然木几座、大小方圆古镜、异石奇峰、湖湘文竹、天然木拄杖、宣铜炉。
大者为宫奁，皆炭色红、胡桃纹、鹧鸪色，光彩陆离；上品香顶撞、玉如意，
凡此皆陈设也。

第四节　常用建筑方言

龙梢：位于房屋两侧的厢房向前延伸的厢廊。

照厅：又称"对照房"、"倒话"、"对合子"，是正房隔天井相对的房子。

升腾：居住外院环境品质高雅之意，如对环境的美称。

穿堂：也称"过厅"是居室和房屋之间的过廊之间。

耳门：是每个院落没有自由启闭的院落小门。

火巷：是室内通往各个院落的公共通道。

披屋：正房多余的用地，搭在山墙上的附房。

下房：杂屋或作为仆用房。

榫材巷：是两路建筑之间南宽北窄的巷子。

胺门：房屋北檐墙上屏门后通往后进的洞口门。

龙口：房屋大门内上首的一根横木，上方正中间留存的洞口。

门龙：房屋大门内侧上的一根横木。

花厅：花园的厅堂。

门海：天井内没水缸承接雨水且养鱼栽荷，消防之用的缸。

明瓦：屋面的天窗与盖瓦用灰泥糊接的缝口。

脊花：屋脊的房屋中间的装饰物品。

万巷书：屋脊两端用望砖片编成方平室"回"字形脊头。

猎头：榫口盖瓦的收头瓦。

干码乱砖墙：不带灰泥砌筑的乱砖墙。

斗子墙：空斗墙。

派花：砌筑前的试放砖的布局样子。

生火：事情的意思。

铁扒锔：处埝分内柱的连接件。

填馅：墙体内外皮间的填物。

踩脚：干码墙内外皮墙之间的相互搭接。

三斗一扁：三斗一卧墙。

封火的墙：高出屋面至少1m左右，起防火及防盗的墙，微低建筑称马头墙。

收券：防止墙体局部下沉而砌的用砖竖砌的弧形墙，以及门窗头上也常用的。

门当：方枕石的又称。

帽檐：在门头上用条砖依墙壁由上至下叠涩3至5皮板砖形成的挑檐。

萝底砖：方砖的又称。

天弯罩：飞罩的又称，而在两柱间上部。

地幛：落地罩的又称，是装在两柱之间起空间间隔和艺术效果之用。

倒挂眉头：装在檐廊柱间，衔接房子下口的花格帘枕，又称"挂落"。

雀替：又称"插脚"，"托木"、"牛腿"。

掌作师傅：代班师傅、承包头师傅。

初作师傅：在一帮学了三年以上，跟另外一辈的师傅学徒的师傅尊称。

上手：师傅。

下手：徒弟或帮手。

师父：对老师的尊称"以师作父"。

徒弟：学徒者。

小工：无技艺的杂工。

鲁班尺：传统艺造用尺，实际长度 27.5cm/尺。

角尺：工匠可测 90°、45° 的鲁班曲尺。

黑斗：工匠弹墨线工具。

三脚马：木匠置放大木料的支架。

瓦力：瓦匠砌墙用的工具。

木刀：瓦匠砌墙掺灰用的工具，与瓦刀配合使用。

灰桶：瓦匠用于盛灰的工具。

木圻：用于抹灰泥的工具。

托线板：校验墙身平整度的工具。

女儿墙：平顶台周边的矮护墙。

鞋脚：基础之上，比墙体厚一点的墙或石块。

山墙：上部安如"山"，房屋两端的进深相向的墙。

檐墙：沿面阔方向的前后檐墙。

柱中锁：柱中固定梁木方榫头的木梢。

羊角锁：固定梁头的木梢，贴靠柱子，形拟羊角的梢。

中到中：指中线对中线。

外包皮：墙内是乱墙，外墙是整砖的砌浇。

一斗三升（斗三升）：斗栱之一种，位于桁底与斗盘枋之间，下坐大斗，上架第一级栱及三只小升。

一斗六升（斗六升）：牌科斗栱之一种，即于一斗三升上，再加第二级栱及三只小升。

大木（大木作）：一切木作之建造房屋者，做装修者常归细木作。

小木作：木作之专做装饰构件，挂落、飞罩、栏杆、花篮、藻井天花及各种内装修雕刻等细木工活和器具家具者。

山花板（山花）：歇山式殿庭山尖内，以及厅堂边贴落翼上方山尖内，所幔钉之板墙。

门楼（砖雕门楼）：凡墙门头上砌筑数重砖砌之额枋字碑等；或加砖雕斗栱、挂落、荷花头等装饰，上盖以筑脊屋面，而其高度超出两旁之塞口墙者。

门环（门钹）：大门上环形金属拉手。又有用兽面铺首，同上条均指正落入口，官式大门才有。

瓦口板（瓦口）：锯成瓦楞起伏状之封檐木板，钉于檐口眠檐上并用瓦口铁塔加固，以遮挡檐口瓦间的空隙。

瓦条：筑脊面以砖挑出之方形线脚，挑出 30mm，线厚 30mm，称一路线。

正贴：屋架梁柱组合体之位于正间者。

正脊：前后坡屋面，交合角于脊桁之上，其上所筑之屋脊。

正间（明间）：房屋正中之一开间。

半栏（矮栏）：低栏干，上铺木板，可供坐憩。

边贴：梁架位于山墙之内侧者。

边梃（大边）：门、窗两边之垂直木边框。

地栿：或作地覆，用于墙门栏杆下，或铺设于垛头扇堂间，廊檐与步柱间宕口，内侧门下槛之石条门槛。

次间：房屋正间两旁之开间。

阶台（台基，台明）：以砖、石砌成之平台，上建造房舍殿宇。

收水（收分，收势）：墙之自下而上，渐渐向内倾斜之斜度。以及所有斜势之通称。

束编细（束腰）：下枋上介于仰浑、托浑间连接平面较宽长条形之饰条面。

夹底（穿插枋）：用于川或双步之下方，为加强连系而设之辅材，断面为长方形。有川夹底及双步夹底之别。

夹堂板（垫板及绦环板）：连机与枋子间之木垫板，厚约半寸（15mm），中间可设置小蜀柱分隔之。长窗上、下两横头料间之镶木板，亦称夹堂板。

观音兜：山墙由檐口往上成曲线至脊，近脊处隆起似观音帽兜状者，为全观音兜。从金桁起作曲弧线者，为半观音兜。

里口木：位于出檐椽与飞椽间接口封挡豁口用之横木条，用于立脚飞椽下者名高里口木。

纱窗：亦名纱隔，与长窗相似，但内心仔不用明瓦，钉以青纱或裱糊书画，装于室内，作为分隔内外之用。

进深：房屋之深度方向。

板壁：用木板构建之隔断物。

和合窗（支摘窗）：窗之装于捺槛与上槛或中槛之间，呈长方形上悬式向上翻开者。

柱础：柱底之基础，包括磉石下之石基。

面阔：亦名开间，建筑物正面之长度。

扁作厅：厅堂内屋架，其大梁、双步、川等用圆木锯皮拼方，作扁方形者。

屏门：装于厅堂之后双步柱间，构成屏风型组合门。

桁（檩）：承搁椽之圆木，或长方形木料，架于梁端桁椀槽口内或斗栱座之枋、机上。

脊柱：正、边贴中托承脊桁之落地柱。

脊桁：脊柱上之桁。

脊童柱（脊瓜柱）：正贴代替脊柱不落地而支于山界梁上之短柱。

坤石（门枕石，抱鼓石）：将军门旁所置之石鼓，上如鼓形，下有基座之大门前标致性饰物，亦用于牌坊及露台阶沿旁栏杆下端。

鸳鸯厅：厅之较深，脊柱前后之架构作异形截面对称装饰，一边用圆材，一边用扁作者。

捺脚木：短木条之钉于立脚飞椽下端者，使其不能动摇连成整体。

勒望：钉于界椽上，以防望砖下泻之通长木条，形同眠檐，可每界均设于桁上方。

勒脚：自墙底至离地高约三尺（1.0m）之部分，较上部墙身放出一寸（30mm）者。

梓桁（挑檐桁）：挑出廊柱中心外，位于斗栱或云头上之桁条。可增加出檐进深。廊柱出挑用蒲鞋头。

望砖：砖之一种，铺于椽上，用以铺瓦及避尘。有八六望砖（200mm×130mm×14mm）、方望砖（234mm×234mm×25mm）等。

望板（木望板）：椽面上所铺设，以承屋瓦之木板，代望砖之用，戗角摔网椽上都用之。

博风板（博缝板）：悬山或歇山屋顶，自两山尖处，随屋顶斜坡，镶钉于桁端头上，前后对称布设，而下缘与屋顶斜坡平行之宽木板，博风板头做成霸王拳形式收头，包住出檐口。交汇尖合角处常置悬鱼装饰。

博风砖（博缝砖）：硬山外侧随前后坡所挑砌成博风形之贴砖面，或称砖博风。托浑线收下口。

提栈（举架、举折）：为使屋顶斜坡成弧曲面，而将每层上、下桁间之高差，相比下层按一定比例加高之规制。俗称"定侧样"，决定横剖面屋面外形轮廓线之重要参数。

歇山：悬山与四落翼相交所成之屋顶结构。法式称"厦两头"。

礅石（柱顶石）：鼓磴下垫之方块石，与阶沿石地坪持平。清式为 2 倍柱径见方，厚为 1/2~1/3 宽。

参考文献

［1］钱泳.履园丛话.北京：中华书局，1979.

［2］李斗.扬州画舫录.扬州：江苏广陵古籍刻印社，1984.

［3］阿克当阿，姚文田.嘉庆重修扬州府志.扬州：广陵书社，2006.

［4］汪应庚，赵之璧.平山揽胜志，平山堂图志.扬州：广陵书社，2004.

［5］午荣，吴道仪.图解鲁班经.西安：陕西师范大学出版社，2012.

［6］计成原著.陈植注释.园冶注释.北京：中国建筑工业出版社，1988.

［7］姚承祖，张志刚.营造法原.北京：中国建筑工业出版社，1986.

［8］陈从周.扬州园林.上海：同济大学出版社，1983.

［9］王其亨.风水理论研究.天津：天津大学出版社，1992.

［10］朱福烓.扬州史述.苏州：苏州大学出版社，2001.

［11］许少飞.扬州园林.苏州：苏州大学出版社，2001.

［12］许少飞.扬州园林史话.扬州：广陵书社，2014.

［13］张燕，王虹军.扬州建筑雕饰艺术.南京：东南大学出版社，2001.

［14］吴建坤.老房子——名居.南京：江苏古籍出版社，2002.

［15］曹永森.扬州风俗.苏州：苏州大学出版社，2001.

［16］朱正海.扬州名宅.扬州：广陵书社，2005.

［17］朱正海.扬州名巷.扬州：广陵书社，2005.

［18］朱正海，韦明铧.扬州名图.扬州：广陵书社，2006.

［19］顾文鸣，梁宝富，夏鸣元，赵立昌.扬州市传统民居建筑修缮技术手册.扬州市
历史文化名城研究院编印，2013.

［20］杜仙洲主编.中国古建筑修缮技术.北京：中国建筑工业出版社，1983.

［21］马炳坚.中国古建筑木作营造技术.北京：科学出版社，1991.

［22］李浈.中国传统建筑形制与工艺.上海：同济大学出版社，2006.

［23］刘托，马全宝，冯晓东.苏州香山帮建筑营造技艺.合肥：安徽科学技术出版社，2013.

［24］左书才.木工实践.江西人民出版社，1973.

［25］过汉泉.古建筑木工.北京：中国建筑工业出版社，2004.

［26］李金明，周建忠.古建筑瓦工.北京：中国建筑工业出版社，2004.

［27］刘一鸣.古建筑砖细工.北京：中国建筑工业出版社，2004.

［28］龚厚杰.生漆工艺.中国林业出版社，1984.

［29］龚明伟.东阳木雕.杭州：浙江摄影出版社，2008.

［30］孟兆祯，毛培林，黄庆喜等.园林工程.北京：中国林业出版社，2004.

［31］王仲奋.婺州民居营建技术.北京：中国建筑工业出版社，2014.

［32］钱达，雍振华.苏州民居营建技术.北京：中国建筑工业出版社，2014.

后 记

"造屋之工，当以扬州为第一"，这是清代道光年间钱泳所著《履园丛话》中对扬州工艺水平的评价。清代李斗所著《扬州画舫录》载，"杭州以湖山胜，苏州以市肆胜，扬州以园亭胜，三者鼎峙，不分轩轾，洵至论也。"是对扬州园林的一段评价。近代同济大学陈从周教授在他所著的《扬州园林》中认为"扬州位于我国南北之间，在建筑上有其独特的成就与风格，是研究我国传统建筑的一个重要地区"。综上所述，以及现存的扬州传统建筑都佐证着扬州传统建筑与园林在中国建筑史上有其重要的价值。

记得 2005 年扬州市人民政府，作出了对古城保护、利用和复兴的英明决策，并迅速组织实施中国十大名街之一的东关街的修复。作为扬州园林古建筑建设行业的骨干团队，扬州意匠轩园林古建筑营造有限公司（以下简称"意匠轩营造"）深感压力很大，在实施过程中，通过邀请老工匠、老专家现场指导，注重现存传统建筑遗存的信息收集与借鉴，保证了建筑风貌的正确性。笔者一直热爱古建园林的事业，有幸的是华南理工大学陆元鼎教授在中国文物学会的一次学术活动中，勉励笔者参与民居学术研究，殷切希望笔者能在营造技术研究方面再做更多的工作，并在第十六届中国民居学术会议上推荐笔者为学术委员，由此开始将扬州民居的文章在相关学术会议上交流。2008 年意匠轩营造承办了中国古建筑园林营造学术会议和 2012 年的中国民居建筑营造技术研讨会，推动了意匠轩营造团队的研究工作的展开。

为了推动对扬州民居的形制和营造技术的系统研究，扬州城乡建设局杨正福局长十分关心古城保护工作，要求将扬州民居的形制和营造作为研究课题，因此意匠轩营造与扬州城乡建设局科技处共同申请了课题。研究过程中，扬州市古城保护办公室徐惟涛主任、扬州城乡建设局科技处郑少权处长，亲自主持召开推进会议，并进行专业性指导，使研究工作一步步深入。感谢扬州城乡建设局副局长顾文鸣先生、扬州名城研究院常务副院长高永青先生，邀请我参加《扬州传统民居修缮技术》的课题研究；感谢课题组其他成员夏鸿元、赵立昌二位先生，他们丰富的实践经验，使我受益匪浅；感谢参加本课题研究的意匠轩营造的所有同仁。在扬州古城办薛炳宽副主任的推动下，2015 年初，扬州历史文化名城研究院园林古建筑研究所在意匠轩营造正式挂牌，标志着我们的营造研究工作得到了进一步规范。本书的出版，应该说是我们研究所工作的良好开端。

本书在编写过程中，大量的营造技艺信息，得益于与蔡长怀、李宝霞、张永臣、徐启兴、王修朝、杨朝林、王定顺、卢兆坤、杜本凯、潘永生、张其荣、张玉凤、杜立政、王万凤、王以慈、仇宗定、王兴岑、华办义、杜庆林、蒋名栋、李宏元、张林生、谢长庆、胡庆玉、陈昌友、马继亮、吴恒庆、张其华、王定荣、蔡长宽、贺庆桃、石庆洪、孙玉根、蒋智旭、陈妙强、杨明秀、华桂传、许月明、孙如祝、汪波、郭宁扬等同志的日常交流。本书的写作过程中，还进行了专业的访谈，并召开了各工种的座谈会，贺庆桃同志对本书木雕部分进行了适度的修改。书中的插图除部分为引用外，其他均由扬州意匠轩园林设计研究院张晓佳、秦艳、王珍珍、蔡伟胜、王亚军、刘德林、王欢、王驰、刘申、韩婷婷、毛志敏、吴海波、张帅帅、项华珺、王理娟等参与测绘。本书的编辑统筹由王珍珍负责，张晓佳、王欢、曾晨、刘申、韩婷婷、王驰、刘春梅、刘海霞参与了文字处理的工作。书中邗江民居的调查由扬州城乡建设局规划设计处阚开慧同志负责，高邮、江都民居的调查由梁安邦同志负责。扬州文物局樊玉祥处长对扬州主城区民居调查给予了指导，同济大学朱宇晖博士在扬州主城区以及高邮、江都民居调查中给予了具体指导。在此表示衷心感谢。

由于时间的仓促，书中仍存在深度、广度以及遗漏的问题。把职业和兴趣结合在一起的笔者，有决心、有信心继续进一步深入调查研究。这也是一个时代的责任和担当，欢迎各位同仁共同参与，为扬州传统建筑的技艺传承与创新做一些有益的工作。不足之处敬请广大专家、学者批评指教！

梁宝富

2015 年 7 月 10 日